唐代女性妆饰文化中的西域文明

中国传统服饰文化系列丛书

张晓妍 —— 著

唐代女性妆饰
文化中的西域文明

中国纺织出版社有限公司

内 容 提 要

本书撷取唐代女性妆饰与西域文明相关的部分，着重探讨唐代女性妆饰文化的内因和形式来源，以及丝绸之路贸易对唐代文明的渗透本质。主要内容包括冶容研究、妆具研究、首饰研究、香身研究四部分，展现了唐代女性妆饰文化瑰丽多姿的整体形象、时代风貌和文化成因。全书图文并茂、史料充分、理论架构严谨，并且选择了唐代妆饰文化中的一个独特视角——西域文明的影响，作为贯穿整本书的主线，这是非常有意义的一种尝试。

本书适合于化妆设计专业师生及对于传统妆容文化、传统服饰文化感兴趣的读者们参考学习。

图书在版编目（CIP）数据

唐代女性妆饰文化中的西域文明／张晓妍著 . -- 北京：中国纺织出版社有限公司，2021.9
（中国传统服饰文化系列丛书）
ISBN 978-7-5180-8563-7

Ⅰ．①唐… Ⅱ．①张… Ⅲ．①女性—化妆—研究—中国—唐代②西域—文化史—研究 Ⅳ．① TS974.1-092 ② K294.5

中国版本图书馆 CIP 数据核字（2021）第 091551 号

策划编辑：孙成成　　责任编辑：籍　博
责任校对：王花妮　　责任印制：王艳丽

中国纺织出版社有限公司出版发行
地址：北京市朝阳区百子湾东里 A407 号楼　邮政编码：100124
销售电话：010 — 67004422　传真：010 — 87155801
http：//www.c-textilep.com
中国纺织出版社天猫旗舰店
官方微博 http：//weibo.com/2119887771
北京华联印刷有限公司印刷　各地新华书店经销
2021 年 9 月第 1 版第 1 次印刷
开本：889×1194　1/16　印张：15
字数：267 千字　定价：198.00 元

收到晓妍为其著作写序的邀请，我的心里满是忐忑。于我，这是第一次接受这样的重托，既是荣誉，也很有压力。晓妍是我的博士师妹，也是我的好友，我们因为共同的爱好相识相知，这本书便是在她博士论文基础上的修订与拓展。

中国古代妆饰文化这个研究课题，算起来我已经在此中浸淫二十余年了。妆饰文化的研究内容包含除了服装之外的所有服饰文化领域，例如，妆容、发型、首饰、妆品、妆具、香料、服饰随件等，纷繁复杂，但又琐碎零散，实是服饰研究中的小众门类。最初选择这个研究方向，主要是因为其有趣而又冷僻，并无多少系统的资料可供参考，好奇心使我想要进去一探究竟。但这一进去，仿佛打开了阿里巴巴的宝藏大门一样，一发不可收拾，从妆容发型史，到古代妆容配方的收集，到人物美学研究和对首饰史的研究整理，再到古方妆品与妆容的复原研究，一步一个脚印，蹒跚踯躅地走到今天。其中会遇到很多同行者，有的是面对面打个招呼擦肩而过，有的则会携手相伴共度一段时光，晓妍便是后者。

有关妆饰文化的研究，目前市面上绝大多数的著作都是通史性质的，因为早期资料匮乏而零散。但随着相关著作与研究成果越来越多，挖掘得越来越深入，断代史的研究便水到渠成。晓妍这本书便是选择了中国古代妆饰文化发展的顶峰时代——唐代，作为其研究方向，并且选择了唐代妆饰文化中的一个独特视角——西域文明的影响，作为贯穿整本书的主线，这是非常有意义的一种尝试。唐代李氏家族本身就带有浓重的鲜卑民族血统，这使得唐代文化并不局限在汉文化的圈子中，而是对东西方文化都包容并蓄，广收博取。彪悍的血统促使唐代人对外开疆拓土，开通商道，与西域的贸易和文化往来都极其频繁，这使得唐代的妆饰文化中呈现出一股浓郁的胡风元素，性感、富贵且艳丽，张扬中又不失含蓄，迥异于传统的汉文化审美。这一切表象的背后无疑与西域文化的输入与影响直接相关。

西域文明对妆饰文化的影响，以往的研究成果涉及得不多，多只是泛泛写其然，而不述其所以然，这本书对其现象和因果都进行了详细的论述，抽丝剥茧，条分缕析，引经据典，为这个领域的拓荒之作，可敬可叹！

张晓妍是上海第二工业大学非常受欢迎的一位年轻老师，同时也是一个插图画家，她的画如同她的形象一样清丽可人，充满神韵。身为同道中人与闺中好友，我愿意和她在研究的道路上一起慢慢徜徉，永不止步！

李芽

庚子仲秋于上海

　　自汉代以来，丝绸之路将中国的丝绸源源不断地输往西方。在6世纪末的东罗马帝国，每匹丝绸的售价高达1~4kg黄金❶，是在中国购买价格的200~800倍。丰厚的商业利润引发了东罗马帝国、萨珊波斯、嚈哒、突厥等西方列强的激烈争夺，使丝绸之路的贸易一度动荡。贞观初年，唐太宗平服了东突厥势力，使丝路商道再次畅通。为了保证东方贸易的顺畅，唐朝在丝绸之路沿线设立了安西、北庭都护府，形成了整套的行政机构和国防系统，拥有大量驻军维持唐朝的主权和丝路商旅的安全，给唐代的国际贸易提供了保障，也为大唐经济文化的繁荣奠定了基础。

　　唐太宗之后，唐朝经历了东突厥数次背叛，吐蕃、契丹和奚的屡屡进犯，在平定边疆骚乱中消耗了不少力量。公元751年，怛罗斯一战惨败，唐朝失去了中亚的势力。安史之乱之后，唐朝无力顾及边境事务，大食人控制了中亚，原来的陆上丝绸之路基本被阻断了。

　　唐代之前的海上丝绸之路贸易由萨珊波斯控制，萨珊灭亡后落入大食人之手，无数香药和奇珍异宝纷至沓来，造就了唐代灿烂的社会生活。在唐代中叶之后，由于陆路相对艰难，海路变得更为兴旺，甚至取代了陆上的丝绸之路。大量外国商船东来，中国船舶也直航波斯湾地区及红海，其兴盛繁荣，终唐一世，至宋元不衰。

　　唐代是我国历史上充满自信和活力的一个时代，东西方的文明在华夏大地上碰撞、交融，形成了光华四射的唐代文明盛况。东西方贸易的繁荣消除了彼此的隔阂，西方文明的精粹被中原民族根据自身原有的文化习惯吸纳和内化，形成了具有异域特色、绚烂夺目的华夏文化新篇章。

　　相比科学，唐人对西域文明中与生活和艺术相关的内容更感兴趣。唐代发达的乐舞、丰富的医药学、灿烂的佛教艺术，以及突飞猛进的美术工艺，都带着西域文明的基因，渗透弥漫在唐代的社会生活中，其中女性的装扮和风貌正是这种文化现象的集中体现。

---

❶ 布努瓦尔：《丝绸之路》，耿升 译，山东画报出版社，2001，第162页。

一、本书的内容与价值

唐代女性妆饰文化是个多元的概念，既是独立的文化领域，也是中西民俗文化碰撞融合的载体和见证，涵盖了唐代社会的审美取向、生活方式、性别意识、价值观念等方面的内容。

本书撷取唐代女性妆饰与西域文明相关的部分，分四章探讨唐代女性妆饰文化的内因和形式来源以及丝绸之路贸易对唐代文明的渗透本质。

第一章"唐代女性冶容研究"，分为妆容与美容两部分。妆容部分探讨西域输入妆品、原料，以及妆饰习俗对唐代女性妆容的影响。波斯青黛的输入与胭脂的改良发展是唐代女性妆容形态和意象阐发的来源，丰富了自周以来"粉白黛黑"的妆饰审美内涵。面饰是唐代女性妆饰的典型符号，面饰时尚反映了佛教文化带来的印度审美习俗以及其他西域宗教在唐代女性妆饰行为中的渗透效应。美容部分研究了唐代女性的保养品、药妆和口脂。这方面的内容大量存于唐代医书中，人们根据西域药理和香药特性开发了大量有针对性的妆方，集治疗、美容、美妆功能于一体。西域文明所带来的妆品和妆容的多样化发展，是研究唐代女性妆饰文化和唐代丝绸之路文化交融不可或缺的部分。

第二章"唐代女性妆具研究"，分为妆盒研究和妆镜研究两部分。唐代妆盒除了沿用传统的天然蛤盒和玉、瓷材质的妆盒之外，还存在大量的金银妆盒。金银妆盒不仅在本土广泛流行，还作为奢侈品沿海上丝绸之路出口到西亚和北非。唐人对金银器的喜爱出自对粟特和突厥民俗的接受，打造妆盒的西域工艺和妆盒上的西域图案在整个唐朝历史进程中不断地演化，逐渐趋于本土化。唐代的妆镜无论在数量上还是质量上都有空前的进步，具有鲜明的女性风格和西域文化痕迹。唐镜如海兽葡萄镜、鸾凤衔绶镜、狩猎纹镜、骑马打球镜等皆是具有典型唐代特色的镜种，图案风格写实，与汉代抽象图案区别很大，与西方装饰艺术相仿，反映了西域的宗教、民俗、游艺在唐人生活中的影响。此外，制镜工艺的多样化也是西域文明促成的。本文论述唐镜工艺时，会涉及唐代与西方的交流史实，比较东西方文物工艺的关联，探讨唐镜工艺长足发展的渊源所在。

第三章"唐代女性首饰研究"，分为首饰文化和首饰工艺两部分。唐代女性的首饰中出现大量金银嵌宝首饰，无论是佩戴方式还是首饰本身的形式都具有浓郁的西域文化痕迹。本书撷取李倕公主金冠探讨金银嵌宝的冠饰与中亚北印地区头饰的密切联系、璎珞的发源与佛教造像文化的关系，以及臂饰所牵涉的欧洲、西亚文化在北印、中亚的融合演变等。西域细金工艺的传入和大量应用是唐代女性首饰文化的物质和技术来源，与交融后的中西民俗文化共同构成了唐代女性首饰的风貌。首饰金银加工工艺大多来自西亚和中亚，在唐代完成本土化——这对宋、元、明的女性首饰的影响是巨大的。

第四章"唐代女性香身研究"，分为香身、焚香、佩香三方面。香身是与妆饰相关的生活习俗，处于视觉意义的妆饰文化范畴之外，因此在妆饰史中所占篇幅很少，但它在唐代女性妆饰生活中却有不可忽视的重要地位。香身丰富了女性妆饰的内涵，美化了气味意象，调整了妆饰修养，使妆饰更为精致化。香身与唐代丝绸之路贸易的繁荣所带来的西域香药的大量进口息息相关，在盥沐、熏衣、含服、焚烧等方面都用到了大量的西域香药，在香器、香方、用香方法上也有了与之相应的发展，梵文医典、西亚风俗都是唐代女性香身文化发展的推力。通过研究唐代女性的香身文化，能更形象、更清晰地体会到西域民俗文化在唐人生活层面的巨大影响，从而了解唐代女性妆饰风潮的历史文化动因。

本书的学术价值主要体现在以下几个方面：

第一，在前人的研究成果中，有不少关于唐代女性妆饰文化的著作，提供了大量关于唐代女性化妆、发式、首饰等方面的资料。但由于体例的关系，对女性妆饰文化的系统化归纳和梳理尚停留在人物造型层面，而香身、妆具等方面都未被纳入唐代女性妆饰文化体系。而从事实上看，这些内容恰恰是唐代女性生活情趣和妆饰心理的体现，更接近于文化层面，除了看得见的外在造型之外，嗅觉感受、美容保养、性别意识等都应是妆饰形式的内在支撑——本书梳理和探讨的正是唐代女性造型背后的深层内容。

第二，本书将唐代女性妆饰文化置于唐朝中外贸易背景之中，整理、分析、阐述唐代女性妆饰文化各个方面中的中西文明碰撞的痕迹，考察它们的文化艺术渊源以及在传播过程中的文化变异情况，分析唐代女性奇妆、奇俗、非传统首饰出现的合理性。

第三，本书通过比较分析中西方的文献和实物，梳理西方文物与唐代女性妆饰相关文物之间的形式相似性和其在时间和空间上的联系性，探讨唐代女性妆饰文化的动态成因，分析丝绸之路贸易带来的西域文明在中国女性妆饰文化领域的本土化演变。

第四，本书结合实物考证、文献整理、跨学科研究、对比分析、文化阐释等方法，对唐代女性妆饰文化的门类、现象、成因、发展、与西域各国民俗文化的关系，以及附着在物质文化传播上的精神文化信息等各个方面进行一个全面的联系和梳理，展现了唐代女性妆饰文化瑰丽多姿的整体形象、时代风貌和文化成因。

二、中西贸易的发达对唐代女性妆饰文化发展的推动作用

陆上丝绸之路和海上丝绸之路是隋唐时期西域文明入华的主要途径，西方的装饰纹样、宗教艺术、金银工艺等顺着丝绸之路来到中国，并逐渐融入中华艺术体系，对唐人的社会文化生活产生了深远的影响，其中就包括女性的妆饰文化。

安史之乱前，陆上丝绸之路贸易繁盛，萨珊波斯和中亚诸国的文明对于唐人的物质文化生活影响很大。萨珊波斯地处中亚和东罗马帝国之间，是陆上丝绸之路贸易的枢纽，也是中国南北朝至隋时期海上丝绸之路的霸主。伊朗高原自古以来就以手工业

发达著称，波斯人不但运用本国产的原料制造器物，也善于利用进口的原料发展制造业。他们不仅从商业活动中赚取利润，也能融合周边各民族的优势，将他们的艺术和文明通过经商传向远方。虽然萨珊帝国的政权在唐朝初年就被大食所取代，但伊朗高原上的文化仍然掌握在波斯人的手里。从陆路丝绸开辟以来，传入中国的西域宝货大都沾染了波斯文明的痕迹，而这种文明也是西亚、北非、东欧文明的集合体，它影响了中亚和北亚的手工业，也为中原的装饰艺术注入了新风。唐代女性首饰工艺中的细金工艺，很大一部分源自西亚，装饰和制作手法与波斯和拜占庭的遗物很相似。唐代女性日常生活所穿的"胡服"和披帛也属于波斯系服饰风格，与金银首饰一起构成了唐代女性造型中有别于中原传统的妆饰语言。

中晚唐时，吐蕃乘安史之乱攻占河陇地区，河西走廊和青海道已不可行，原来通畅的沙漠丝绸之路遭到阻隔，草原丝绸之路成为官方使臣、商人、僧侣前往西域唯一的陆路通道。原丝绸之路中亚段被大食攻占，大量的粟特商人只能羁留唐朝，或者纷纷进入回纥，与回纥王庭建立紧密的联系，为的是继续从事东西方丝绸贸易的旧业，活跃于唐朝商界。贸易带来的文化传播也体现在中晚唐女性的妆饰生活中，使中晚唐妆饰风尚具有回鹘的民俗风情。如《新唐书》中记载："元和末，妇人为圆鬟椎髻……唐末，京都妇人梳发，以两鬓抱面，状如椎髻，时谓之抛家髻。"敦煌壁画中回鹘女供养人的图像显示，椎髻是与回鹘妇女发式相似的发式。又如花蕊夫人《宫词》云："回鹘衣装回鹘马，就中偏称小腰身。"五代宫女穿的回鹘衣装是中晚唐中原时尚的遗存，是继盛唐女性流行穿着波斯系胡服之后的"胡风"时尚体现。

海上丝绸之路始于汉代，成熟于盛唐，兴盛于中晚唐，珠宝、香药等西域奇货从海上源源不断进入中国，在中西文化交流和贸易中扮演着重要角色。《唐大和上东征传》记载鉴真东渡时，广州"江中有婆罗门、波斯、昆仑等舶，不知其数；并载香药、珍宝，积载如山"❶。《旧唐书》记载："天宝元年三月……南海郡船，即玳瑁、真珠、象牙、沉香。"❷韩愈在送工部尚书郑权赴广州任岭南节度使时，在送别文书中特别提到："外国之货日至，珠、香、象、犀、玳瑁奇物溢于中国。"❸大量的珠宝、香药之物是唐人奢华生活的物质来源，形成了唐人尚奇、尚奢的生活观念和审美取向。为了规范海上贸易，唐朝在广州、扬州、泉州专设三路市舶司。

海上丝绸之路的主要中介商是大食人和归顺大食的波斯人。倭马亚王朝（白衣大食）和之后的阿拔斯王朝（黑衣大食）的君主都大力支持大食与中国的贸易。美国学者谢弗在《唐代的外来文明》中明确指出海上丝绸之路的繁荣离不开阿拔斯王朝对海上贸易的支持："从7世纪到9世纪期间，印度洋是一个安全而丰饶的海洋，各国的船舶都蜂拥而至，聚集在了这里。这时的阿拉伯海得到了伊斯兰政权的保护，尤其是阿拔斯王朝首都大马士革迁移到位于波斯湾上部的巴士拉之后，更是极大地促进了东方贸易的繁荣。"❶ 唐代广州的外国侨民大致由伊斯兰化的波斯人、阿拉伯人、中亚粟特人，以及来自东南亚的昆仑人组成。其中阿拉伯人占据多数。来华经商的阿拉伯人中，以阿曼人为主，正如法国学者索瓦杰指出的："首批侨居中国的阿拉伯人，其原籍都是阿曼人……阿曼在通往印度的海运中起着积极的作用，而定居在尸罗夫的一个阿拉伯人部落也是来自阿曼。"❷ 大食商船通过印度洋航线频繁往来于西亚和中国沿海之间，波斯和大食商人不但将西亚、北非和欧洲的香药、人口、奇珍异宝装上货船贩往中国，而且在漫长的旅途中，也不断与沿途诸国交易，将所经过的南海诸国的特色珍宝带到唐朝。来华贸易的海外各国商人还在广州聚居，形成规模不小的外侨社区——"番坊"。唐人不仅在市场交易中可以经常与外国人接触，且与他们共同生活在一个城市，西域的民俗文化由此深深渗透于唐人的生活之中。

唐代的两京是陆上丝绸之路的起止点，坊市林立，贸易发达。在胡汉杂居的城区，崇尚西域文明的风气很盛，汉着胡服，胡着汉服，连女子都以胡服为尚。考古工作者曾在西安的西市遗址南大街中部发现大量骨制装饰品，珍珠、玛瑙、水晶装饰品及金饰品，似为珠宝商行遗址，❸ 印证了唐代西域商人在长安大规模从事珠宝业的情况。镶嵌珠玉的金银首饰在唐代（尤其在盛唐）是长安女性日常妆饰和节日盛妆的必备之物。此外，在龙门西山南部有一处中型石窟，前室的后壁门上刻有"北市彩帛行净土堂"和"北市香行"的字样，石窟题记中铭刻有社官安僧道、录事史立策、康惠澄三人，他们都是来自中亚的粟特人，在洛阳的商业行会中有着较高的地位。石窟开凿工程浩大，非雄厚财力不可为，从石窟题记所体现的胡人在唐代的奢侈品业中举足轻重的地位，可见他们与唐代社会的关系十分紧密。唐代女性在国际化的社会大环境下，从观念、生活方式、日常妆饰等各方面都不同程度地受到西域文明的渗透。

唐代女性的首饰上镶嵌有大量的宝石，与当时发达的珠宝业有关。根据文献记载，唐代的珠宝业主要由胡商掌握。早在隋代，西域的胡商就入华寻宝贩宝，到了唐代，珠宝几乎是胡商的象征。正如谢弗所说："外国人，特别是西方人，其中尤其是波斯人，都被认为是真正的珠宝爱好者和所有者。也正是这一点，将这些外国人与唐朝人区别了开来。"❹ 宋代周去非也在《岭外代答》中说："诸蕃国之富盛多宝货者，莫如大食国。"西域穿戴金银饰品的妆饰风俗，在金银器上镶嵌彩色宝石的审美趣味，以及发达

❶ 谢弗：《唐代的外来文明》，吴玉贵 译，陕西师范大学出版社，2005，第21页。
❷ 佚名：《中国印度见闻录》，穆根来 等译，中华书局，1983，第24页。
❸ 齐东方：《隋唐考古》，文物出版社，2002，第22页。
❹ 谢弗：《唐代的外来文明》，吴玉贵 译，陕西师范大学出版社，2005，第283页。

的金银加工工艺等都随着珠宝贸易输入中国。金碧辉映的首饰为唐代女性所喜爱，具有明显的西域文明特征，符合唐人崇尚奢华、倾慕胡风的审美倾向。现出土的唐代女性金银首饰的款式和装饰工艺与西亚阿拉伯地区十分相似，如法门寺地宫出土鎏金银钏与叙利亚博物馆的10世纪金臂环的款式几乎是一样的。此外，唐代的珠宝和香药贸易官私无别，关税不高，民间可以买到与官方一样的优质珠宝，尤其是中晚唐时，海上贸易发达，女性曾流行在头上插满金钗珠玉，称为"百不知"——这种奢华的妆饰方式正是以富足的经济、低廉的物价、通畅的商品渠道为基础的。

香身是唐代女性妆饰生活的重要组成部分，大量的西域香药进口大大带动了唐代医药学和香文化的发展。香药换丝绸，是古代中西方贸易的主要推动力，粟特人和西亚商人是香药贸易的主要中介商❶。粟特人贩运到中国的香药有中亚故地的青木香、贝甘香，有来自南海的沉香、鸡舌香、藿香，有来自西亚阿拉伯和波斯地区的安息香、龙脑香、乳香，有产于地中海畔的迷迭香、苏合香，还有印度特产的檀香、郁金香等。在《魏书》和《吐鲁番出土文书》中，我们常能见到粟特人活跃在中国和印度、中国和中西亚、漠北游牧汗国与中原之间，南北朝和唐朝的陆上丝绸之路基本被粟特商人所垄断，连波斯人也只能取道海路与中国贸易❷。

波斯和阿拉伯商人在海路上势力很大，称"波斯舶主"。波斯舶所载的香药中有大量的乳香（产于阿拉伯地区）、苏方木（产于南海爪哇）等。海南酋首冯若芳"每年常劫取波斯舶三二艘，取物为己货，若芳会客，常用乳头香为灯烛，一烧一百余斤。其宅后，苏芳木露积如山"❸，可见海上贸易中的香药数量之多。

波斯商人对香药贸易长期的介入，在给唐人带来大量的西域香药的同时，丰富了中国的医药学。9世纪末时，波斯商人后裔李珣因为家族生意的渊源，有着广博的香药知识。他撰写的《海药本草》，补充了《神农本草经》《唐本草》《名医别录》《食疗本草》《本草拾遗》等医学著作的不足，增加了之前医书中没有收入的香药，如瓶香、返魂香等。唐代医学经典《千金翼方》《外台秘要》中不乏生活美容方剂，其中大量使用西域香药，这种情况在唐以前并不多。尤其是甲煎香在女性口脂中的使用，使彩妆品无论色泽还是质地都较南北朝时有明显的提升，可见香药贸易本身以及其所带来的西域医学知识大大丰富了唐代医学与女性的妆饰生活，使彩妆与美容互为表里，相辅相成。

人口贸易将西域乐舞与西域的妆饰习俗带入唐朝，西域舞服、妆容、首饰等新鲜的元素带来了中国女性妆饰的革命。在唐朝，异族奴隶不受法律保护，人口买卖能在

❶ 温翠芳：《唐代外来香药研究》，博士学位论文，陕西师范大学，2006，第3页。
❷ 荣新江：《波斯与中国：两种文化在唐朝的交融》，《中国学术》2002年第4期。
❸ 真人元开：《唐大和上东征传》，汪向荣 校注，中华书局，1979，第68页。

中国内地赚取更大的利润，用来揽客更是个极佳的商业噱头。唐代胡姬酒肆遍地开花，波斯少女凭美丽的容貌和绰约的舞姿成为唐代男性追捧的对象。胡旋舞、柘枝舞风靡唐朝社会各个阶层，耳濡目染的艳羡和微妙的竞争心理也影响了唐代女性的妆饰习惯。元稹《法曲》云："自从胡骑起烟尘，毛毳腥膻满咸洛。女为胡妇学胡妆，伎进胡音务胡乐……胡音胡骑与胡妆，五十年来竞纷泊。"唐代女性的妆容受胡妆影响，又何止五十年。对比强烈的明艳妆容，与胡姬醉酒的酡红肤色相映成趣；对黛眉的浓重刻画，与毛发略重的胡姬的体貌特征以及西域舞蹈"乍动乍息""撼头动目"的传情方式有着微妙的关系；虢国夫人"淡扫蛾眉朝至尊"的别出心裁的举动，与中亚妇女"不饰铅粉，以青黛涂眼而已"❶的妆饰风俗有异曲同工之妙，看似随意，却正符合玄宗的心理。开元初年，缀满珠玉的卷檐虚帽成为时尚，穿着胡服，头戴胡帽的女性骑马外出司空见惯。张祜《柘枝》诗句"珠帽著听歌遍匝，锦靴行踏鼓声来"描述的汉族舞伎所戴之舞帽，源于粟特女性生活中服用的帽饰。

西域的妆饰习俗还随着乐舞融入唐代女性的妆饰体系。天宝十三年（公元754年），玄宗对太乐署供奉的歌曲名称大规模改动时也不自觉地将柘枝舞"带垂钿胯花腰重"的华丽舞服特征带入了《霓裳羽衣曲》，白居易在《霓裳羽衣歌和微之》中所描写的舞者形象就是"虹裳霞帔步摇冠，钿璎累累佩珊珊"。《霓裳羽衣曲》舞者的繁复妆饰就受中亚舞服和佛教造像的影响，所戴的步摇冠是魏晋南北朝时由中亚、西亚和北方草原民族传入中原的西方冠饰，这一切都具有明显的西域妆饰文明的痕迹。

三、学术基础综述

在《隋唐史》补充讲义《旧新唐书波斯传补注》中，岑仲勉先生叹曰："窃谓我国与波斯之关系，其重要不减于印度，而探究波斯史者特少。"❷

诚然，在研究唐代文化与西域文化的关系时，学者们多将眼光投射在佛教的东传上。菩萨的璎珞、冠饰、首饰、眉间白毫相等佛教造像艺术相关内容是影响唐代女性妆饰文化的重要部分。

但深究起来，佛教造像所体现的印度造型文化是属于南印度风格还是北印度文化？其造型传承脉络是如何的呢？

佛像先起源于北印度犍陀罗地区，是大量东迁的希腊人皈依佛教后根据希腊传统中原有的众神崇拜风俗，于前1世纪左右兴起的造像行为。之后再与南方的印度教造像文化合流，形成了北方的犍陀罗艺术和南方的秣菟罗造像艺术。在艺术风格方面，前者具有希腊式的简洁和端庄，后者则更为灵动活泼；在佛像的面貌方面，前者与希

---

❶ 杜环，《经行记》之"拔汗那国"条。
❷ 岑仲勉：《旧新唐书波斯传补注》，载《西突厥史料补阙及考证》，中华书局，1958，第215页。

腊人更接近，后者则偏向南印度人特征。犍陀罗地区是文明的十字路口，先后被巴克特里亚希腊政权、贵霜大月氏政权、摩揭陀笈多政权所占领，希腊、中亚、北印度的文化和文明在此汇聚，其佛教艺术随着香药、珠宝和佛教传入中原，与中国艺术融合后，形成了我国魏晋南北朝风行"褒衣博带""秀骨清相"的佛教造像艺术。到了隋末唐初，印度佛教开始与印度教合流，形成密教，玄奘访学所在的"那烂陀"寺已经密教化了。盛唐开元时，不空、善无畏、金刚智三位来自南亚的大师将密教带入中原时，也将印度教造像的习俗带入唐朝，形成了唐菩萨像璎珞被身、妩媚灵动的形式美，而佛像则延续了早先犍陀罗风格。阮荣春先生的《佛陀世界》《佛教南传之路》等著作系统地整理了佛教传入中国的历程，让人注意到印度文化南北差异中的历史文化交融因素，进一步关注古代西亚文明中亚和北印度地区的融合演变，以及亚历山大东征后带有波斯阿契美尼德王朝传统文化色彩的希腊文化分支向东传播的史实。西方文化的东传及其在中亚和北方草原的交融是我国自魏晋以来与西方文化交流的主要内容，也是贸易带来的文化融合的深层渊源。

20世纪30年代，辅仁大学出版社出版的张星烺先生的《中西交通史料汇编》，是一部中西交通史料的集大成著作，对古代的中西交通和贸易情况进行了系统的介绍，其中有不少关于中西物产、乐舞、文化方面的内容，为研究中西文化交流史做出了巨大的贡献。由于著述年代较早，内容不甚完善，很多只有条目的罗列，缺乏更深入的内容。

20世纪60年代，中国学者林筠因将美国学者劳费尔1919年完成的著作《中国伊朗编》介绍到中国。劳费尔以比较语言学的研究方法，以植物和矿物在不同语言中的变化来研究中国自张骞通西域之后与伊朗之间的贸易往来和栽培植物的历史。其中关于"红花""郁金""姜黄"的讨论为后世学者探究唐代"郁金香"一词的内涵提供了理论基础，进一步区分香料中的郁金香与服饰中的"郁金裙"在文化上的关系，对女性妆饰文化和传统医药学的深入研究有促进意义。关于"胭脂"的概念，与"黛"的概念类似，劳费尔结合东西植物学的知识后得出"胭脂是美容品的总称"❶的结论，并根据中西史实将胭脂"来源于红花"这一传统概念进行扩展，形成了现在学界对胭脂的定义。此外，劳费尔用比较语言学研究法对矿物和香料的介绍，以及对矿物和香料的产地的探讨，均具有很高的学术价值。在开篇的"葡萄"一节，对波斯、中亚葡萄种植、酿酒文化习俗进行了深入阐释。从汉代人们对葡萄酿酒的忽视到唐人对葡萄酒的钟爱，不难看出伊朗文化在唐代社会生活中的渗透力，也更能理解唐代女性崇尚"胡妆""胡服"的审美心理了。在劳费尔研究的基础上，本书将结合西亚石刻、壁画、器物、织物中的葡萄纹样，进一步研究西域的忍冬、卷草、葡萄纹在唐代女性妆盒、妆镜等精致的小型物件上的应用背后的西方文明渊源。

---

❶ 劳费尔：《中国伊朗编》，林筠因 译，商务印书馆，2001，第154页。

20世纪90年代，吴玉贵先生翻译了美国学者谢弗的《撒马尔罕的金桃》，这部著作较劳费尔的更为详细。在概论中描绘了唐代中西文化贸易空前发达的大背景和唐代西域文化流行的时代意象。然后从人口、矿物、香料、药物等18个类别以及170多个种类入手，结合中西方文献，详细介绍这些物质文明的来源、在唐代的传播应用以及对唐代和后世的中原文化所产生的深远影响等。其中香料、颜料、宝石、植物、药物、金属制品、野兽等内容中有丰富的素材供女性妆饰文化研究参考。由于原著成书时间较早，与国内的一些考古资料和文书史料有断层，需要后世学者补阙。但谢弗的成就已经非常巨大，联合中西方的历史文化，开拓了唐代文化研究的新视野，也是本书结合中西方史料对女性妆饰的文化内因进行探讨的来源之一。

伊朗学者扎比胡拉·萨法的著作《伊朗文化及其对世界的影响》一书着重介绍了伊朗从米地亚开始到萨珊波斯的各时期的文化特征，并深入阐述了在大食人占领伊朗后，波斯文化对阿拉伯文化的渗透情况。将这部书与汉文史料中关于海路丝绸之路的文献记载相参照，就不难了解波斯文化在萨珊波斯灭亡后继续向中原传播的情形。同时，通过梳理中亚粟特文化与阿契美尼德王朝之间的直接传承关系及其与萨珊波斯王朝之间的同源发展关系，有助于对唐代所流行的"胡风"产生更深刻的认识。英国学者崔瑞德编写的《剑桥中国隋唐史》是从西方人的角度撰写中国隋唐的发展史，在研究视角上有进一步的突破。法国人沙畹所著《西突厥史料》（冯承钧译）与岑仲勉著《西突厥史料补阙及考证》更清晰地阐释了伊朗文化经过中亚河间诸国对北方草原民族的渗透，进而影响中原文明的传播历程，丰富了丝绸之路贸易文化传播主题。

近年来，关于中亚、西亚文化的研究引起了中国学者的重视。北京大学荣新江教授的《唐代宗教信仰与社会》《唐研究》等系列著作丰富了中西文化交流研究深度和内容，对中古时期的粟特人在中国的生态与动态，以及其对唐文化的影响等各方面进行了分析探讨，使中亚文化在唐代社会各阶层的渗透脉络更为清晰。中山大学的林悟殊教授对祆教、琐罗亚斯德教、摩尼教、景教进行比较研究，分析"三夷教"对唐宋社会文化内核的深层影响，不可谓不深刻。此外，姜伯勤先生的《吐鲁番文献与丝绸之路》，从吐鲁番出土的文书资料入手，深入探讨了罗马帝国与中国的贸易往来、印度的香药之路、波斯的白银之路、粟特人与唐代社会的关系和中西文明的彼此渗透情况等，展现了丝绸之路河西走廊部分的西域文明生存情况，是研究唐代中原文化与西方文化之间关系的必读书目。

文化艺术领域的研究成果也非常丰硕。李斌城先生主编的《唐代文化》展现了唐代文学、宗教、艺术、风俗、政治、对外交流、舞蹈等各个方面的盛况，让人对唐代文化形成深刻整体的概念。吴玉贵先生《中国风俗通史·隋唐五代卷》更是就与唐代人生活息息相关的社会风俗的各个方面进行详细介绍。常任侠先生的《丝绸之路与西域文化艺术》，从乐舞发展的角度系统地描绘了西域乐舞在唐朝发展的兴衰命运，尤其对史料中所记载的西域各国舞容舞服进行归纳整理，提供了现代研究唐代女性妆饰风俗的重要资料。关于唐代的金银器，齐东方先生有系列著作，其中理论性最强、文字图像资料最全面的要数《唐代金银器研究》了。齐先生对唐代金银器的分期、种类、图像、工艺、渊源进行了系统的整理与分析，并对唐以前的鲜卑系统、匈奴系统、萨珊系统、粟特系统、吐蕃系统的金银器从艺术风格、造型特征、种类运用等各个方面做了详细深入的梳理和研究，是唐代物质文化研究的珍贵成果。

唐镜不仅可以照见容貌，也能照见社会风俗文化，唐镜形式的变化是社会审美和风俗变化的载体。关于唐代铜镜的资料，罗振玉的《古镜图录》、后藤守一的《古镜聚英》、洛阳博物馆编著的《洛阳出土铜镜》、陕西省文物管理委员会编著的《陕西出土铜镜》、河北省文物研究所编著的《历代铜镜纹饰》、孔祥星、刘一曼的《中国古代铜镜》、梁上椿的《岩窟藏镜》、石渡美江的《楽園の图像：海獣葡萄镜の诞生》、沈从文的《唐宋铜镜》等著作对中国各地的出土铜镜以及中国历代铜镜的形制、质地、纹饰、文化、种类等方面有详细的介绍，提供了大量的学术参考。清华大学美术学院的尚刚先生更是在著作《隋唐五代工艺美术史》中对唐代的各类金属镜作了总结归纳，详细介绍了唐代的宝钿镜、宝装镜、金银背镜、平脱镜等特殊镜的分类特征。

考古学和历史学的著作如夏鼐《考古学与科技史》、周绍良《唐代墓志汇编》、美国人希提编著的《阿拉伯通史》（马坚译）、匈牙利学者雅诺什·哈马尔塔的《中亚文明史第2卷：定居与游牧文明的发展：前700年至前250年》等都是研究唐代女性妆饰文化和物质文化的重要成果，在此不便一一赘述。可以肯定的是，若要深入研究妆饰文化，必须开阔视野，结合其他专业领域进行综合研究。

对唐代女性服饰与妆饰方面的探讨，周汛、高春明先生的《中国历代妇女妆饰》、周锡保先生的《中国古代服饰史》、沈从文先生的《中国古代服饰研究》，以及黄能馥、陈娟娟先生的《中国服装史》《珠翠光华：中国首饰图史》等著作专门做了详细的论述，有很高的学术价值，是研究女性服饰、妆饰文化的标杆。李芽教授的《中国历代妆饰》将前人的研究理顺后编成的学习妆饰史是最完整的教科书。她的《中国古代妆容配方》更是将历代医方中关于彩妆品和护肤品的相关内容撷取梳理，编写成一部完整的女性妆品介绍，并将香身从原来的从属地位提升到女性魅力的重要部分，引入妆饰体系，是符合史实和现代妆饰概念的。此外，继《耳畔流光：中国历代耳饰》之后，2020年出版的国家社科基金资助专著《中国古代首饰史》是第一部翔实的首饰通史，填补了古代首饰通史的空白，是当代妆饰史学的重要成果。

唐代中国女性妆饰文化与西域文明渊源相关的部分是本书研究的主要内容，也是对妆饰文化研究体系的补充，不仅要更深入地考察与西域文化相关的女性妆饰内容的特征，更要透过妆饰探讨唐代的社会文化图景，让妆饰文化的研究更具有意义。

目 录

第一章

唐代女性冶容研究

物质文明的进步是文化艺术发展的基础。从西域传来的青黛与红蓝花经过六朝到隋唐的研发进化，形成丰富的种类体系，促进了中国唐代女性妆容的创作；西域宗教文化和造像艺术的传入，以及人口贸易等带来的面饰习俗在隋唐成为妆饰创作的重要表现内容；西域的香药和西方医学知识的传入使护肤品在质量、种类、卫生等方面得以长足发展。同时彩妆和护肤品的研发彼此结合，在美妆的同时还具有保养保健作用，这是唐代中西文化和文明结合的重要特点，也是中国妆饰史上最丰富美好的一页。

第一节　西域文明与妆容

朱帘且初卷，绮机朝未织。玉匣开鉴影，宝台临净饰。

对影独含笑，看花时转侧。聊为出茧眉，试染夭桃色。

羽钗如可间，金钿畏相逼。荡子行未归，啼妆坐沾臆。

——【唐】何逊《咏照镜诗》

这首唐诗描写了一位仕女晨妆的情景。她打开妆奁，对镜梳妆：细细勾描盛唐流行的"出茧眉"，波斯青黛的色泽由浓到淡，黑中透翠，层次分明，色彩细腻；用白色妆粉掩盖原来的肤色，连唇部也不例外，再调匀鲜艳可爱的红蓝花胭脂染颊点唇，鲜艳如桃；羽钗金钿与妆容映衬，更显得明艳照人。

唐代女性妆容艳丽，因受西域风俗习惯影响，眉式、颊红、唇式形态多样，非常具有创新性。这与唐朝强盛的国力和繁荣的国际贸易密不可分，舶来的波斯青黛和源于西域的红蓝花以其优越的质地和鲜明的色泽激发了唐代女性妆容创作和追求时尚的热情。底妆和颊唇红白鲜明，眉形多样浓淡有致——妆容的创新带动了化妆品的消费和开发，眉黛和胭脂的种类也越发丰富起来。风流天子唐玄宗还特制《十眉图》鼓励女子冶容装饰，斥巨资给杨氏姐妹充作"脂粉之资"，奢靡的风气在唐朝引起一波又一波的时尚风潮。

一、波斯青黛与眉妆

> 葡萄酒，金叵罗，吴姬十五细马驮。
>
> 青黛画眉红锦靴，道字不正娇唱歌。
>
> 玳瑁筵中怀里醉，芙蓉帐里奈君何？
>
> ——【唐】李白《对酒》

来自江南的"吴姬"穿着胡服，画着艳妆，在酒宴上唱歌跳舞。诗中"青黛"对应"葡萄酒"和"金叵罗""红锦靴"等，形成一幅明艳风流的意象图。这应是唐代进口的奢侈品——具有西域背景的波斯青黛。诗中以眉妆作为吴姬的形象符号，可见眉妆在唐代妆容中的重要性。

中国古代女性不重眼妆而重眉妆。唐代张泌《妆楼记》载："明皇幸蜀，令画工作《十眉图》，'横云''却月'皆其名。"在风流帝王的推波助澜下，唐代女性的眉妆式样繁多，精彩纷呈，吸收了不少西域妆饰元素，具有异域风情格调。在妆饰材料方面，除了使用传统的黛墨外，"波斯青黛"之类的进口画眉妆品更是唐代女性的宠儿。

（一）波斯青黛和烟墨

唐代女性眉形众多，总而言之，是长、阔、浓的各种变化。她们使用的画眉妆品是传统的眉黛颜料和波斯进口的青黛。传统的画眉妆品有石黛、铜黛等，为偏青的黑色，层次丰富，价格低廉，适用面广；波斯青黛取色方便，色彩层次丰富，延展性强，适合各种眉形的描绘创作，兼之具有一定的药用功效，因此价格昂贵，是唐代眉妆品中的顶级奢侈品。中晚唐时，中国人又获取烟墨画眉，融入西域香药，将对具有浓郁西域风格的浓眉妆的追求推到极致。

1. 波斯青黛

波斯青黛，又称"螺子黛""螺黛""黛螺""螺"，形似螺状而得名，来自伊朗高原。这是一种人工合成的染料，主要成分是靛青。靛青来自域外，并非中国本土植物。波斯青黛的颜色应如石黛一般，有青翠的色彩成分。李时珍《本草纲目》卷十六云："青黛，又名靛花、青蛤粉……青黛从波斯国来……波斯青黛，亦是外国蓝靛花，即不可得，则中国靛花亦可用。"

这种名为"螺子黛"的波斯青黛非常名贵，虽然在隋唐才有明文记载，但它在中国的出现应该早于隋唐，汉魏就已存在。颜师古在《隋遗录》中云："由是殿角女争效为长蛾眉，司宫吏日给螺子黛五斛，号为蛾绿。螺子黛出波斯国，每颗值十金。后征赋不足，杂以铜黛给之，独绛仙得赐螺子黛不绝。帝每倚帘视绛仙，移之不去，顾内谒者云：'古人言秀色若可餐，如绛仙真可疗饥矣！'"

隋炀帝好色，极爱眉妆，从波斯大量进口昂贵的螺子黛赐给宫人画眉以满足其耳目之欲。殿角女吴绛仙因描长眉甚美而平步青云，被封为婕妤，从此引发宫中画眉争宠的风潮，以至于波斯黛不够用了，杂以铜黛充数。唐代冯贽在《南部烟花记》亦提到这件往事，云："炀帝宫中争画长蛾，司宫吏日给螺子黛五斛，出波斯国。"唐代宇文氏《妆台记》亦云："魏武帝令宫人画青黛眉、连头眉。一画连心甚长，人谓之仙蛾妆。齐梁间多效之。唐贞元中，又令宫人青黛画蛾眉。《中华古今注》云：'梁冀妻改翠眉为愁眉。'"说明波斯青黛从魏晋南北朝到唐代，都为宫廷女性日常妆饰所青睐。上文提到的"连心眉"是用眉黛将双眉在印堂处连接，这是北印度和中亚地区女性的眉式，可以追溯到古希腊妇女的连眉妆，是典型的西方妆饰习俗，在隋唐之前的汉魏几乎没有。

在汉文文献中，记载着螺子黛是价格昂贵的波斯国进口品。它之所以能得到上层社会的青睐和追捧，除了其舶来品身份外，它的色泽和质地应是上乘，是中国妆品无法替代的，且与中国女性化妆审美相符合。

还有一种"青雀头黛"也来自西域，南北朝时传入中国。呈深灰变绿色，形如墨锭，可以直接蘸取使用。《太平御览》卷七一九引《宋起居注》云："河西王沮渠蒙逊，献青雀头黛百斤。"这种青雀头黛也属于西亚、中亚传来的波斯青黛，它究竟是波斯青黛的别称，还是另一种西域黛墨，在没有文物实证的条件下较难确定，姑且作为西域进口的女性妆品的另一种选择吧。

唐代由于国力的强盛和对外贸易的发达，获取进口青黛更为容易，青黛一度成为女性的妆台宠儿。中唐时，宫廷女性画眉妆品很多是用青黛。到了9世纪初，"青黛"不仅是描眉的妆品，更成了一种描绘远山的词汇，如雍涛《题君山》诗"疑是水仙梳洗处，一螺青黛镜中心"句，元稹《春》诗"华山青黛扑"句等，把远处的青山和美人朦胧的峨眉联系在了一起。从这种文学现象我们也可以看出，波斯青黛的色彩是淡雅的、富有层次感的玄色系，画出的眉毛也具有典雅的气质。

美国学者谢弗关于青黛有一段总结性的说法："这种深蓝色的颜料最初起源于印度，但是很早就在埃及得到了应用，后来又在伊朗诸国中使用。在唐代，'青黛及安息、青木等香'都被认为是曹国的一种出产，拔汉那国也是青黛的产地，这里的妇女就是用青黛来描眉的。开元五年，拔汉那国在贡献其他礼物的同时，也向唐朝贡献了青黛。"❶

---

❶ 谢弗：《唐代的外来文明》，吴玉贵 译，陕西师范大学出版社，2005，第272页。

这段话大致是比较准确的。只是"最初起源于印度"这个论点，目前还不是很清楚，谢弗在书中也没有提出详细的依据。劳费尔也认为青黛是波斯人从印度人那里得到后再贩运入华，因此中国人认为其是波斯产品。这个论点在书中也不过一笔带过，没有说明依据来源❶。关于黛墨的印度起源说，虽然证据不足，但考虑到早在亚述时期，西亚北非地区与印度之间已经建立了繁荣的海上贸易，包括化妆品在内的西域物产经过波斯人、粟特人等商业民族的辗转流通，来源变得更扑朔迷离，无法排除"来自印度"这一可能。

早期的波斯黛墨是作为成品输入中国的，虽然之后进口产品中的靛青成分被证实可以来自一种植物，但不能说明隋唐以前入华的波斯黛墨的主要原料是植物，相反，它很可能是一种合成矿物。在西亚、北非地区，讲究眉妆和眼妆最为著名的是古埃及人，他们画眉描眼的传统在很长的时期内影响了周边地区。在苏美尔人的遗迹图像中，在巴比伦和亚述的砖画中，在米诺亚文明的壁画中，在很久之后罗马人的雕塑绘画中，在波斯阿契美尼德王朝的人物脸上，都勾画有浓重的青黑色或黑色的眼线和眉毛。古代波斯的阿契美尼德王朝的版图极大——有整个伊朗、阿塞拜疆、阿富汗、中亚细亚南部、俾路支，以及整个小亚细亚、巴比伦尼亚、亚美尼亚、色雷斯、叙利亚、巴勒斯坦、埃及、西利内伊卡，并占领了阿拉伯、爱琴海岛屿、巴尔干半岛东北部和马其顿。大流士远征时，他甚至直抵黑海北岸的草原，使波斯成为一个多民族的奴隶专制国家。阿契美尼德王朝的统治者在各地驻军，并向20个行省分派总督。总督和驻军由波斯人和被征服地区的人所组成，但无论总督还是驻军都不用当地人，力图用移民巩固政权，从而促进了波斯本土文化的传播及波斯文化和征服地区民俗文化的融合❷，其中就包括女性的妆饰文化。注重眉眼的勾画这一西亚、北非和欧洲人共有的妆饰习俗也因此被带到了中亚地区和北印度所在的希腊文化圈，眼妆品的形式和配方也由此得以不断扩充和更新。

汉魏隋唐之际进入中国的波斯青黛来自当时的西亚强国——萨珊波斯。萨珊王室与阿契美尼德王族同族，是阿契美尼德王朝传统文化习俗的传承者。萨珊波斯占地利之便，在很长一段时期内充当东西方丝绸之路的贸易集散地和中间商的角色，通过"转手"的贸易方式获得了丰厚的利益。伊朗高原本身就是手工制造业发达地区，波斯人利用当地物产为原料制造器物，利用商业活动中其他民族和地区的进口原料发展制造业，将西亚的审美、文化等传播到其他地区❸。螺子黛是萨珊波斯通过丝绸之路贸易获得丰厚利润的产品之一，它的工艺在萨珊时期已经达到成熟，也是西亚人的日常化

❶ 劳费尔：《中国伊朗编》，林筠因 译，商务印书馆，2001，第197页。
❷ 米·谢·伊凡诺夫：《伊朗史纲》，李希泌、孙伟、汪德全 译，生活·读书·新知三联书店，1973，第13页。
❸ 扎比胡拉·萨法：《伊朗文化及其对世界的影响》，张鸿年 译，商务印书馆，2011，第2页。

妆用品。在贸易的过程中，螺子黛等西亚化妆品不但到达中国，还进入了陆上和海上丝绸之路沿途地区。和萨珊波斯一样，中亚的粟特人也是阿契美尼德王朝传统的传承者，作为陆上丝绸之路的另一重要中间商，他们的货物中也有作为妆品的青黛❶。粟特人和波斯人输入隋唐的螺子黛都传承于阿契美尼德时期妆饰习俗，这种习俗和工艺的起源为古埃及。

古埃及人喜爱浓重的眼妆，尤其注重眼线的刻画。在古埃及人的眼膏中不乏绿色的成分，但这种绿色成分的化验结果表明，它是由矿物制成，与靛青关系不大，色彩效果都偏向于青蓝。大英博物馆古埃及藏品中有一件玻璃质地眼线膏瓶：I字形，无盖，玻璃质地，用蓝色、白色的三角形几何纹构成棕榈树的纹路特征，腰部凹陷，整体修长，曲线流畅平滑。内置一根头部稍扁的细长玻璃眼线棒，使用时蘸取瓶内膏体，用扁头的一端描画眼线。瓶中膏体是青黑的植物染料、孔雀石粉、沥青和铅的混合物，再加入含油脂的香膏调制而成。古埃及妇女非常注重眼妆，眼线和眉毛都用同一种膏体浓墨重彩地勾画，非常具有装饰性。这种浓重眼妆一方面用来妆饰，另一方面是为了防晒和治疗目疾。从古王朝到托勒密王朝数千年来，这一传统一直被保持着，并辐射到地中海沿岸和西亚地区，如米诺亚人、苏美尔人，后来的亚述人、波斯人，中亚的斯基泰人，以及罗马人、印度人、昆仑人等，他们的眼睛上都敷有浓重的眼线。

亚述的编年史中确实提到阿拉比亚各族长在尼尼微朝见亚述国王时，亲吻亚述王的脚趾并献上方物，其中有黄金、宝石、黛墨、乳香等❷。这说明波斯青黛的历史早于波斯，是一种古老的化妆品。波斯人是古代西方文明的传承者和丝绸之路的中间人，他们制作的眼妆品吸收了埃及、小亚细亚、印度等地区的风俗文化和技术工艺，并将其本土化，采用靛青等本土原料。到了南北朝和隋代时期的西亚，波斯正处于萨珊王朝的盛期，自行发展研制的黛墨也早已成熟，经由丝绸之路传入了中国。由于妆饰文化的差异，波斯进口的眼妆品青黛在中国成为女性画眉的妆品。

在波斯输入中国的青黛中，除了靛青，还有用矿石和石灰水等元素经过化学处理制成的眼妆品，这种合成方式应该与古埃及合成矿石做成的眼膏的药方有关。

青黛是来自域外的妆品，在中国有了发展，中国土产的植物也可以代替青黛中的植物成分。《本草纲目》卷十六云："波斯青黛，亦是外国蓝靛花，既不可得，则中国靛花亦可用。"《开宝本草》卷九云："青黛，从波斯国来及太原并庐陵、南康等。染淀，亦堪敷热恶肿、蛇虺螫毒。染瓮上池沫，紫碧色者，用之同青黛功。"这则是说波斯青黛在唐之后的发展了。

❶ 姜伯勤：《敦煌吐鲁番文书与丝绸之路》，文物出版社，1994，第140页。
❷ 温翠芳：《唐代外来香药研究》，博士学位论文，陕西师范大学，2006，第234页。

唐代女性妆饰文化中的西域文明

2.烟墨

石墨是天然矿石做成的墨,而人工墨——烟墨从北周时已经开始出现了。《墨谱》中载:"周宣帝令外妇人以墨画眉,禁中方得施粉黛。"魏晋时出现"墨丸",是用漆烟和松煤做的墨。唐代是人造墨的成熟期,浓重的黑眉用烟墨描画。徐凝《宫中曲》"一日新妆抛旧样,六宫争画黑烟眉"之句中的"黑烟眉"即是烟墨所画。五代时易水人张遇善于制墨,妇人以他所制之墨画眉,称之为"画眉墨"。到了宋代,人造烟墨盛行。宋代陶谷《清异录》云:"自昭哀来,不用青黛扫拂,皆以善墨火煨染指,号薰墨变相。"宋代陈元靓的《事林广记》记载了烟墨的具体做法,其中加入西域南海的龙脑、于阗的麝香,故称为"画眉集香圆":"用真麻油灯一盏,多着灯芯搓紧,将油盏置器水中焚之,覆以小器,令烟凝上,随得扫下。预于三日前,用脑麝别浸少油,倾入烟内调匀,其黑可逾漆。一法旋剪麻油灯花用,尤佳。"

用烟熏的方法,取焚烧产生的炭,调入有脑麝的油脂,就成为芳香细腻、具有附着力的画眉妆品。人工制成的烟墨是单纯的黑色,不如传统的石墨有层次感和色彩变化,只能画黑眉,不能画翠眉等。但它制作方便,产量不受自然条件限制。在新疆吐鲁番出土的女俑面上深黑色的两绺粗眉具有浓郁的西域风情,是魏晋至唐代的时世妆。这类粗阔的浓眉无须晕染和色彩变化,描画这样的眉式,烟墨足矣。

(二)眉妆与胡风

《春秋元命苞》曰:"天有摄提,人有两眉,为人表候。""摄提"者,北天星也,共六颗,左右各三,均呈鼎足之势,从两侧拱卫帝星,地位极高。在面相学中,人眉亦如摄提,拱卫印堂,托起额头,具有很重要的地位。此外,《三元真一经》谓曰:"眉者,日元之华盖……眉号华盖筱明珠,明珠,目也。"亦充分说明眉在古人心中的地位。

中国女性自古以来就注重画眉,《诗经·卫风·硕人》就以"蝤首蛾眉,巧笑倩兮,美目盼兮"来形容女性的美,美目映着蛾眉才能传情达意。女性对眉妆的重视在唐代依然不变,眉妆是面妆中最具有戏剧性和符号性的妆饰元素,不同的眉式可以产生截然不同的面相观感。可以说,唐代女性妆容的多样化是由眉妆开启的,而唐人审美的多元化得益于西域文明的影响。

唐代女性画眉不仅是美容的手段,也是端正仪容的行为。朱庆余《近试上张籍水部》诗云:"洞房昨夜停红烛,待晓堂前拜舅姑。妆罢低声问夫婿,画眉深浅入时无?"唐代女性日常眉妆不仅讲究时髦,还须端庄,可见胡风虽冲击了唐代女妆的形式,却未动摇妆饰精神的根本。

帝王尚眉者不乏其人,宫中女性为了取悦帝王,着意勾画眉妆,促进了一代画眉时尚。高承《事物纪原》载,秦始皇宫内"悉红妆翠眉";宇文氏《妆台记》载"汉武帝令宫人扫八字眉"；曹操"令宫人扫青黛眉、连头眉，一画连心甚长，人谓之仙蛾妆，齐梁间多效之"；唐代张泌《妆楼记》载，唐明皇令画工作《十眉图》，倡导宫人画眉时尚，创造了中国妆饰史上眉妆鼎盛时期。

关于唐代艺术的创新精神，陈寅恪先生曾指出："李唐一族之所以崛兴，盖取塞外野蛮精悍之血，注入中华文化颓废之躯，旧染既除，新机重启，扩大恢张，遂能别创空前之世局。"❶这个论断也适合唐代女性妆饰的创新内涵，包括眉妆在内的女性妆容的创新以初盛唐最为显著，中晚唐后逐渐弱化。

唐代女性眉妆的变化与意识形态有关。以安史之乱为分界线，安史之乱之前唐代社会风气开放，崇尚"胡风"，皇室女性倡导的女性妆饰就吸取了大量西域的元素，引领一代世风。安史之乱之后，礼教开始慢慢盛行，礼法在世俗生活中日益重要起来，女教著作大量出现，从宫廷到民间，女性从意识形态上逐渐重新向传统汉文化靠拢，"胡风"也逐渐被边缘化，成为非主流的存在。据陈海涛先生研究，安史之乱后原来的陆上丝路阻绝，西域人羁留中土者众，与汉族通婚日益增加，姓名、习俗、相貌都逐渐汉化❷，西域习俗对华夏民族的影响自然慢慢削弱。

汉文化和西域文明的互相影响也体现在妆容上，中晚唐眉妆多沿用安史之乱之前的形态，传统的细长蛾眉逐渐占据主流，即使在元和年间流行过八字眉和黑唇，也不过是昙花一现。光怪陆离的胡妆不再为当时社会主流审美所接受，这与盛唐时期胡风盛行的状况不能同日而语。

唐代女性眉妆款式的相关内容在很多著作中都有详细介绍，重述价值不大。在此仅将眉妆分为长眉和短眉两大类，通过分析唐代各时期眉妆的粗细形态的变化现象，探讨西域文明对唐代社会的影响过程。

1. 长眉的变迁

《诗经》《楚辞》所描述的"螓首蛾眉"，乃似蚕蛾触须般纤长柔曲之眉式，这种汉族妇女传统眉式在唐朝依然被沿用。如表1-1①所示，陕西礼泉燕妃墓壁画上的侍女所画的就是细长的蛾眉。燕妃是唐太宗的妃子，卒于公元671年，壁画上的女性所画应是当时流行的眉式，形态宛若春山连绵，显然是对魏晋南北朝汉族妆饰的继承。燕妃墓壁画中的女性眉式并非简单的修长细眉，而是向上晕染出浓淡层次，似远观之青山。在白居易《井底引银瓶》诗中"宛转双蛾远山色"应指的是这种被称为"远山眉"的眉式，表1-1⑥的《韩熙载夜宴图》中乐伎所画的也是淡淡连绵的远山眉。表1-1②中的眉式与此类似，但没有晕染层次，是传统蛾眉。白居易《上阳白发人》诗云："青黛点眉眉细长，

❶ 陈寅恪：《李唐氏族之推测后记》，载《金明馆丛稿二编》，上海古籍出版社，1980，第303页。
❷ 陈海涛、刘惠琴：《世俗生活所反映唐代入华粟特人的汉化——以墓志材料为中心》，载《来自文明十字路口的民族——唐代入华粟特人研究》，商务印书馆，2006，第377～411页。

天宝末年时世妆。"其中关于眉妆的描写虽然名为"青黛"眉，但从形式上也应是蛾眉。

唐代女性即使是素面也须眉妆，最受欢迎的眉妆仍是蛾眉。《集灵台·其二》诗云："虢国夫人承主恩，平明骑马入宫门。却嫌脂粉污颜色，淡扫蛾眉朝至尊。"宋代乐史《杨太真外传》亦云："虢国不施妆粉，自炫美艳，常素面朝天。"虢国夫人看似不羁的素面妆束，正突出了精心勾画的眉妆，与中亚妇女"不饰铅粉，以青黛涂眼而已"❶的异域妆饰风俗有异曲同工之妙。

细长的传统眉式在唐代一直流行，是唐代女性眉妆的基础。表1-1①燕妃墓和表1-1②李爽墓壁画中的初唐女子的造型为《西凉乐》的舞容。《西凉乐》盛行于南北朝末期和隋唐，又名秦汉伎，是华化的西域音乐，从舞容考察，以汉族传统造型风格为主。舞姬头梳漆鬟髻，"饰以金铜杂花，状如雀钗"，"舞容闲婉，曲有姿态"，类似汉族"从容雅缓，犹有古士君子之遗风"的清商乐舞❷。盛唐时，代国公主和寿昌公主曾在武后明堂上献舞《西凉》❸。这种舞容相关的妆容在昭陵的唐前期韦贵妃墓和盛唐李勣墓中都有体现，李勣墓的舞姬眉式略短。四川成都前蜀王建墓石棺床上雕刻的西凉乐舞姬形象与唐前期燕妃墓类似，眉式也是修长形态。

中晚唐期，在韩愈等人的努力下，随着礼教的振兴，盛唐女性进取英武的朝气弱化，粗阔的前卫眉妆逐渐让位于传统柔顺的长眉。李商隐《无题二首》中"八岁偷照镜，长眉已能画"，以及"长眉画了绣帘开"等句，都说明了中唐女性眉妆和长眉的流行。

除了远山眉和蛾眉之外，唐代女性的细长眉妆还柳叶眉和却月眉。柳叶眉形似柳叶，其眉头尖细，眉腰略宽，眉梢细长，婉约秀丽。表1-1③⑦的图像体现的都是典型的柳叶眉，出现在唐前期，流行于中晚唐时期。柳叶眉在唐诗中常有描写。如张枯《爱妾换马》诗云"休怜柳叶眉双翠"之句，吴融《还俗尼》诗"柳眉梅额倩妆新"句，韦庄《女冠子》词曰："依旧桃花面，频低柳叶眉"，都说明柳叶眉在中晚唐时受女性青睐的情形。

却月眉，比柳叶眉略宽，形状弯曲如新月。如表1-1⑤所示，两端纤细尖锐，圆弧似虹，黛色相对浓重。李贺诗"长眉对月斗弯环"之句应指却月眉。其后罗虬《比红儿诗》"诏下人间觅好花，月眉云鬓选人家"，以及杜牧《闺情》"娟娟却月眉，新鬟学鸦飞"都体现了却月眉在中晚唐为世人欣赏的事实。却月眉一直流行至明代，如明代赵缓妻李氏《览镜》诗："春红欲瘦临妆镜，试写纤纤却月眉"。却月眉的形态广泛体现在唐代的佛像和菩萨像上，而盛唐之后的唐代造像多以世俗美女为蓝本。

唐代长眉除了细长的眉形，还有略为粗阔的长眉，如表1-1⑨～⑯所示。粗阔眉妆在汉代已经出现，《东观汉记·马廖传》录民谣云："城中好高髻，四方高一尺。城

❶ 杜环：《拔汗那国》，载《经行记》，中华书局，1963。
❷ 孙机：《唐李寿石椁线刻〈侍女图〉〈乐舞图〉散记》，载《中国圣火》，辽宁教育出版社，第198~250页。
❸ 郑万钧：《代国公主（玄宗之妹）碑》，载董浩 等《全唐文》，卷二七九，中华书局，1993。

中好广眉，四方且半额。"甘肃酒泉丁家闸北凉墓壁画上也有画有粗阔长眉的女性形象，而在南朝图像资料上则少见，显然是受西域风气影响。

唐代西域乐舞盛行，盛唐尤其崇尚胡舞。"举止轻飙，或踊或跃，乍动乍息，蹴脚弹指，撼头弄目"的胡舞舞容及西域民族的人种特征对唐代女性妆饰的触动很大，粗阔醒目的眉式与"胡旋舞"一起，流行于武则天时和开元盛世。新疆吐鲁番阿斯塔那唐墓壁画中的盛唐女性形象都体现了描画粗阔长眉的时尚。徐凝《宫中曲》诗"身轻入宠尽恩私，腰细偏能舞柘枝。一日新妆抛旧样，六宫争画黑烟眉"中"黑烟眉"者，即与柘枝舞相应的长浓眉式，用于舞容，也用于日常，醒目而具有戏剧性。

唐代粗阔修长的眉妆形态大致都建立在蛾眉、柳叶眉、却月眉的形态基础之上，以晕染、勾画等方式变幻出不同的视觉观感。尤其是讲究晕染的眉妆，浓淡的掌握微妙，不同的人在不同的情境下描画都会有所区别，这也是促成唐代女性眉妆多样化的原因，能展示女性的化妆技巧。

阔长的眉妆要用箆来协助扫画，宋代陶谷《清异录》载："箆，诚琐缕物也，然丈夫整鬓，妇人作眉，捨此无以代之，余名之曰鬓师、眉匠。"若要画出浓淡相宜、色彩变化含蓄有韵味的眉妆，就需要进口的螺子黛、上好的石黛来体现，妆容的创新和化妆品的改进是彼此促进的。

表1-1　唐代女性长眉

细长眉	① 陕西省礼泉县烟霞乡东坪村燕妃墓壁画局部（672年）	② 陕西省西安市雁塔区羊头镇村李爽墓壁画局部（668年）	③ 张萱《捣练图》局部	④ 陕西省西安鲜于庭诲墓出土女俑（盛唐）
	⑤ 新疆吐鲁番出土绢画局部	⑥ 顾闳中《韩熙载夜宴图》局部	⑦ 陕西省礼泉县李震墓壁画局部（665年）	⑧ 陕西省长安县南里王村韦浩墓壁画局部（708年）

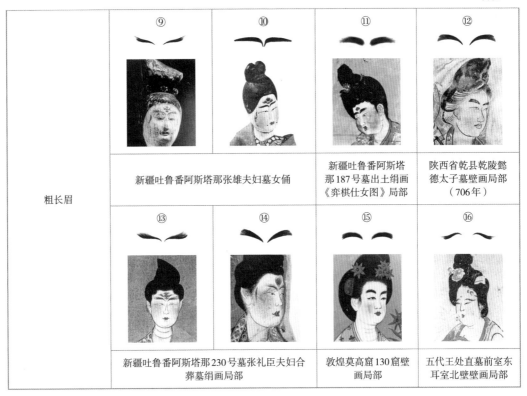

	⑨ ⑩ ⑪ ⑫		
粗长眉	新疆吐鲁番阿斯塔那张雄夫妇墓女俑	新疆吐鲁番阿斯塔那187号墓出土绢画《弈棋仕女图》局部	陕西省乾县乾陵懿德太子墓壁画局部（706年）
	⑬ ⑭ ⑮ ⑯		
	新疆吐鲁番阿斯塔那230号墓张礼臣夫妇合葬墓绢画局部	敦煌莫高窟130窟壁画局部	五代王处直墓前室东耳室北壁壁画局部

2.短眉与胡风

"丰额广颐"是唐代女性美的特征之一，短眉能加强面部丰满的视觉效果，体现出爽利的个性和力量感。唐代女性的短眉在初盛唐时为醒目的粗眉，向上扬起，颇有北朝女性朝气蓬勃的精神，到了中晚唐则多为纤细的平眉或八字眉，着重体现柔弱感，和末世的气象相合。

桂叶眉又名"飞蛾眉""蛾翅眉"，是唐代典型的短阔眉妆形态，流行于中晚唐和五代。表1-2⑥所示的周昉《簪花仕女图》中的仕女眉妆是典型的桂叶眉。五代江采萍《谢赐珍珠》诗："桂叶双眉久不描，残妆和泪污红绡"，以及李长吉诗"新桂如蛾眉，秋风吹小绿"之句，即是吟咏这种眉妆。桂叶眉线条柔软，四面封闭，黛色略重，有浓淡变化，形状如新生初展的桂叶，或是向上飞逸之蛾子，虽然短阔，却显文雅，符合盛唐之后的文弱气象。

初盛唐时的短阔眉，眉头尖锐，眉尾晕开，短而有力，具有动感和力度，如表1-2①③④⑨所示。

八字状纤细的短眉流行于中唐时期，是受胡风影响的产物。中晚唐社会动荡，安史之乱的剧变让唐人的心灵和生活受到极大的冲击，往日盛世景象短时期内骤然褪色，让唐人自信渐失且心有不甘，既怀着对"胡风"的兴趣又对安史叛乱的"胡祸"心存忌惮，这种纠结的心态使时世妆也由艳丽舒展而转为乖戾奇异，颦眉的悲伤感一方面大肆风行，一方面又为主流审美所排斥。这种心态和意象在唐诗中表露无遗，白居易《时世妆》诗云："乌膏注唇唇似泥，双眉画作八字低。妍媸黑白失本态，妆成尽似含悲啼。"这正是来自吐蕃髻锥面赭、形似悲啼的妆饰风俗在中原流行的写照。

在八字眉的基础上，唐代女性还在眉下涂抹油膏，似啼泣之状，颇为怪异。白居易《代书诗一百韵寄微之》诗云："风流夸堕髻，时世斗啼眉。"李华《长门怨》诗句"弱体鸳鸯荐，啼妆翡翠衾"也咏的是啼眉妆。李商隐《蝶》诗云："寿阳公主嫁时妆，八字宫眉捧额黄。"借南朝寿阳公主吟咏晚唐女性的时世妆。似愁如泣的八字眉在《宫妃浴婴图》和《宫乐图》中的贵族女性形象上有具体的体现，如表1-2⑦⑩所示。还有一种八字眉，主要刻画眉梢，双眉距离较远，彼此相对如同八字，形态柔弱而诙谐，并无愁苦之色，显得娇憨丰满，如表1-2⑪所示。

表1-2①②⑤⑧⑨所示的短眉妆皆由蛾眉变化而来，虽变动不大，但观感大异，可见唐代女性对眉妆的研究之深。

不饰眉妆也是唐代另类的眉妆之一。这让人想起更为怪异的"血晕妆"。《唐语林》载："妇人去眉，以丹紫三四横约于目上下，谓之血晕妆。"即是无眉妆。这种具有血

表1-2　唐代女性短眉

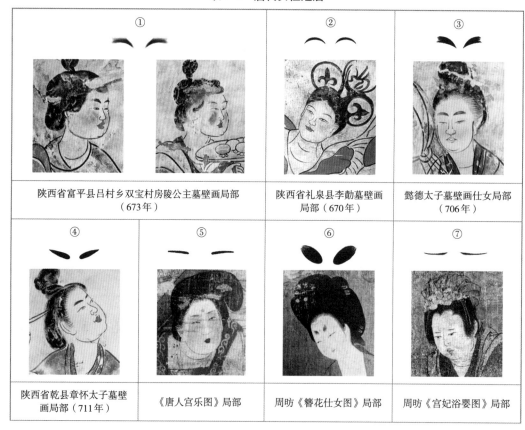

续表

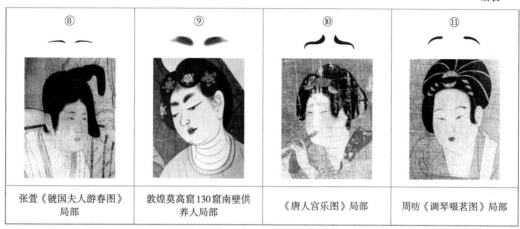

⑧	⑨	⑩	⑪

张萱《虢国夫人游春图》局部	敦煌莫高窟130窟南壁供养人局部	《唐人宫乐图》局部	周昉《调琴啜茗图》局部

肉模糊视觉感受的妆容，与唐代割耳剺面的西域胡俗有关[1]，体现在眉妆上则与主流审美相去甚远，虽然见于史书，在现实中不过是昙花一现罢了。

二、胭脂与红妆

传闻烛下调红粉，明镜台前别作春。
不须面上浑妆却，留着双眉待画人。
——【唐】徐安期《催妆》

咏催妆诗，源于北朝传统，是唐代婚礼迎亲时的一个环节[2]。诗中的“春”字，形容待嫁女子红白相间、青春靓丽的容颜，此时她正在闺中镜台前调胭脂作红妆。外面的男方傧相劝道：“请新妇赶紧出来成亲，不需要‘满面浑妆’了，把画眉的工作留给你的夫君去完成吧。”这首诗透露出胭脂是唐代女性化妆的基础，是画眉之前的步骤，胭脂红妆能显现出年轻女性的娇媚可爱。

唐代女子化妆，先施白色妆粉和红色胭脂作底，再描眉画唇，点妆靥、贴花子。勾画眉妆可以留给丈夫作为夫妻恩爱的情趣，而傅粉染面则一般由女性自己完成。胭脂是唐代女性重要的化妆品，其中以西域颜料制作的胭脂最为奢华细腻。

❶ 雷闻：《割耳剺面与刺心剖腹——从敦煌158窟北壁涅槃变王子举哀图说起》，《中国典籍与文化》2003年第4期。在文中，作者提到西域民族习俗对唐代社会风气的影响，以及割耳剺面之俗的功能和现象，指出这种西域风俗始见于在华外国人，后来这种行为也为汉人所沿用，以争取利益或表达情感。唐朝政府对此持反对态度，一再禁断，方逐渐弱化，没有深入中原的民俗。根据研究可以推测，与割耳剺面的西域风俗相关的血晕妆也因为这个背景而昙花一现。

❷ 李晖：《催妆·催妆诗·催妆词——婚仪民俗文化研究之三》，《民俗研究》2002年第1期。

（一）唐代的胭脂

胭脂的原料和名称均源于西域。

《中华古今注》曰："燕脂起自纣，以红蓝花汁凝作之。调脂饰女面，产于燕地，故曰燕脂。匈奴人名妻为阏氏，音同燕脂，谓其颜色可爱如燕脂也。"清楚交代了胭脂的原料、作用、产地和名称由来。这一说法与后世对"胭脂"的解释颇为相通。周代的燕地，是北方广阔的地域，与犬戎等游牧民族活动区域相接，后来曾一度属于匈奴。

在红蓝花盛行之前，朱砂是女性作红妆的主要材料。宋玉《登徒子好色赋》中就有说美人天生丽质是"著粉则太白，施朱则太赤"，战国时期女子做妆用的是朱砂。汉代刘熙《释名·释首饰》曰："唇脂，以丹做之，象唇赤也。""丹"即朱砂。在马王堆一号汉墓中出土的妆奁中，已经有红色粉末状妆品实物，应是朱砂。类似的实物在连云港海州霍贺西汉墓中也有所发现，墓中女子妆奁里有一个装有红色妆品的小漆盒，经化验为硫化汞，说明以朱砂配制的妆品为汉代女性所常用❶。一直到唐代，朱砂都被沿用于妆品制作中，与红蓝花等植物染料并存。但相比之下，红蓝花等植物染料制作的胭脂更为高级而普遍。

来自西域的红蓝花是胭脂的原材料，"胭脂"之名也因它而起。后来，随着工艺的进步和新材料的不断加入，"胭脂"逐渐成为红色化妆颜料的统称。

汉代前期，北方出产红蓝花的区域一度为匈奴占领。汉武帝击退匈奴后，北方少数民族和匈奴残部纷纷归附。同时，汉朝廷遣张骞、甘英等人出使西域，沟通了陆上丝绸之路，使得东西方往来更为通畅。在这样的背景下，红蓝花和胭脂的制作与使用方法也随之传入中土并被推广开来。

相传红蓝花在汉代初为中国人所认识时，是出产于匈奴首府凉州天宝县（今甘肃武威）附近的焉支山，在被霍去病攻克后，匈奴人慨然歌曰："亡我祁连山，使我六畜不蕃息；失我焉支山，使我妇女无颜色。"❷该地出产的胭脂，向东南可以进入中原，向西北可以到达敦煌，还可进一步沿着丝绸之路运往西域。唐代的胭脂在河西走廊一带仍有很大的市场，在敦煌吐鲁番地区的女性随葬衣物疏文中常见❸。"焉支"为胡语音译，又与匈奴妻子称呼"阏氏"类似，红蓝花制作的胭脂在此之前是匈奴女子的日用化妆品，因此中国人也称这种鲜明可爱的化妆颜料为"焉支"。因其名本就是音译，后又作"胭脂""烟支""鲜支""燕脂""燕支"等，均指同一种事物。

关于红蓝花，西晋张华《博物志》中说它是张骞从西域所得，后引入中国种植，用于染帛，剩余的用来制作胭脂："'黄蓝'，张骞所得，今沧魏亦种，近世人多种之。

---

❶ 李华锋：《中国古代胭脂的种类和制作工艺探析》，《宁夏农林科技》2012年7月，第83~86页。

❷《史记·匈奴列传》引《西河故事》。

❸ 王冬松：《"红花""胭脂"考——兼论唐代敦煌艺术中的植物染料》，《艺术探索》2013年6月。

收其花，俟干，以染帛，色鲜于茜，谓之'真红'，亦曰'鲜红'。目其草曰'红花'。以染帛之余为燕支。干草初渍则色黄，故又名黄蓝。"

类似的记载在宋代的《嘉祐本草》中也有："红蓝色味辛温，无毒，堪作胭脂，生梁汉及西域，一名黄蓝。"

在北魏贾思勰的《齐民要术》卷五中，提到在制作胭脂之前除去黄色素的"杀花法"。因为红蓝花除了具有红花红色素之外，还有红花黄色素，且黄色素多于红色素，如果不褪去黄色素，红色素就不能出染料。"杀花法"所述原理与张华《博物志》是统一的——古人先用黄色素染帛，再制作胭脂，这是节约资源的做法。

到了唐代，中国已有本土种植的红蓝花，同时从波斯和中亚诸国进口一些，原料的供给非常丰厚，单织染署每年就耗费红花2万多斤[1]，用红蓝花染色和制作胭脂也因此普遍化了。在如此优越的生产和贸易条件下，唐代宫廷所用织物和女性化妆用的胭脂都用红蓝花制作，质地色泽必然不同凡响。唐代的关内、河南、山南、剑南等道都有红蓝花：《新唐书》载，灵州、汉州、蜀州、青州等地土贡"红蓝"花；《元和郡县图志》载，灵州、兴元府"开元贡红花"，《通典》载，唐玄宗天宝年间汉中郡"贡红花百斤，燕脂一升"[2]。

红蓝花产于西域，这点在汉文文献中都有记述，应是无误。唐代的进口红蓝花多由粟特人和波斯人分别通过陆路和海路进入中国。还有种说法是红蓝花原产于埃及，后传入欧洲、美洲、中亚和印度，约在汉代时经过中亚传入中国[3]。鉴于伊朗在埃兰人、苏美尔人、亚述人时期已经建立了与埃及的密切贸易关系及后来长期担任东西方贸易的中介者和东西方产品加工中心这点来看，红花更早产于香药大国埃及，在安息王朝之前进入伊朗，经丝绸之路的贸易传入西域诸国和中国，是很有可能的。

秦汉以来，红蓝花在中国一直作为高级染料和化妆品原料，其制作的胭脂是女性妆品中的上品。因为需求量大，除了红蓝花外人们还寻求其他制作胭脂的方法和材料。晋代的崔豹在《中华古今注》卷下中说："燕支叶似蓟，花似蒲公，出西方。土人以染，名为燕支。中国亦谓红蓝，以染粉为妇人色，谓为燕支粉。今人以重绛为胭脂，非燕支花所染也。燕支花自为红蓝耳。旧谓赤白之间为红，即今所谓红蓝也。"可见"胭脂"这一名词的定义，在晋代已经不局限于红蓝花。如崔豹在注中所说的，染色所呈现的"重绛"，与燕支花所染有相似之处，也被称为"胭脂"了。劳费尔在查阅汉文资料后总结说："胭脂"在植物学上没什么意义，是用来化妆的红色颜料的通称，这种红

---

❶ 段公路，《北户录》："红花亦出波斯、疏勒、何禄国。今梁汉最上，每岁贡二万斤与织染署。"

❷ 杜佑：《通典》，中华书局，1988。

❸ 佚名：《古代胭脂为何物》，《文史博览》2012年第11期，第34~35页。万方：《胭脂名实考》，《湘潭师范学院学报》1994年第4期。赵丰：《红花在古代中国的传播、栽培和应用》，《中国农史》1987年第3期，第61~71页。赵丰考证认为，红花原产于埃及，后经中亚传入中国西北地区，然后再传入中原。

色系的化妆颜料可以从不同的植物或矿物中提取❶。这个论点确实符合胭脂在唐代发展演变的事实。

红蓝花点燃了中国人对胭脂制作的兴趣后，各种代替红蓝花的染料风行和工艺的成熟，反而使红蓝花胭脂逐渐衰落下来。明代的李时珍把胭脂按制作原料分为四种：

1.红蓝花提取物

前文已述。

2.落葵提取物

唐代段公路《北户录》卷三"胭脂山花"中提到以唐代女性所使用的落葵为原料制作的胭脂："山花丛生端州（广东省肇庆府，山花即落葵）山崦间多有之……土人采含苞者卖之，用为燕支粉或持染绢帛，红不下蓝花。"习凿齿《与谢侍中书》云："此有红蓝，足下先知之否？北方人采取其花，染绯黄接其上，英鲜者作燕支。妇人妆时，用作颊色，作此法：大如小豆许，而按令遍，色殊鲜明可爱。吾小时再三见过燕支，今日始睹红蓝耳。后当为足下致其种。匈奴名妻阏氏，言可爱如烟支也。阏字音烟，氏字音支，想足下先亦作此读汉书也。"此文明确介绍了唐代产于中国本土的落葵也可以染帛和制作胭脂，其红艳程度不亚于红蓝花，是昂贵的红蓝花的替代品。与红蓝花染帛和制胭脂有工序先后的关系不同的是，落葵则是取植物不同的部分为染帛和制胭脂之用。习凿齿小时见过女性化妆用的胭脂，仍"今日始睹红蓝"，说明他小时所见胭脂非红蓝花制胭脂，落葵所做胭脂在民间也被广为应用。

3.石榴提取物

《北户录》卷三同条又提到一条盛唐公主以石榴做胭脂的轶事：

"又郑公虔（《胡本草》作者，书已失传）云：石榴花堪作烟支。代国长公主，睿宗女也。少尝作燕支，弃子于阶，后乃丛生成树，花实敷芬，既而叹曰：人生能几，我昔初笄，尝为燕支，弃其子，今成树，阴映琐闱，人岂不老乎？"

学者王冬松提出，文中"石榴花"应为石榴，代国公主所弃的子应是果实之子，可见所用是石榴而非石榴花。他结合现代科学分析，说石榴花虽然色泽红艳，但它的颜色乃水溶性花青素，是不能制作染料的，李时珍所言石榴花可作胭脂的论点是因《胡本草》的记载所产生的谬误❷。石榴制作的胭脂，色泽和质地应有别于红蓝花胭脂，可惜其中区别文献并没有言明。

4.产紫鉚的树、紫草、紫茉莉提取物

从产紫鉚的树中提取的色素叫"胡胭脂"，来自南海诸国、波斯和印度，唐代波斯裔药物学家李珣的《南海药谱》里就有关于此物的描述。唐代岭南道的贡品中就有

❶ 劳费尔：《中国伊朗编》，林筠因 译，商务印书馆，2001，第152~154页。
❷ 王冬松：《"红花""胭脂"考——兼论唐代敦煌艺术中的植物染料》，《艺术探索》2013年第27期。

"紫矿""‘福州唐林郡下，上贡：白蜡。紫铆’；‘开元中安南所领有庞州，土贡：孔雀尾、紫铆’。"❶。它非中土之物，制作方法应也是从西域南海而来。李时珍《本草纲目》卷三十九载："今南人多用紫矿燕脂，俗呼紫梗是也……又落葵子亦可取汁和粉饰面，亦谓之胡燕脂……此物色紫，状如矿石，破开乃红，故名……是蚁运土上于树端作窠，蚁壤得雨露凝结而成紫铆。昆仑出者善，波斯次之……紫铆出南番。乃细虫如蚁、虱，缘树枝造成……今吴人用造胭脂。"这种"紫铆"，是紫胶虫运土上树，虫的分泌物和雨露、树木一起作用所产生的类似矿石的物质。紫矿是紫红色，里面是红色，用来染色品质极佳，为南方人常用。宋应星《天工开物》亦载："燕脂，古造法以紫铆染绵者为上，红花汁及山榴花汁者次之。"是将紫铆做成的胭脂染在绵上使用。其所谓"古法"，是唐代所传下之法——唐代王焘《外台秘要》中就有"崔氏造胭脂法"介绍制作紫铆胭脂的方法。

唐代段成式记述的《酉阳杂俎》之"紫矿树"条，是较《本草纲目》更贴切的资料："（紫矿）出真腊国……亦出波斯国。树长一丈……天大雾露及雨沾濡，其树枝条即出紫铆……真腊国使折冲都尉沙门陀沙尼拔陀言，蚁运土于树端作窠，蚁壤得雨露凝结而成紫铆。（波斯国使乌海及沙利深所说并同）"这段文字与李时珍所记符合。寇宗奭《本草衍义》亦云："紫铆状如糖霜，结于细枝上，累累然，紫黑色，研破则红。今人用造绵烟脂，迩来亦难得。"❷

紫草也是唐代女性胭脂的原料。紫草所含的紫草素具有抗菌消炎的功效，可以增进皮肤的新陈代谢，改善色素沉着，是制作化妆品的颜料，也是一味中药。晋代以前，紫草曾一度是制作胭脂的常用原料，在唐代的唇脂配方中也常有紫草成分。唐代李石《续博物志》中记载："三代以绛，涂紫草为臙脂。"❸若作口脂，仅以紫草染色的话，做出的是紫色口脂。《外台秘要》云："若作紫口脂，不加余色；若造肉色口脂，著黄蜡、紫蜡各少许。"同为紫色的紫茉莉花也是胭脂的着色原料。中国女性的妆容以红白妆为美，紫草或紫茉莉做出的偏紫红色胭脂或口脂与这一审美略有偏差，因此不如红蓝花胭脂受世人欢迎，但在唐代医书中常用紫草做唇脂原料，应和唐代女性妆容追求新奇有关。

（二）唐代胭脂的形态和种类

唐代女性的胭脂既用来涂抹颊红，也用来点唇画靥。

从胭脂的质地来看，大致分为两种：一种是粉质的，常被用来大面积涂抹颊红；

---

❶ 李华锋：《中国古代胭脂的种类和制作工艺探析》，《宁夏农林科技》2012年第53期。

❷ 寇宗奭：《本草衍义》，北京图书馆出版社，2003。

❸ 李石：《续博物志：第10卷》，商务印书馆，1987。

一种是油质的，用来抹颊红或点唇画靥。

粉质胭脂是朱砂之类的物质制成的红粉，也称朱粉。朱粉可以为纯正的红色系，作为颊红匀开抹面，也可以做成浅红色直接使用。宋应星《天工开物》中描述的"紫粉"即是用红花汁或朱粉掺和妆粉制成的带有微红的妆粉，可以直接涂抹于脸上："贵重者用胡粉、银朱对和；粗者用染家红花滓汁为之。"这种粉色彩疏淡，直接上妆效果自然。粉质胭脂的缺点是附着力和覆盖力弱，肤质不佳者容易斑驳脱妆，持妆不长。

油质胭脂内含动物油脂，延展性强，色彩明艳，不易脱妆，与现代彩妆品中的腮红膏、唇膏等类似。北朝时，人们在红蓝花胭脂粉中加入牛髓、猪胰提取物，做成稠密润滑的红色油膏，推匀敷在脸上，既可着色，亦可养颜。《妆台记》云："美人妆，面既敷粉，复以燕支晕掌中，施之两颊。"很有可能是附着力强的油质胭脂。此外，南北朝时女性在面脂中调入朱砂用以点唇，比单纯用朱砂点唇更为持久，色泽也更为靓丽。到了唐代，随着西域香料和文明的传入，红色口脂的配方更为专业复杂，色彩也更为多样化。油性胭脂的色彩鲜艳程度取决于配方中颜料的比重，色彩鲜明红润的唇脂是最受唐代女性欢迎的油性胭脂，除了点唇外，推匀可以做颊红，也可以蘸取颜色勾画花靥，若加入西域香药，则更为馥郁迷人。

在胭脂的两种性质基础上，唐人将胭脂做成各种质地形态，以满足不同的化妆需要。唐代胭脂的种类主要为胭脂饼、绵胭脂、薄片胭脂、粉胭脂、唇脂五种，均以红蓝花色料及其替代品结合西域香药等制成。

1.胭脂饼

将红蓝花汁与白米妆粉相融合，曝干后捻成一个个小饼。在北魏贾思勰《齐民要术》中有关于胭脂饼的做法：

"（杀花后，即去除红蓝花的黄色素）预烧落藜，藜藋及蒿作灰无者，即草灰亦得。以汤淋取清汁，揉花。（十许遍，势尽乃至）布袋绞取沨汁，着瓷碗中。取醋石榴两三个攀取子，捣破，少着粟饭浆水极酸者和之，布绞取沈，以和花汁……下白米粉，大如酸枣，（粉多则白）以净竹箸不腻者，良久痛搅。盖冒至夜，沨去上清汁，至淳处止，倾着帛练角袋子中悬之。明日干浥浥时，捻作小瓣，如半麻子，阴干之，则成矣。"

上文中的酸石榴和酸浆水是媒染剂，使绞出的红色花汁易着于米上。将准备好的细米粉投入红色溶液之中，反复搅拌，使溶液和米粉均匀。放置一天，使色素米粉彼此融合，再脱水曝干，在完全干燥前捻成豆粒大小的饼状，干后即成。唐代韩鄂《四时纂要》"五月"一章中关于红蓝花胭脂饼的介绍和贾思勰的基本一致，只是在红花汁的保存上有所改进。胭脂饼小巧美观，便于携带，其色泽的浓淡取决于红色染料和米粉的比例。晋代习凿齿《与谢侍中书》所说的"此山有红蓝花，北人采其花作烟支，妇女妆时作颜色用。如豆大，按令通颊，殊觉鲜明"就是指小胭脂饼。

唐代女性的胭脂饼制作更为精良，被压成花饼。在宋朝的遗物中不乏以花模压出的圆形妆饼，更具有装饰性，是沿袭唐代胭脂饼的做法。

2. 绵胭脂

绵胭脂出现在魏晋时期，是以丝绵卷成圆条状浸染红蓝花汁而成，女性以此敷面或点唇。崔豹《中华古今注》卷三云："燕支……又为妇人妆色，以绵染之，圆径三寸许，号绵燕支。"唐代女性也常使用绵胭脂，紫铆提炼的胭脂即是附着于丝绵之上。

关于唐代女性使用的绵胭脂，王焘《外台秘要》中的"崔氏造胭脂法"有具体的介绍。文曰：

"紫铆（一斤别捣）、白皮（八钱别捣碎）、胡桐泪（半两）、波斯白石蜜（两碾）。上四味于铜铁铛器中，着水八升，急火煮水令鱼眼沸。内紫铆又沸，内白皮讫搅令调又沸，内胡桐泪及石蜜捴经十余沸腾，紫铆并沉向下，即熟。以生绢滤之，渐渐浸叠絮，上好净绵亦得，其番饼小大随情。每浸讫，以竹夹如干脯猎于炭火上，炙之燥，复更浸，浸经六七遍即成。若得十遍以上，益浓美好。"

其中紫铆、胡桐泪、白石蜜都是外来香药，这种制作绵胭脂的方法前代未有，显然也属西域文明。唐之后，在北宋宫廷的"后院造作所"中，即有"绵胭脂作"与"胭脂作"，特别将绵胭脂独立出来，可见其重要性。绵胭脂在宋代受到这样的青睐，与它的形态便捷和上妆效果好息息相关。"崔氏造胭脂法"在清代仍然使用，只是为了使颜色变红，加入"黄叶水"，调制成艳丽的正色。

3. 薄片胭脂

薄片胭脂又名"金花胭脂"，是种附着于金箔或纸片上的胭脂，便于携带。崔豹《中华古今注》曰："燕支花自为红蓝尔……其谓之倩红者……又为妇人妆色，以绵染之，圆径三寸许，号绵燕支。又小薄为花片，名金花烟支，特宜妆色。"

薄片胭脂是将红蓝花等花汁颜料浸染在薄片上，用时抿在双唇之间，以唇上唾液使薄片上的胭脂融化，进而染色于肌肤之上。这种胭脂还可以涂抹面颊。

4. 粉胭脂

魏晋时期就有关于粉胭脂的记载。晋代崔豹《中华古今注》卷下提到魏文帝爱姬段巧笑"始以锦衣丝履，作紫粉拂面"，"紫粉"就是带色妆粉，作胭脂用。

北魏贾思勰《齐民要术》中介绍有"做紫粉法"，与前文宋应星《天工开物》中所介绍的"紫粉"颇为类似。它是以落葵为原料制作的粉状胭脂："用白米英粉三分、胡粉一分（不着胡粉，不着人面），和合调匀。取落葵子熟蒸，生布绞汁，和粉，日曝令干。若色浅者，重染如前法。"落葵的颜色偏紫，非红蓝花的正红色。宋代唐慎微《证类本草》引南朝陶弘景语云："落葵又名'承露'……其子紫色，女人以渍粉敷面为假色。"这种"紫粉"和铅粉和合，能"着人面"，且能妆面持久。但这种红色系妆粉毕竟是干米粉制成，经不起汗水、油污和泪水的洗礼，容易脱妆。五代冯延巳《南乡子》词"惆怅秦楼弹粉泪"，韦庄《清平乐》词："君不归来情又去，红泪散沾金缕"，即是指女子红粉妆。王仁裕《开元天宝遗事》中"贵妃每至夏月……每有汗出，红腻而多香"❶也反映了粉胭脂为唐代女子日常妆饰广泛运用这一事实。

5. 口脂

明代《正字通》"燕脂，以红蓝花汁凝脂为之……后人用为口脂"，指口脂中红蓝花还是代表性的原料，它的色泽最为纯正。

口脂在魏晋南北朝时称为"唇脂"，仅是在含有牛髓等动物脂肪的面脂中加入"熟朱"调色而成的一种化妆品。唐代唇脂是冬天防止唇部干裂的护唇膏，而女性使用的有色唇膏则被称为"口脂"，内含名为"甲煎"的香油，在《备急千金要方》中就特列两种"甲煎口脂"。甲煎中不可或缺的材料，是来自西域南海的甲香，即一种螺壳。它单独烧有臭气，结合其他香料同烧则有香味，常和香品一起使用。唐代制作口脂时，将各种香料和甲煎一起提炼成"泽"，对唐人来说，"甲煎"和"香泽"基本是一回事。

唐代的口脂被做成管状，方便携带和上妆，并且能在售卖时，根据顾客需要裁切。口脂有肉色、紫色、红色三种色系，调色用黄蜡、紫草、朱砂等颜料。按比例与油脂配合，可制作出浓淡不一、色泽各异的口脂供女性选择。

唐代女性点唇前，会先将唇部敷上白色底妆粉，然后根据需要修饰唇形。唇厚可以画薄，唇宽可以描窄，"半边娇、圣檀心"等花色唇形都是在唇部打底后的基础上，这需要口脂具备一定的鲜艳度和覆盖力。

唇部是女性妆容中最性感的区域，点唇是唐代女性日常妆饰最重视的内容。在传世图像上看，唐代女性的唇妆娇小浓艳，形状丰富。从唐诗中看，唐代女性日常化妆还是以不甚红艳的"檀口"为最自然的妆型。如平康名妓赵鸾鸾《檀口》诗"衔杯微动樱桃颗，咳唾轻飘茉莉香。曾见白家樊素口，瓠犀颗颗缀榴芳"，又如韩偓《余作探使以缭绫手帛子寄贺因而有诗》"解寄缭绫小字封，探花筵上映春丛。黛眉印在微微绿，檀口消来薄薄红"，檀口的颜色未必一定是正红色，与前代女性化妆崇尚口若"含丹"的时尚审美有所区别。唐代唇脂的种类必然与唇妆的创新相促进。

（三）唐代的红妆

《教坊记》中有则故事谈到女性高超的化妆术，有教坊妓庞三娘善歌舞，其颜面多皱，但特别善于妆束。她在面上贴以轻纱，杂用云母和粉蜜涂之，遂若少年容色。一日有人来雇请歌舞，见她未化妆时的老态，遂以"恶婆"呼之。她不以为忤，还幽默

❶ 王仁裕：《开元天宝遗事》，中华书局，2006，第51页。

地哄骗来人说："庞三是我外甥女，请明日再来。"第二天那人再来，未认出化妆后的庞三娘，还以为真是"恶婆"的外甥女，可见其化妆术之高超。同书还提到有位颜大娘，亦善歌舞，眼重睑深，有异于众，然能料理之，遂若横波，虽家人不觉也。

《教坊记》中的舞姬庞三娘和颜大娘，都是面有皱纹，颇有老态，但能通过化妆料理得自己如同年轻女子，除了她们绝妙的化妆术外，所化妆容必是浓妆。在厚重的脂粉掩盖和浓艳的红白对比下，才能有年轻娇艳的观感。王建《宫词》就描述了一位盛妆舞姬："舞来汗湿罗衣彻，楼上人扶下玉梯。师到院中重洗面，金盆水里拨红泥。"她面上妆容甚厚，所用似是油质胭脂，汗湿后腻结成块，不溶于水，浮在水面上似一层泥。

然而，浓艳的红妆并非舞姬的专属。唐代女性日常妆容以红妆为主，红色系的胭脂是日常化妆的主要化妆品，"红妆"是唐代最为流行的妆容。从宫廷到民间，女性都着红妆。

如李白《浣纱石上云》诗曰："玉面耶溪女，青娥红粉妆。"咏的是民间的小家碧玉；又如崔颢《杂诗》诗云："玉堂有美女……彩屏点红妆。"说的是富贵人家的女子在闺房内描画晚妆；再如董思恭《三妇艳诗》亦云："小妇多姿态，登楼红粉妆。"则是民间殷实人家的少妇的日妆。

《敦煌变文·金刚丑女因缘》云："再三自家嗟叹了，无计遂罪妆台中，忆佛乞垂加护：懊恼今生貌不强，紧盘云髻罢红妆，岂料我无端正相，致令暗里苦商量。胭脂合子捻抛却，钗朵珑璁调一傍。"不善化妆、相貌不美的女子可能会顾影自怜，萌生放弃美艳的红妆的想法，而大部分女子在崇尚妆饰的社会环境中，是不会轻易放弃浓艳的红妆的。

唐代女性红妆，主要是在白色底妆上施以颊红和唇妆，以及少许面饰组成。面饰者，斜红、花钿、面靥也。斜红一般以红色油质胭脂如唇脂等用笔勾画在面上，花钿和面靥既可以由红色胭脂勾画而成，也可以以其他颜色和材质贴面妆饰。

1. 颊红

唐代女性日常化妆都用胭脂提升气色，使面若桃花，所化妆容被称为"红妆"。而"红妆"是建立在白皙底色的基础上的。涂面的粉多为白色的米粉或铅粉：前者细腻不伤肌肤，却容易脱妆；后者光泽度好，美白功效好，但具有毒性，长期使用使脸色发青。这两种妆粉早在先秦就已经是女性的化妆品，在唐代仍被沿用。

唐代有一种白色夜用妆粉，具有美颜疗面作用。唐代女子有夜晚入睡时作妆的习惯，名为"宿妆"。王建《宫词》诗"宿妆残粉未明天，总立昭阳花树边"，温庭筠《菩萨蛮》诗"深处麝烟长，卧时留薄妆"，温庭筠《菩萨蛮》诗"小山重叠金明灭，鬓云欲度香腮雪"都是吟咏宿妆的风致。宿妆所用妆粉具有保养作用，《备急千金要方》

中就有一则名为"泽悦面方"的夜用妆粉："雄黄（研）、朱砂（研）、白僵蚕各一两，珍珠十枚研末。上四味，并粉末之，以面脂和胡粉，纳药和搅，涂面作妆。晓，以醋浆水洗面讫，乃涂之。三十日后如凝脂。五十岁人涂之，面如弱冠。夜常涂之，勿绝。"这种妆粉可以作为"睡眠面膜"，集美容养颜于一体，长期使用可以调理肤质。

即使是宿妆，唐代女子也会在白色的底妆上施以胭脂颊红。唐代元稹《会真诗》中"衣香犹染麝，枕腻尚残红"即是描绘宿妆胭脂的红色染在枕上的情形。

唐代女性日妆几乎都用胭脂染颊，不染胭脂的"白妆"一般是寡居妇人，连年长的女性也会施以淡雅的"飞霞妆"。颊红是面部面积最大的色块，能给人留下强烈印象，表1-3所示的妆容浓淡各异，其名称和风格取决于颊红的浓度。

表1-3　唐代女性红妆

①酒晕妆	②桃花妆	③飞霞妆	④白妆

阿斯塔那出土绢画《弈棋仕女图》局部	佚名《宫乐图》局部	张萱《捣练图》局部	周昉《簪花仕女图》局部

最浓艳的红妆非酒晕妆莫属，如表1-3①所示。"酒晕妆"，亦称"晕红妆""醉妆"，是在白粉的基础上，在丰润的两颊涂抹上大面积圆形的浓重胭脂，边缘晕开，既富有层次感又具有夸张艳丽装饰性。唐代女性崇尚面貌丰腴的健康美，晕开的红色胭脂在脸上具有扩张、膨胀的视觉效果，能显得面部圆润饱满，健康滋润。酒晕妆一般为年轻女性所作，流行于唐和五代。唐人好酒，胡姬酒肆遍地开花，从贵族到普通民众都善豪饮，士人也不以当垆沽酒为耻。胡姬脸上中亚民族特有的红晕让人心醉，美酒和佳人红红的脸庞构成了盛唐豪爽奢华的生活意象，酒晕妆也因此成为唐人生活的理想寄托之一。这种世俗浓艳的审美甚至影响到了道家的修行清静之地。《东观奏记》卷上载，唐宣宗微服出访至至德观，见女道士"盛服浓妆"，大怒，回宫之后下令驱逐道姑，换为男道士❶。此"浓妆"之所以能惹人眼目得与女道士的身份差异悬殊，引起宣宗的强烈反感，很有可能就是浓艳红润的"酒晕妆"。到了五代，淫靡之风所至，宫妃还特意扮成女道士，画酒晕妆，成为一种放荡不羁的"情趣"，以至于带动社会的妆饰风气。据《新五代史·前蜀·王衍传》载："后宫皆戴金莲花冠，衣道士服，酒酣免冠，其髻鬌然；更施朱粉，号'醉妆'，国中之人皆效之。"

❶ 裴廷裕：《东观奏记》卷上，田廷柱 点校，中华书局，1994。

比酒晕妆略生活化的妆是桃花妆，如表1-3②所示。桃花妆因艳如桃花而得名，化妆手法和酒晕妆类似，只是颊红的浓度略浅。唐代宇文氏《妆台记》云："美人妆，面既傅粉，复以胭脂调匀掌中，施之两颊，浓者为'酒晕妆'，淡者为'桃花妆'；薄薄施朱，以粉罩之，为'飞霞妆'。"这种妆饰方式也为青年女性所喜爱。元稹《恨妆成》诗"凝翠晕蛾眉，轻红拂花脸"之句即是吟咏施桃花妆的青年女子。早在隋代，桃花妆已经成为宫中之妆。宋代高承《事物纪原》载："隋文宫中红妆，谓之桃花面。"独孤后善妒，与隋文帝在新婚时共立誓言，约定一生忠于彼此。得天下后，因为独孤后的关系，隋文帝身边鲜有美貌女性，宫中女性都不许艳妆。当时宫中流行桃花妆，可见桃花妆所体现的是一种含蓄文静的美，是种得体的妆容。

飞霞妆淡雅，适合唐代任何年龄段的女性，如表1-3③所示。如前文所言，先在面上施以浅色胭脂，缓缓匀开，然后再罩上一层透明白粉，有种白里透红的含蓄感。飞霞妆接近自然，多为士族少妇或中老年妇女所妆饰。除了这种化妆方法外，还有的将胭脂和妆粉调制在一起，形成略带红色的效果，直接涂抹于脸颊。前文所述之取色于落葵的"紫粉"，以及取色于红蓝花胭脂的"檀粉"都是飞霞妆所用胭脂粉。因为在化妆前妆粉已经被调和成同一种颜色，因此妆容色彩统一，敷色均匀，显得庄重、文静、健康，非常符合性情文雅的女子及中年以上妇女的气质身份。

典型的白妆可以完全不着胭脂，如表1-3④所示。但有的白妆也可以涂抹红唇和斜红——由于没有颊红的中间过渡层次，樱唇和斜红在白妆底的衬托下显得格外娇艳别致。唐代刘存《事始》载："炀帝令宫人梳迎唐髻，插翡翠钿子，作白妆。"《中华古今注》亦载："梁天监中，武帝诏宫人梳回心髻……作白妆青黛眉。"这种妆容是比较前卫的妆。唐玄宗时的虢国夫人"淡扫蛾眉朝至尊"，也不用颊红，但按唐代女性普遍使用底妆的情况看，应该有白粉作底，类似白妆。在一般情况下，白妆为女性守孝孀居时的装束。白居易《江岸梨花》诗云："最似孀闺少年妇，白妆素袖碧纱裙。"就是指的这种情形。

唐代胭脂以正红为主，色泽浓艳。唐代戴孚《广异记》讲述了这样一个有趣故事：潞城县令周混的妻子韦璜出嫁前与嫂子姐妹们约定"若有先死，幽冥之事期以相报"，死后月余果然回家。韦氏附身在婢女身上告诉家人说："太山府君嫁女，知我能妆梳，所以见召，明日事了，当复来耳。"第二天又借婢女说："太山府君嫁女理极荣贵，令我为女作妆。今得胭脂及粉来与诸女。"说完将手摊开，上有胭脂"极赤"，还有妆粉，和人间之物无异，众人皆信服。虽然故事内容荒诞，但其中"极赤"的胭脂和韦氏举证的妆粉，都反映了唐代女性好用浓重鲜明的胭脂的事实。

当然，唐代女性也会用落葵、紫矿、紫草、紫茉莉等物代替红蓝花胭脂，呈偏紫的娇艳色泽。正如施肩吾《山石榴花》诗所云："深色胭脂碎剪红，巧能攒合是天公。

莫言无物堪相比，妖艳西施春驿中。"别有风致。

2.唇妆

唐代女性的唇妆大部分以红色系描绘，形状小巧，色泽鲜丽，衬得双颊丰满。唇妆色彩浓度和色彩倾向不尽相同，但总体来说都比胭脂浓重。

综合文献和图像资料，唇妆从颜色上主要有檀口、绛唇、朱唇和黑唇之分。其中朱唇在图像资料中最为常见，是唐代红妆最具代表性的唇妆，见表1-4。

（1）檀口：唐韩偓《余作探使以缭绫手帛子寄贺因而有诗》云："黛眉印在微微绿，檀口消来薄薄红。"浅红色的唇色作妆，即为"檀口"。王实甫《西厢记》亦云："恰便似檀口点樱桃，粉鼻儿倚琼瑶。""檀口"色彩虽然不深，但小巧如樱桃的形状还是明确的。在张萱的《捣练图》和周昉的《簪花仕女图》中贵族女子的唇妆清淡，即是檀口。这种唇妆自然柔和，为唐代女性日常妆饰所用，与之相配的颊红色淡，或与檀粉、白妆相配，清新典雅。敦煌词云："故着胭脂轻轻染，淡施檀色注歌唇。含情唤小莺"❶，即是檀口和浅色胭脂的妆容搭配，如表1-4①所示。

（2）绛唇：绛唇在唐代女性红妆中非常流行，是用深红色点染的唇妆，色彩可以是颜色略深的正红，也可以是偏紫的冷红。绛唇色整体明度略低，一般和酒晕妆与桃花妆相配，具有明艳夺目的效果。在新疆阿斯塔那盛唐墓中的壁画上，就可以见到这种艳妆，如表1-4②所示。

（3）朱唇：亦称"红唇""丹唇"，色泽鲜艳，为正红色，常为年轻女子妆饰，与之相配的颊红色亦为正红色的桃花妆，显得娇媚可爱，唐代女性宿妆中常用朱唇妆饰。岑参《醉戏窦子美人》诗云："朱唇一点桃花殷，宿妆娇羞偏髻鬟。"即是形容桃花一般鲜艳的红唇，如表1-4③所示。

（4）黑唇：黑唇南北朝时期就已经产生，又被称为"嘿唇"，为宫中舞女所作，如表1-4④所示。南朝徐勉《迎客曲》诗称："罗丝管，舒舞席，敛袖嘿唇迎上客。"黑唇在中唐一度流行，是受西域少数民族影响的前卫妆容，兴盛于宫苑民间。《新唐书》载："元和末，妇人为圆鬟椎髻，不设鬓饰，不施朱粉，惟以乌膏注唇，状似悲啼者。"

白居易《时世妆》诗对这种唇妆对应的整体妆容有生动的描述："时世妆，时世妆，出自城中传四方。时世流行无远近，腮不施朱面无粉。乌膏注唇唇似泥，双眉画作八字低。妍媸黑白失本态，妆成尽似含悲啼。圆鬟无鬓堆髻样，斜红不晕赭面状。昔闻被发伊川中，辛有见之知有戎。元和妆梳君记取，髻堆面赭非华风。"黑唇一般与赭色底妆及八字眉妆相配，表现状似悲啼的怪艳效果，与中国传统审美崇尚的"红妆"差异甚大，虽然一度风行，但后世再无沿用。据沈从文先生研究，这种妆束来自吐蕃，

---

❶《敦煌词》，载张璋 等《全唐五代词》，上海古籍出版社，1986。

文成公主当年非常反感赭面黑唇的妆容❶。

表1-4　唐代女性唇妆

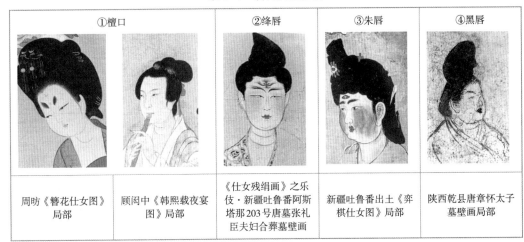

①檀口		②绛唇	③朱唇	④黑唇
周昉《簪花仕女图》局部	顾闳中《韩熙载夜宴图》局部	《仕女残绢画》之乐伎·新疆吐鲁番阿斯塔那203号唐墓张礼臣夫妇合葬墓壁画	新疆吐鲁番出土《弈棋仕女图》局部	陕西乾县唐章怀太子墓壁画局部

唐代女性在勾画唇妆前，先用具有覆盖力的妆粉将原有的唇色覆盖掉，再重新画出嘴唇的形态。这种化妆手法让唇妆更具有装饰性，许多唇式样应运而生。若唇色较深或唇部结构较为突出，则须使用深色口脂，通过与白色底妆的对比来重塑唇形。唐代的唇妆式样很多，据宋代陶谷《清异录》载，仅在唐末就有石榴娇、大红春、小红春、嫩吴香、半边娇、万金红、圣檀心、露珠儿、内家圆、天宫巧、洛儿殷、淡红心、腥腥晕、小朱龙、格双唐、眉花奴等唇妆花式，可惜具体的形状目前难以找到可靠的资料。

唐代女性点唇样式虽然千变万化，但与历朝历代一样，都以娇小为尚。白居易家伎樊素的口型，就被人当作最标准、最美丽的嘴型，因此有"樱桃樊素口"的称誉，与谢小蛮的"杨柳小蛮腰"一起为世人称道。当然，樱桃口只是形容唇妆形状娇小，而并非只有圆圆的樱桃状式样。

3.斜红

唐代女性面饰华丽，在出土女性陶俑脸和墓室壁画的侍女脸上靠近鬓角处常有两道红色的月牙形妆饰，浓艳怪异，有的故意描绘成残破状，如同伤口流血或新鲜疤痕。这种妆饰即是"斜红"。唐代元稹《有所教》诗云："莫画长眉画短眉，斜红伤竖莫伤垂"，罗虬《比红儿诗》"一抹浓红傍脸斜，妆成不语独攀花"等句，所咏的都是这种妆饰。

描画斜红的妆饰习俗始于南朝，盛于唐代。唐代宇文氏《妆台记》云：斜红绕脸，即古妆也。唐代张泌《妆楼记》讲述了斜红的来历：魏文帝曹丕十分宠爱美人薛叶来。一日夜间，薛夜来来到文帝宫中，文帝正在灯下读书，周围有七尺高的水晶屏风。夜来走向文帝时不慎撞上屏风，登时额角鲜血直流，如朝霞般散开，因此留下两道淡红色疤

❶ 沈从文：《中国古代服饰研究》，上海世纪出版集团，2005，第259页。

痕，反增美艳。之后，文帝对她更为怜惜。其他宫人欣羡之余纷纷模仿，用胭脂在额角画上这种血痕，名"晓霞妆"。后来慢慢演变成了隋唐女性红妆的一部分——斜红。

从表1-5可见，唐代女性脸上的斜红一般描绘在太阳穴附近，有的接近发际线，有的接近眼角，多为垂直狭长的月牙形，如表1-5①②④所示，有时也精心描绘成如意云彩形，如表1-5③所示。有的女性为了强调斜红的残缺美，用浓艳的胭脂在斜红上面画上发散四逸的细线，好似血迹一般。斜红的轮廓清晰，色彩浓艳鲜红，形态狭长，和额上的花钿、圆润的唇形彼此呼应，形成强弱分明的妆饰层次感。

表1-5　唐代女性斜红妆

①长安县郭杜镇执失奉节墓墓室东壁壁画	②长安县郭杜镇执失奉节墓墓室北壁壁画	③新疆吐鲁番唐墓绢画《伏羲女娲图》局部	④新疆吐鲁番阿斯塔那唐墓《胡服美人图》局部

唐代女性的红妆浓艳，有触目惊心的效果。《酉阳杂俎》记载：房孺复的妻子崔氏善妒忌，不许家里的婢女作时世妆、梳高髻。有一位新买来的婢女化妆稍浓，崔氏怒曰："汝好妆耶？我为汝妆。"就让人"刻其眉，以青填之，烧锁梁，灼其两眼角，皮随手焦卷，以朱傅之。及痂脱，瘢如妆焉"❶。这种"妆法"与黥刑无异，居然能如妆一样，说明当时女性红妆浓艳，有种病态的美。

三、唐代女性面饰与西域文明

> 腻如云母轻如粉，艳胜香黄薄胜蝉。
>
> 点绿斜蒿新叶嫩，添红石竹晚花鲜。
>
> 鸳鸯比翼人初贴，蛱蝶重飞样未传。
>
> 况复萧郎有情思，可怜春日镜台前。
>
> ——【唐】王建《题花子赠渭州陈判官》

❶ 段成式：《酉阳杂俎》，载上海古籍出版社《唐五代笔记小说大观·下》，上海古籍出版社，2000，第615页。

唐代女性贴画面饰以增容色，花子即是面饰。唐代面饰色彩多变，图样和材质多样。诗中"腻如云母轻如粉，艳胜香黄薄胜蝉"描述面饰的轻薄精巧。"斜蒿""石竹""鸳鸯""映蝶"等都是花子的形态，"绿""红"等是花子的色泽，如新叶，似晚花，在女性的柳叶眉、芙蓉面上点缀出自然的美景。

唐代的诗歌和绘画资料中有大量女性妆饰面饰的题材，面饰在唐之前就已经存在和流行了。然而，为什么面饰在唐代达到巅峰？面饰的渊源来自何处？面饰在社会各阶层风行的途径是什么？

通过对史料的梳理和图像的比对，我们可以发现，唐代女性妆饰中大量使用面饰的时尚风潮与佛教造像、西域绘面习俗、人口贸易等西域文明的输入有着密切的联系。

（一）额黄与佛妆

明代张萱《疑耀》云："额上涂黄，亦汉宫妆。"额黄源于汉朝，在南北朝时也流行，李商隐"寿阳公主嫁时妆，八字宫眉捧额黄"即咏的是南北朝时寿阳公主的额黄妆。到了唐代，额黄妆更为盛行，这与南北朝时佛教大盛有着密切的关系。唐代佛教昌盛，与世俗关系密切，菩萨像甚至以当时的美人名妓为模特塑造出妩媚艳丽的形象特征。唐代女性出于虔诚心和爱美之心，模仿佛像涂金的形式，以黄涂额作为妆饰，进而演变为整个面部都涂黄色为妆。

在魏晋南北朝时，女性所饰的额黄还很含蓄，庾信诗"额角细黄轻安"，江洪诗"薄鬓约微黄"都是指淡淡的额黄。唐代女性的额黄则更为明亮灿烂，上妆也更为厚重。如唐代裴虔余诗《柳枝词咏篙水溅妓衣》"半额微黄金缕衣"，五代牛峤《女冠子》"额黄侵腻发，臂钏透红纱"等句，都描绘了唐代女性的额黄妆的形态，这与唐代佛教的世俗化倾向、造像的发达奢华、倾慕胡风的世风有着直接的关系。到了宋代，虽然额黄仍为女性所妆饰，但显然开始回归于隋唐之前的淡雅含蓄。周邦彦《瑞龙吟》词云："因念个人痴小，乍窥门户。侵晨浅约宫黄，障风映袖，盈盈笑语。"其中的额黄浅约，与宋代淡雅婉约的世俗审美情调相合。在额黄的浓淡现象变化中，我们可以感受到西域文明在中古时代的消长情况。唐代女性受胡风影响甚深，在传统妆饰的基础上提出自己的主张，并形成自己的风格，展现朝气蓬勃的气质，这种文化现象在盛唐极盛，中晚唐延续，一直绵延到五代。

关于唐代女性涂额黄的材料，目前所能找到的文献线索是唐代王涯《宫词》"内里松香满殿闻，四行阶下暖氤氲。春深欲取黄金粉，绕树宫娥著绛裙"，其中的"黄金粉"是松树花粉，色黄清香，很适合做女性的化妆品，可惜没有具体的配方，且在诗中也没有言明宫女采取松花粉的用途，因此松花粉作为额黄的说法只能是猜测。

唐代女性的额黄多用来作为颜料涂抹。据李芽教授整理，额黄有平涂法、半涂法和点染蕊黄等三种染画妆饰形式❶。平涂即满额涂黄，半涂法是将额头以晕染法涂一半，点染蕊黄是以黄粉颜色在额头上绘以花蕊状的纹饰，又称为"黄子"。除了染画，还有粘贴黄色花钿的妆饰方法，《北朝乐府·木兰辞》中"当窗理云鬓，对镜贴花黄"，成彦雄《柳枝辞九首》"鹤黄剪出小花钿，缀上芳枝色转鲜"句，以及唐代崔液《踏歌词》中"鸳鸯裁锦袖，翡翠贴花黄"即是指花钿性质的粘贴型额黄。

关于额黄的材料，美国学者谢弗在其著作中提到一种名为"雌黄"的颜料："雌黄就是美丽、黄色的砷硫化物，西方画家也将这种颜料称作'王黄'……至少早在公元五世纪时，这种精美的颜料就已经从扶南和林邑输入了中国，所以它又被称为'昆仑黄'……在唐朝妇女中最普遍流行的时尚是使用'额黄'。当时涂抹额头最常用的颜料似乎还是一种类似天然一氧化碳的铅黄，但是很可能有时也使用金黄色的砷——虽然砷与铅颜料一样，但是保留时间过长对皮肤有害。"❷

谢弗将作为绘画颜料的色彩饱和度很高的雌黄认为是唐代女性妆饰额黄的材料，并将它与同样有毒的铅粉相提并论，也并非完全没有道理。据谢弗介绍，雌黄还作为绘画颜料出现在敦煌绢画中。雌黄以其灿烂的色泽和持久的妆效，为唐代女性取用于染画明媚的额黄妆也是完全有可能的。

额黄不仅为魏晋南北朝、隋唐及宋代汉族女性妆饰所用，在少数民族女性中间也甚为流行，这可以被视作吸纳了异域文明的唐代中原妆饰文化对周边地域的影响依据之一。宋代叶隆礼《契丹国志》卷二十五引张舜民《使北记》"北妇以黄物涂面如金，谓之佛妆"，其中"涂面如金"的额黄妆饰法在宋代的中原已经不甚流行，契丹女性的佛妆可以说是唐代额黄妆的遗留，妆饰范围不仅是额头，还涉及整个面部，与佛像装金类似，可以作为额黄来源的佐证之一。

契丹女性的佛妆材料是一种名为"栝楼"的植物提取物。前者是纯粹的染色颜料，后者是黄色的美容护肤品。庄季裕《鸡肋篇》云："（契丹）其家仕族女子……冬月以瓜蒌涂面，谓之佛妆。"孙机先生提到清初北方女性也以黄色的栝楼汁涂面，认为"由于地各异，难以用这些记载与唐之额黄相比附"❸，但这种美容方法和黄色涂面的妆饰可以说是中古时期妆饰文化的延续，黄色饰面在唐代鼎盛，对后世妆饰有着深远的影响。

（二）贴饰与西域宗教

宋代欧阳炯《女冠子》词"薄妆桃脸，满面纵横花靥"。"花靥"即指花钿和妆靥，

❶ 李芽：《中国历代妆饰》，中国纺织出版社，2008，第85~86页。
❷ 谢弗：《唐代的外来文明》，吴玉贵 译，陕西师范大学出版社，2005，第275页。
❸ 孙机：《唐代妇女的服装与化妆》，《文物》1984年第4期。

花钿一般贴在额头，妆靥多分布在两颊。这两种贴饰在唐代的兴盛，与佛教和中亚宗教有着千丝万缕的联系。

1. 花钿与白毫相

花钿是唐代女性妆容富有特色的组成部分，它在唐代的流行和佛教的兴盛与佛教造像艺术的发展有关。

（1）花钿：是古代女性贴在脸上的饰物，一般妆饰于额上或眉间印堂处，亦称"眉间俏""额花""花子"等。贴花钿是化妆的最后步骤，唐代张祜《爱妾换马》诗"乍牵玉勒辞金栈，催整花钿出绣闱"即是明证（表1-6）。

表1-6　唐代女性眉间花钿

| ①新疆吐鲁番阿斯塔那187号墓出土《弈棋仕女图》局部 | ②张萱《捣练图》局部 | ③西安唐墓出土女俑局部 | ④阿斯塔那唐墓出土绢画局部 |

花钿在唐以前早就存在，贴花子的习俗早先与中国宗教和神话有关，到唐以后则成为纯粹的女性妆饰形式。《中华古今注》云："秦始皇好神仙，常令宫人梳仙髻，贴五色花子，画为云虎凤飞升。至东晋，有童谣云：'织女死，时人帖草油花子，为织女作孝。'至后周，又诏宫人帖五色云母花子，作碎妆以侍宴。"

花钿在六朝时特别盛行。宋代高承《事物纪原》引《杂五行书》记述了六朝最著名的"寿阳公主梅花妆"的动人传说："宋武帝女寿阳公主，人日卧于含章殿檐下，梅花落额上，成五出花，拂之不去，经三日洗之乃落，宫女奇其异，竞效之。"❶这种称为"寿阳妆"的花钿妆饰随着浪漫的传说从宫廷传至民间，并流传到后世。宇文氏《妆台记》载："隋文宫中贴五色花子，则前此已有其制矣，乃仿于宋寿阳公主梅花落面事也。"五代牛峤《红蔷薇》诗"若缀寿阳公主额，六宫争肯学梅妆"，即是折射了唐代至五代时期女性在眉间描画梅花形的现实状况，显然是取寿阳公主梅花妆的遗意。

唐代女性化妆时所施的花钿以描画和粘贴为主（图1-1）。描画多以口脂、黛汁、黄粉颜色直接在额上描画各种花形。前文之梅花妆、额黄之"蕊黄"即是用颜色描画的花子，用口脂描画的红色花子属于"红妆"范畴。粘贴则以彩色光纸、各色云母片、

❶ 高承：《事物纪原》，中华书局，1989，第144页。

图1-1 唐代女性花钿式样

图片来源：周汛、高春明：《中国历代妇女妆饰》，学林出版社，1997，第138页。

昆虫翅翼、鱼鳞鱼鳔、丝绸、金箔等为原料，制成圆形、菱形、桃形、三叶形、铜钱形、双叉形、梅花形、鸟形、孔雀羽斑形等诸种形状❶，以产于辽东一带的"呵胶"贴于额间。"呵胶"，轻呵一口热气即可发粘使用，卸妆时借助热水和蒸气便可揭下。

花钿色泽雅丽，质地轻薄，一种以昆虫翅膀制作的花子尤其具有浪漫色彩。宋代陶谷《清异录》载："后唐宫人或网获蜻蜓，爱其翠薄，遂以描金笔涂翅，作小折枝花子，金线笼贮养之，尔后上元卖花者取象为之，售于游女。"

花钿妆饰面容是唐代女性妆容的普遍风尚。杨贵妃姐妹就非常青睐花钿妆。白居易《长恨歌》中"花钿委地无人收"句，说明在逃亡途中，杨贵妃仍作花钿妆。和凝《杨柳枝》诗"醉来咬损新花子，拽住仙郎尽放娇"句，展现了少女娇憨的情态；唐代张夫人《拾得韦氏花钿以诗寄赠》诗"今朝妆阁前，拾得旧花钿。粉污痕犹在，尘侵色尚鲜"，花钿这一日妆小物，似与女子本身等同了（图1-2）。

花钿不仅为唐代女性日常化妆所用，在乐舞浓妆中也起到重要作用。如章孝标《柘枝》诗"柘枝初出鼓声招，花钿罗衫耸细腰"，以及唐彦谦《翡翠》诗"玉楼春暖

---

❶ 关于花钿的形状，在周汛、高春明的《中国历代妇女妆饰》中有形象的介绍。河北大学的吴倩在她2010年的硕士论文《传统艺术中的花钿研究》中更进一步地介绍了花钿的起源和发展、形态、材质、意象，以及在壁画、传世绘画中的景象等，对于形式的研究很翔实。

图1-2 描画花钿的唐代女性形象

笙歌夜，妆点花钿上舞翘"句中都特意提到靓丽的"花钿"作为舞容符号。

花钿有时也被用来掩饰伤痕。段公路《北户录》云："天后每对褋实在宰臣，令昭容卧于床裙下记所奏事。一日宰李对事，昭容窃窥。上觉，退朝怒甚，取早刀刻于面上，不许拔。昭容遂为乞拔刀子诗。后为花子以掩痕也。"❶关于上官婉儿以花子掩伤痕的公案，段成式《酉阳杂俎》卷八亦云："今妇人饰用花子，起自唐昭容上官氏所制，以掩点迹。"❷

《续玄怪录》卷四《定婚店》就讲了一个以花钿遮掩眉间伤痕的故事：韦固巧遇月下老人，老人告诉韦固，他的妻子才3岁，长到17岁时会与他结婚，韦固遂请老人引见自己命中的妻子。在宋城菜市中见一眇目卖菜婆，手中抱着一个穿着破烂的女孩，月老告诉韦固："此君之妻也。"韦固不甘，派家奴刺杀此女，家奴却只刺中女孩的眉心。多年后，韦固任相州司户椽，刺史赏识他的才能，就将女儿嫁给他。此女容色华丽，只是在眉间常贴一花钿，即使在沐浴中也不去掉。韦固一问之下，原来此女即是当年被刺杀的女孩，刺史是女子的叔父，卖菜婆是她的保姆，在她父母双亡之后收养了她。这个故事虽为传说，但也应是现实情况的写照。

（2）迪勒格、白毫相、唐代花钿的流行：佛教自魏晋南北朝时期在华夏大地上兴起，盛唐是唐代佛教最为鼎盛的时代，佛寺是宗教场所，也是世俗宴饮❸、赏花❹、观灯❺的地方，寺院"俗讲"非常风行，歌舞百戏也常进入寺院❻。龙门石窟二期工程的卢

---

❶ 段公路：《北户录》，中华书局，1985，第47页。
❷ 段成式：《酉阳杂俎》，中华书局，1981，第79页。
❸ 如京城慈恩寺的雁塔题名，崇福寺的进士樱桃宴等。
❹ 《幻戏志》卷七记载，浙西鹤林寺杜鹃花甚美，当季之时，"节使宾僚官属，继日赏玩。其後一城士女，四方之人，无不载酒乐游。连春入夏，自旦至昏，间里之间，殆於废业"。
❺ 《唐会要》卷四十九《燃灯》载，唐玄宗天宝三载十一月敕："每载依旧正月十四、十五、十六日开坊市燃灯，永为常式。"关于寺院节日燃灯，日本来华僧人圆仁亦在《入唐求法巡礼行记》中记述了唐文宗开成四年（公元839年）时扬州佛寺灯节的情况。
❻ 《南部新书》卷五云："长安戏场多集於慈恩，小者在青龙，其次荐福、永寿，尼讲盛於保唐。"唐宣宗万寿公主的小叔子病危，宣宗问探病使者："公主视疾否？"使者说没有，宣宗再问公主在哪里，回答是"在慈恩寺看戏场。"可见当时慈恩寺戏场规格很高，王公贵族日常娱乐都前往那里。

舍那大佛及奉先寺是武则天捐助"脂粉钱二万贯"所建，武则天本人主持了开光仪式。龙门石窟的卢舍那佛像面短而艳，眉如新月，鼻梁挺直，嘴角微微上扬，据说是按照武则天的容颜塑造的。武则天为了积累政治资本，在执政期间抑道崇佛，授意僧人伪造《大云经》，称自己是弥勒菩萨的化身，为自己的登基扫清道路。武则天崇佛推进了弥勒净土信仰的风行，以及菩萨造像的女性化、世俗化、中国化演进，使佛像呈现出丰额广颐，端庄窈窕的艺术格局，逐渐演变为后世"菩萨似宫娃"的佛教造型艺术风格。菩萨的面容和妆饰也与世俗女性日趋接近，并影响了妆饰时尚。

　　唐代不少佛像和飞天的眉间有一枚圆点，以白玉、水晶镶嵌，这个圆点在佛教中被称为"白毫相"，是佛陀三十二相之一。在先秦时代，花钿作妆就有道家"飞升"之宗教含义。在传统道教文化、佛教文化的双重影响下，盛唐女性将圆形的白毫相进行变化和创新，形成了丰富多彩的花钿妆饰。

　　佛教和佛像源于印度，由印度原有的宗教理念和妆饰习俗演化而来。在印度宗教的理念中，在印堂上点红和贴花是含有"吉祥""圣洁"之意的妆饰，早期印度雕塑的药叉女形象的眉间就有圆点妆饰。印度古代的瑜伽行者认为，印堂是"天眼"所在之处，是人生命力的源泉，需要涂药膏予以保护。这种具有消灾辟邪寓意的宗教符号，在民间被称为"迪勒格"，除寡妇外人人都可使用（图1-3、图1-4）。在印度人的婚礼仪式中，新娘的吉祥痣由婆罗门教祭司或新郎点上，来祈求婚姻美满。印度女性在重

图1-3　印度少女新娘　　　　　　　　图1-4　点吉祥痣的印度女性

大喜庆场合都会点上吉祥痣，已婚妇女在平时也常点。吉祥痣一般为红色，可以点绘也以粘贴妆饰花片，可以集中在印堂部位也可以延伸至双眉，根据纱丽色彩搭配不同的颜色。

印度教神祇的形象和点吉祥痣的习俗直接影响了佛教的造像，在唐代盛行的密宗造像上尤为明显。在1世纪的贵霜时代，大量的巴克特里亚的希腊人迁至犍陀罗，佛教造像兴起，希腊罗马文化和印度文化在北印度交融，逐渐向南扩散。犍陀罗出土的佛像具有明显的希腊罗马雕塑特征，也保留了印度传统的装束和妆饰传统，南方秣菟罗的佛像更是当时印度人形象的再现。佛教文化和造像艺术在贵霜王室的支持下趋于成熟，在迦腻色迦时代达到鼎盛，成为人类文明史上最辉煌的艺术发展时期之一。因此，在佛教传入中国时，它的形象已经集伊朗、印度和希腊罗马文化艺术特征于一身了❶（表1-7）。佛像眉间的圆点造型与印度教神祇及民间妆饰习俗如出一辙，随着佛教一起传入中原，成为中国佛教造型艺术约定俗成的形式。考古发现的东吴时期墓葬中出土的一枚陶俑眉间就有一个圆点，东吴的统治者是虔诚的佛教信徒，这种妆饰形式很可能是受随佛教传入中国的异域形象和印度风俗影响所致。

表1-7　佛菩萨的白毫相

①佛立像，犍陀罗出土（1~2世纪）	②立佛像，秣菟罗出土（1世纪）	③云冈第20窟主佛（北魏）	④十一面观音立像，日本东京国立博物馆藏（唐代）

图片来源：图①~图③源自阮荣春、黄宗贤：《佛陀世界》，江苏美术出版社，1995。

图④源自敦煌研究所：《中国石窟：敦煌莫高窟》，文物出版社，1987。

佛像眉间的"白毫相"不仅有吉祥之意，更有放光说法的作用。《法华经序品》曰："尔时佛放眉间白毫相光。"《法华义疏》曰："白毫者表理显明称白，教无纤隐为毫。"佛说法放白毫光，有教众生"断惑除疑"之意。

"白毫相光"在佛经中的具体形象为眉间有白毫毛，右旋放明光："佛眉间白毫相放光，照东方万八千世界，靡不周遍。是知佛眉间之白毫相柔软清净，宛转右旋，发放光明。"❷这种妙相是佛在菩萨地时，为众生宣说正法，实法不虚而报得❸，也是在因

❶ 在美国波士顿博物馆藏有一件迦腻色迦金币：正面的迦腻色迦王形象和波斯金币上的王形象非常相似，反面为佛像，佛像周边有希腊字母提名，钱币边缘镶有波斯式的联珠纹。这是贵霜处于丝绸之路枢纽位置，集大文明在此融合的必然现象。
❷《法华经》卷一。
❸《优婆塞戒经》卷一。

地时，见众生修学戒定慧三学，称扬赞叹而感得❶。《观佛三昧海经》卷一曰："观相品谓，如来有无量之相好，然以此相为诸相中之最殊胜者。""白毫相"之所以有如此崇高的意义，是因为它有佛为众生广的说法，助其解脱的无上功德——信众在拜佛时可以通过观想佛陀白毫之相而升起对佛法的信心，依经而行，受教得度。在佛教盛行的唐代，不少女性受信仰影响，在象征"天"的额上，施以圆点或各色造型的贴饰，营造庄严俏丽的形象美。

白毫相在唐人的心目中是美丽圣洁的符号，是佛菩萨智慧慈悲的标志。唐代女性出于内心的虔诚和本能的爱美之心，将额间妆饰用于妆容之中，不断丰富其形式和内涵。虽然有学者认为从汉代起源的花钿和佛教的额中点丹在源流上并无关联❷，但从唐代佛教信仰的普及，佛教的世俗化、造像的女性化的大背景来看，唐代女性的花钿妆与佛教造像有着密切的相互影响关系。值得一提的是，在敦煌莫高窟吐蕃时代158窟中，帝王供养人和侍臣的额间也有花子的图形，可见花钿并非仅是女性用来增色的贴饰❸。

花钿在唐代的盛行拉近了世俗与神佛的距离，同时将女性与佛菩萨联系起来，女性亲和美丽的形象成为佛菩萨慈悲度化的象征。唐代女性用宗教偶像的特征作为日常妆饰的做法，一方面是对六朝时代妆饰的延续，同时也与当时天竺和大唐民间习俗交流有密切的关系，花钿作为盛唐盛行的妆容形式随着佛教信仰一直流传到唐末和后世。

2.花靥与西域习俗

《说文解字注》释曰："靥、颊辅也。"妆靥，亦称面靥，原是女性以丹朱等红色颜料施于两侧酒窝处的一种妆饰。花靥虽源于汉代，但在唐代的大盛应于西域绘面的妆饰习俗有关。

（1）唐代花靥：唐代诗人元稹《恨妆成》诗如是描述女性晓妆："凝翠晕蛾眉，轻红拂花脸。满头行小梳，当面施圆靥。最恨落花时，妆成独披掩。"诗中施于面颊上的花靥为圆形。施靥是妆容的最后步骤，如同点睛之笔，又有落英缤纷的自然意象。形式与意象的美使花靥成为唐代女性面饰的重要部分，式样繁多。

点靥的妆饰在汉代已有，当时称为"的"，是后妃宫嫔每月不能进御期间在脸上做的特殊记号。汉代刘熙《释名·释首饰》曰："以丹注面曰的。的，灼也。此本天子诸侯群妾当以次进御，其有月事者止不御，重以口说，故注此于面，灼然为识，女史见之，则不书名于第录也。"之后，因点"的"让女性更显美丽，"的"就突破了最早的标记范畴，成为妆容的一种。

---

❶《无上依经》卷下。
❷ 于倩、卢秀文：《敦煌壁画中的妇女花钿妆——妆饰文化研究之五》，《敦煌研究》2006年第5期。
❸ 同❷。

唐代女性妆饰文化中的西域文明

到了六朝时期，面靥已然成为一种纯粹的妆饰，隋唐五代延续了这种妆饰习俗，并得以进一步丰富。隋唐的花靥，不仅施于两边嘴角斜上方的酒窝部位，在面颊、额部、太阳穴处都会有大小不一、形状各异的点状花靥。尤其在盛唐之后的中晚唐时期，女性对花靥更为重视，欧阳炯《女冠子》词"满面纵横花靥"即描写了妆容上花靥的丰富。《中华古今注》亦记载，五代后周宫人"贴五色云母花子，作碎妆以侍宴"，这"碎妆"也应是花靥在面部分布平均、妆容格局细碎的情态。《唐国史补》云："天宝之风尚党，大历之风尚浮，贞元之风尚荡，元和之风尚怪。"在晚唐五代的图像资料中常有满面花靥的女性形象，应是盛唐之后崇奇尚怪的妆容风尚的典型体现，花靥的存在显然是浮夸怪异的妆容时尚的代表性符号。

唐代花靥形式多样，有的如杏桃，有的似钱币，有的为鸟形，丰富多彩。如额间妆饰的花钿一样，花靥也有遮蔽面部瑕疵的作用。段成式《酉阳杂俎》云："今妇人饰用花子，起自唐昭容上官氏所制，以掩点迹。大历以前，士大夫妻多妒悍者，婢妾小不如意，辄印面，故有月点、钱点。"[1]唐代达官贵人家普遍蓄有大量美貌的家妓婢妾，她们虽锦衣玉食却地位低下如同畜产，常被女主人凌虐乃至杀害，用热铁和利器伤害面部是常有的事，美丽的花靥和花钿下掩藏着大量的辛酸和屈辱。这些底层女性数量众多，她们对花靥的需求和重视是唐代女性妆饰流行基本态势的形成主因。

花靥的使用除了自选组合外，还有一种黄色的"星靥"，可与其他妆容组成部分搭配使用，这种情况在唐与五代文献中常见。如《酉阳杂俎》云："近代妆尚靥，如射月日黄星靥。"段公路《北户录》卷三云："余仿花子事，如面光眉翠，月黄星靥，其来尚矣。"杜审言《奉和七夕侍宴两仪殿应制》诗句"敛泪开星靥，微步动云衣"，五代和凝《山花子》词句"星靥笑偎霞脸畔，蹙金开襜衬银泥"等即指星靥的流行。五代孙光宪《浣溪沙》词句"腻粉半粘金靥子，残香犹暖绣薰笼"，说明"星靥"是粘贴在脸上的金色薄片，无论与额黄相配还是与红妆共存，都有光彩照人的妆面效果，粘贴的介质是粘贴花钿用的辽东呵胶。温庭筠《归国遥》词句"粉心黄蕊花靥，黛眉三两点"中的"花靥"，也可能是黄星靥。

在中晚唐与五代的敦煌壁画中，常有女性着左右对称的对鸟状花靥的形象。五代花蕊夫人《宫词》"翠钿贴靥轻如笑，玉凤雕钗袅欲飞"中的"翠钿"应是贴于两颊的花靥，这种面饰是晚唐五代宫中女性的常用妆饰形式。

综上所述，花靥是和花钿或额黄等面妆贴饰相匹配的妆饰材料，在盛唐之后流行甚广，形成了"碎妆"这一妆饰史上的独特现象。

（2）西域妆饰与花靥流行：贴花子的习俗早先与中国宗教和神话有关，在东晋作

---

❶ 段成式：《酉阳杂俎》，中华书局，1981，第79页。

为一种风俗存在，虽然也属于妆饰范畴，但不作为日常妆饰。贴花子的风俗在《中华古今注》中有明确记载："秦始皇好神仙，常令宫人梳仙髻，帖五色花子，画为云凤虎飞升。至东晋，有童谣云：'织女死，时人帖草油花子，为织女作孝。'"这段记载说明贴面饰源自中国传统祭祀风俗，虽在隋唐之前未能成为日常妆饰时尚，但也是唐人接受西域妆饰风俗的文化基础。

然而，在河西走廊以西的地区，则一直存在着在脸上勾绘图形的日常妆饰行为。李肖冰先生在她的著作中提到，在南疆且末县扎滚鲁克乡发现的距今3000年左右的古墓中的男女干尸面上，以雌黄等黄色颜料在鼻、眼、额、颧等部位绘有局部对称、纹路清晰的图案（图1–5）。从书中的复原图来看，男女印堂处皆有水滴形纹样，男性颧骨上左右各有两道放射状花纹，女性则为柔和的卷云纹；男性太阳穴上的图案似动物掌纹，女性则以花形为装饰。单纯的色彩和简明的线条所构成的彩绘在面上均匀分布，层次简单，似与原始宗教相关，其形式与后来流行于六朝和隋唐时满面饰的妆饰习俗颇为相似，应是唐代面饰的发展，也是唐代中西文化习俗的融合。考古资料表明，这对男女干尸皆为欧罗巴与蒙古人种的混血，发型为游牧民族的辫发，非华夏子民，他们的化妆习惯与中国习俗本无关系。

图1–5　新疆出土的男女古尸上的绘面图案

图片来源：李肖冰：《中国西域民族服饰研究》，新疆人民出版社，1995，第47页。

唐代女性妆饰文化中的西域文明

在汉代张骞开辟丝绸之路前，中国与西域的贸易往来就已经存在，在考古发现的尸体中，常会发现西域人以图案妆饰身体的现象。1927~1929年，考古学家在乌拉干河畔，卡通河和比亚河的上游所发现的前4~5世纪的巴泽雷克古墓群中，就有中国土产的丝织品、玉器、漆器、青铜器等物，以及一枚直径为11.5cm的秦式镜。墓主人为中亚的斯基泰人，男性头皮已经被剥去，身上刺有线条简练的动物文身。这种文身的习俗一直在西域诸国和游牧民族中沿袭，曾一度与中原文化格格不入，但在唐代丝绸之路贸易所带来的胡汉杂居的社会环境中，文身也被唐人所接受，成为社会中下层人士的爱好。如唐代文献记载骠国献乐的昆仑舞者就有文身，脸上以青黛色刺有图案；宋代周去非在《岭外代答》中记述了南方少数民族和海南黎族女性以"绣面"为高贵美丽的习俗，这与唐代的西域文明通过海路传入中国不无关系；唐代随着佛教风习融入内地，僧祇"作梵王法，破肉以孔雀胆、铜青等画身"的修行方式的传入，也推进了西域文明与华夏文化在形式上的融合。

在隋唐之前，中国人奉行"身体发肤受之父母，不可毁伤"的礼仪道德，文身绘面的习俗被华夏文化圈视为蛮夷陋习，因此在与巴泽雷克和扎滚鲁克乡古墓同时代的中国人的妆饰文化中并没有以文身绘面为美的现象。到了唐代，西域的文身和绘面经由丝绸之路进入中国，为追求新异的唐人所熟悉和接受，西域妆饰原有的宗教图腾的意义被削弱，变成了一种纯粹的追求个性的时髦风尚，进而逐渐演化为中国化的妆饰方式。当然，传统文化的影响依然存在，文身依然不入主流，仅止于市井。相对而言，在面部妆饰花钿、花靥等贴饰的行为则与中国传统祭祀礼仪有共通之处，在"胡风"的作用下为中国人所接受和欣赏。但与其他民族文身绘面不同的是，中国女性日常妆饰中的贴饰宗教意义很弱，是社会风尚驱动下的单纯妆饰行为，也是唐代中国大地上多种文化和文明兼容并存的体现之一。

唐代女性的服饰装扮在初盛唐时期受中亚诸国和今新疆、甘肃一带的西域诸国影响很深，安史之乱后则受回鹘和吐蕃影响较大。满面花子的女供养人形象在敦煌壁画中集中出现在晚唐五代时期，是西州胡汉杂居地区的女性妆饰特色，是西域文明与盛唐妆饰结合发展的延续。敦煌处于陆上丝绸之路的要道，沙州、武威等地有多处粟特人的聚落。敦煌壁画上的图像资料受地缘和周边民族聚居环境的影响，所呈现的女性形象与中原和沿海发达地区的情况还是有所差异的。安史之乱后中亚被黑衣大食占领，河西走廊常为吐蕃人和回鹘人控制，原来的陆上丝路阻断，留守中国的粟特人不得不借助回鹘汗国改道北方草原继续进行丝路贸易。当时的敦煌处于回鹘与汉人政权混居的环境下，与中原联系远非盛唐可比。因此晚唐五代时期敦煌壁画中的女性装束地方特征强烈，有浓厚的回鹘民族审美趣味，并不能作为晚唐五代中国女性妆饰的代表，但从中可以看出满面花靥的妆饰的西域文明基因。在晚唐五代张议潮使沙州政权回归唐朝的初期，贵族女性的妆容中即出现了"满面花子"的现象（图1-6）。之后的沙州曹氏政权与周边的其他民族聚居联姻，敦煌壁画中所显示的回鹘公主和于阗曹氏王后的妆容风格也几乎一致：在眉间、眼下、太阳穴、酒窝处都有花形、蝶形、鸟形的精巧花靥，妆容繁复艳丽。晚唐五代敦煌壁画上的女性花靥妆与同时期内地画作如《捣练图》《宫乐图》《韩熙载夜宴图》中女性清新淡雅的妆容风格迥然不同，显然属于两个文化体系，是胡汉文化差异的典型代表。

图1-6　敦煌莫高窟61窟五代供养人壁画

（3）人口贸易：西域妆饰习俗的传播媒介。唐代初期，唐太宗击败突厥，设立安西、北庭二都护府，保证了边陲的安定和陆上丝绸之路的通畅，得到了中亚诸国的支持。中亚粟特人与萨珊波斯同族，多为商人、音乐家和手工艺者，他们将中亚、西亚和北印度的风俗文化带入中国，在初盛唐时期影响很大。从文化传播的角度看，西域人口的大量入华和乐舞的盛行是唐代女性妆饰文化发展的主要因素。

人口贸易占西域入华人口的相当一部分，其中有进贡和民间人口贸易两种，"商品"很多为女性。这些女性所带来的西域风情和乐舞为唐代的社会生活注入了生机，直接影响了唐代的妆饰文化。

西域舞容妆饰对唐代女性妆饰文化具有直接引领作用。盛唐时期中亚诸国向唐朝进贡美丽的胡旋舞女、柘枝舞女，她们优美的舞姿引起了统治阶级极大的兴趣，从而推动了唐代社会尚胡舞、学胡妆的风潮。到了盛唐，舞者早已不止西域人，汉族舞女着西域舞服作胡旋、柘枝者比比皆是，舞者的妆容也因其舞蹈而为世人多推崇。如章孝标《柘枝》诗"柘枝初出鼓声招，花钿罗衫耸细腰"即是描写柘枝舞女贴着鲜艳的面饰起舞的情景。

此外，著名宫廷乐舞《霓裳羽衣曲》传自印度的《婆罗门曲》，是吸收了西域乐舞因素的中国舞乐❶，也是将西域乐舞文化引入中国文化艺术的官方事件。《霓裳羽衣曲》由唐玄宗亲自编排创作，是一部将西域舞乐与中国道教题材乐舞彼此融合的代表作品，而花靥是中国传统道教文化与西域文明共通的妆容符号。白居易《霓裳羽衣歌和微之》诗中"钿璎累累佩珊珊"句所描写的霓裳羽衣舞妆容中的"钿"，应是舞者施于面上的

❶ 常任侠：《丝绸之路与西域文化艺术》，上海文艺出版社，1981，第138页。

繁复豪华的面饰，这种受"胡风"影响而进一步改良创作的盛唐女妆与《霓裳羽衣曲》的创作和风行均是唐代中西文化交融的体现。舞容中的面饰形式与民间妆饰流行的贴面饰习俗彼此对应、彼此促进，使花钿花靥成为中古时代女性妆容中最亮丽的风景。

除了官方推崇胡舞之外，由粟特人主导的民间人口贸易是西域妆饰进入中原的重要媒介。唐代粟特人经营的酒肆在中国各大城市遍地开花，长安西市更是当时的"酒吧一条街"❶。据芮传明先生研究，"胡姬"主要指三种人：北方游牧民族妇女、为上层社会提供舞乐服务的波斯系女性、各大城市酒肆中的波斯系女招待❷，其中最具社会影响力且人数最多的"胡姬"，则是指服务于酒肆中的粟特姑娘。她们出售西域美酒，也为社会大众带来了西域的柘枝舞、胡旋舞，是充满着异域风情的盛唐符号之一，也是文人墨客迷恋的对象。林梅村先生认为，大部分胡姬不是在中国生长的"土生胡"，而是被直接贩卖到中原的女奴❸，她们还保持着原有的生活习惯。盛唐是女性面饰流行的黄金时期，应与短时期内大量出现在中原大地上的胡姬和崇尚"胡风"的社会审美风尚有直接关系。

唐代的人口贸易主要通过陆上丝绸之路进行。西州是粟特人的聚居地之一，在那里的女奴交易非常集中，龟兹、于阗设置专门的"女肆"从事人口贩卖，很多异域女性通过这里进入中原各大城市。贞观二十二年（公元648年），粟特人米巡职携带12岁的小婢女沙蔺在庭州接受公验，将前往西州交易❹。又《唐开元二十年（公元732年）薛十五娘买埠市券》记汉族女性薛十五娘亲至西州用44匹大练购买胡婢绿珠❺。录于唐垂拱元年（公元685年）的《吐鲁番出土文书》记载，粟特人康尾义罗施携婢可婢支、康纥搓携婢桃州、吐火罗人磨色多携婢女两名从西而来，欲经过西州前往长安❻，他们携带的婢女从名字看应是来自中亚的胡人。张勋燎先生认为，除西州之外，丝路重镇敦煌也存在着奴婢买卖。异族奴隶不受唐朝法律保护，交易量很大❼。大量的西域人口经河西走廊进入中原，带来了异域的风俗，唐人家中蓄养异域家奴也使唐人能更直接地接受西域的绘面式妆饰风俗，并演化为中国化的妆饰形式。

纵观整个唐代，官方的人口进贡及粟特人在中国各地的女性买卖和酒肆经营直到9世纪中期之后才衰落，西域文明对妆饰文化的影响终唐一世。

---

❶ 李昉 等：《太平广记》卷二四三引《乾月巽子》："西市称行之南。有十余亩坳下潜污之地……为旗亭之内众秽所聚……（窦义）遂经度造店二十间，当其要害，日收利数千，甚获其要。店今存焉，号为窦家店。"
❷ 芮传明：《唐代酒家胡述考》，《上海社会科学院学术季刊》1993年第2期。
❸ 林梅村：《粟特文买婢契与丝绸之路上的女奴贸易》，《文物》1992年第9期。
❹ 国家文物局古文献研究室 等：《吐鲁番出土文书》第七册，文物出版社，1986，第8~9页。
❺ 国家文物局古文献研究室 等：《吐鲁番出土文书》第九册，文物出版社，1990，第31~38页。
❻ 国家文物局古文献研究室 等：《吐鲁番出土文书》第七册，文物出版社，1986，第88~94页。
❼ 张勋燎：《敦煌石室奴婢马匹价目残纸的初步研究》，《四川大学学报》1978年第3期。

第二节 西域香药与唐代女性美容

健康的皮肤、洁净的肤色是彩妆最好的底色，唐代女性很注重皮肤的清洁和保养，即使是在制作口脂时，也十分注意口脂的保健作用。唐代医方中有不少关于女性美容保养的内容，其中有大量西域香药的参与。加入西域香药的美容方在唐代的大量出现，与西方香药贸易有关，随着贸易而来的西方医典精粹也融入了中国医学体系之中。

一、西域香药和澡豆、面脂方

唐代医学家孙思邈在《千金翼方》中说："面脂、手膏、衣香、澡豆，士人贵胜皆是所要。"其中澡豆为传自西域的洗沐手面的美容品，而面脂则多为乳霜性质的护肤品。在唐代医方中，澡豆方和面脂方甚多，本书撷取部分药方略谈西域医学和物质文明对唐代女性美容的影响。

（一）澡豆

魏晋时，澡豆是贵族人家的奢侈品。《世说新语》云："王敦初尚主，如厕，……既还，婢擎金澡盘盛水，琉璃碗盛澡豆，因倒著水中而饮之，谓是干饭。群婢莫不掩口而笑之。"

大将军王敦不识澡豆，竟以为是食物和水而服，可见澡豆在当时是宫中用品，不为常人所识。或者可以说，澡豆在魏晋时是宫廷贵族女子的美容品，男子不常用，出身武人的王敦不认识它也是情有可原的。

到了唐代，澡豆已然是全民皆用的日常美容品。澡豆是以豆子作为原料的洗沐用品，可以去污、去油、去异味，所以王敦以为是干饭，悉数吃尽不觉有异。

唐代的澡豆传承于魏晋。东晋葛洪《肘后备急方》中记载了一种简单的澡豆制作方，是将各种药草粉和合在一起，在洗面后涂用（表1-8）。

表1-8 肘后备急方·莘豆香藻法

配方		剂量
莘豆		1升
白附、芎藭、白芍药、水栝蒌、章陆、桃仁、冬瓜仁		各2两
制作方法	捣筛，和合	
用　　法	先用水洗手面，然后敷药，粉饰之也	

方名中的"藻"通"澡"。这种澡豆的性状类似香粉，可以和化妆粉一起使用，应

该是细白清透，与彩妆品界限并不明显的美容品。从表中也可以了解到，魏晋时期的澡豆方内并不一定有西域进口的香料，这点和唐朝澡豆有明显的区别。

南北朝时期，在姚秦三藏法师鸠摩罗什和佛陀耶舍所翻译的《十律诵》中有关于澡豆卫生保健的内容，文曰："佛在舍卫国。有病比丘，苏油涂身，不洗，痒闷。是事白佛。佛言：'应用澡豆洗。'优波离问佛：'用何物作澡豆？'佛言：'以大豆、小豆、摩沙豆、豌豆、迦提婆罗草、梨频陀子作。'"

经中所言，澡豆由几种豆子和迦提婆罗草、梨频陀子制成，洗身后能去污止痒。鸠摩罗什大师出生于龟兹，父亲鸠摩罗炎是天竺望族，母亲耆婆出身于龟兹王族，早年随母亲出家游历中亚和北印度，对西域的风土人情非常了解。他翻译佛经的态度非常严谨，《十律诵》中所提到的西域事物若未能找到与中土同类事物完全对应的名称，则以音译代之。上述澡豆方中的"迦提婆罗草、梨频陀子"都是梵文音译。经中澡豆的用法和配方忠于原文，可见澡豆成为印度人洗沐用品的历史要比我国早得多。《礼记·内则》云："面垢，燂潘请靧。"说的是我国先民所使用的最早的洁面品是温热的淘米水，而关于澡豆的记载多出现在汉代以后的文献中。魏晋南北朝时期正是佛教传入我国的鼎盛时期，因此澡豆最早很有可能是随着佛法东传，经过陆上丝绸之路传入我国的外来事物。澡豆无论实用性还是便携性都较淘米水优越，中国人在接受澡豆的同时接受了来自天竺的生活方式，并进一步将其本土化，发展出功效各异的多种澡豆方。如上述"荜豆香藻法"中的主料"荜豆"，就是《十律诵》中所提到的印度人制作澡豆的常用材料"豌豆"。在唐代的澡豆方中，有不少来自印度的香料如檀香等，似乎暗示了澡豆作为外来美容品的身世。

西域香药的广泛应用是唐代澡豆方发展的重要特征，如麝香、甘松香、青木香、白檀香等，能使人在短时期内就可以达到手面白净的效果。包括澡豆方在内的诸多唐代美容方中都会有西域香药的成分，本书将西域香药以下划线标出，后不赘述。《备急千金要方》卷六中记有一则融入西域香药的、洗后使手脸白净悦泽的澡豆方[1]，以及一则澡豆治手干燥少润腻方（表1-9、表1-10）。

表1-9　备急千金要方·澡豆洗手面方

配方	剂量	辅助	剂量
土瓜根/甜瓜子	1两		
麝香	2两	猪胰	3具
白梅肉	21枚		

---

[1] 孙思邈：《备急千金要方》卷六下《七窍病下·面药第九》，人民卫生出版社，1982，第130~131页。

配方	剂量	辅助	剂量
白藓皮、白僵蚕、白芷、鹰屎白、甘松香、木香/藁本、白檀香、白术、丁子香/细辛、白附子、芎藭	各3两	豆屑	2升
鸡子白	7枚		
大枣、杏仁	30枚		
冬瓜仁	5合		
制作方法	先以猪胰和面曝干，然后合诸药，捣末，又以白豆屑二升为散		
用　法	旦用洗手面，十日色白如雪，三十日如凝脂，神验		

表1-10　备急千金要方·澡豆治手干燥少润腻方

配方	剂量	辅助	剂量
麝香	1两	猪胰（细切）	5具
大豆黄	5升		
苜蓿、零陵香子、赤小豆去皮	各2升		
丁香	5合		
冬瓜仁、茅香	各6合		
制作方法	细捣罗，与猪胰相合，曝干，捣，绢筛		
用　法	洗手面		

唐代王焘《外台秘要》卷三十二载令人面部光润的澡豆方，就用了青木、甘松诸香（表1-11）。

表1-11　外台秘要·澡豆令人洗面光润方

配方	剂量	辅助	剂量
土瓜根	1两	猪月臣（猪胰）	3具
杏仁去皮	2两		
白解皮、鹰屎白、白芷、青木香、甘松香、白术、桂心、麝香、白檀香、丁子香	各3两	面	5升
冬瓜子	5合		
鸡子白	7枚	白豆末	3升
白梅	21枚		
制作方法	以猪月臣和面曝干，然后诸药捣散，和白豆末三升		
用　法	以洗手面，十日如雪，三十日如凝脂，妙无比		

表1-9～表1-11配方以动物脂肪和着豆类，有去污和滋润肌肤的功效。药方中

"白鲜皮、白僵蚕、白芷、白附子、鹰屎白、白术"等药都具有美白的功效。如"白僵蚕"是"家蚕患白僵病而死的虫体"❶,《神农本草经》说它能"灭黑䵟,令人面色好",是美白疗面的中药。又如鹰屎白等禽类的屎,在疗面美白的美容品方中也常见,如鸡屎、鸬鹚屎、鸽屎等。

《千金翼方》也有令人面手白净的澡豆方,长期使用可以除臭美颜❷,其中沉香、青木香、麝香是必不可少的内容,如表1-12所示。

表1-12　千金翼方·手面白净方

配方	剂量	辅助	剂量
丁香、沉香、青木香、桃花、钟乳、粉真珠、梨花、红莲花、李花、樱桃花、玉屑、蜀水花、木瓜花	各3两	真珠、旋覆花、玉屑	适量
奈花、白蜀葵花	各4两		
麝香	1两	大豆末	7合
制作方法	捣诸花,别捣诸香,真珠、旋覆花、玉屑别研作粉,合和大豆末七合,研之千遍,密贮勿泄		
用　法	常用洗手面作妆,一百日,其面如玉,光净润泽,臭气粉滓皆除;咽喉、臂膊皆用洗之,悉得如意		

从表1-12还可以看到,花朵入方能除臭添香,功效与意象均美好。诸花中的"红莲花"是来自印度的植物,陈藏器在《本草拾遗》中说道:"红莲花、白莲花生西国,胡人将来也。"❸,此方很可能有借鉴印度医方的成分。方中的真珠具有解毒生肌、祛斑美白、延缓衰老的功效,还能安神定惊、清热滋阴、明目解毒,是珍贵的美容品。上好的真珠产自西亚阿拉伯地区,是海上丝绸之路的昂贵商品,在与美容相关的传世医方中常用到真珠,这与文献所记载的唐代海上贸易中巨大的真珠交易量相合。在此方中真珠与花相配合,一百日即能达到"其面如玉,光净润泽,臭气粉滓皆除"的美容美体效果。

在唐代女性的洁面美白澡豆方中处处能看到西域文明的影子,也能看到唐人对外来文化的接纳态度及奢靡考究的日常生活。唐代上乘的澡豆能让肌肤白腻光润,如玉生香,成为妆饰的重要用品。

(二)面脂

面脂,即现代女性在洁面后涂抹的乳霜,起到滋润皮肤的作用。乳霜的功效各有不同,有的美白、有的祛痘,针对不同的肤质都有相匹配的乳霜。唐代女性所使用的乳霜名为"面脂",或称"面药",配方中加入丰富合理的中药和天然香料,有美白、

❶ 沈连生:《神农本草经中草药彩色图谱》,中国中医药出版社,1996,第463页。
❷ 孙思邈:《千金翼方》卷五《妇人一·妇人面药第五》,上海古籍出版社,1999,第160页。
❸ 陈藏器:《本草拾遗》,李时珍《本草纲目》卷三十三引,中医古籍出版社,2007,第33页。

祛皱、祛斑、光泽面色等功效。《千金翼方》《外台秘要》等唐代医书融合了西域医学和香料特性，汇编了很多针对不同皮肤问题的面脂配方和具体做法。

汉代刘熙《释名·释首饰》云："脂，砥也。著面柔滑如砥石也。"是指面脂涂面时的质感，涂面之后面部也能柔滑紧致如同平坦的石头。

动物脂肪是做面脂的基础，猪脂、牛羊脂、熊脂是常用的材料。南梁刘缓《寒闺》诗云："箱中剪尺冷，台上面脂凝。"，即冬天时妆台上盒内面脂凝固如膏。若要制作上好的面脂，动物油膏要非常考究。《备急千金要方》云："凡合面脂，先须知炼脂法，以十二月买极肥大猪脂，水渍七八日，日一易水，煎，取清脂没水中。炼鹅、熊脂，皆如此法。"❶可见，动物油脂要肥厚，以冬日猪脂为佳。经过一周的反复浸渍，使之干净舒展，再煎，提炼最精华的清脂。其中浸渍程度、火候把握、取清脂工艺等需要匠人有丰富的经验。在炼脂过程中会产生大量原料耗费，仅面脂的底料就是奢侈品。

做保养品用的"猪朒"并不是"猪油"，《本草纲目》卷五十"朘"条曰："朒音夷，亦作胰。一名肾脂。生两肾中间……乃人物之命门，三焦发原处也……盖颐养赖之，故谓之朒。"❷汉代史游《急就篇》"脂"条下，唐代颜师古注曰："脂谓面脂及唇脂，皆以柔滑腻理也。"之所以将古代女性的化妆品称为"脂粉"，一是指面脂和妆粉，是化妆步骤先后的关系；二是指唇脂和妆粉，二者是构成妆容的基本因素。面脂和唇脂都以动物脂肪为材料，本身柔滑细腻，涂之使皮肤柔软美丽。

唐以前的面脂做法简洁，是将香料和动物脂肪结合在一起放在瓷器内储存，与香花一起存放可增其香气。唇脂的配方是在面脂基础上加入朱砂做成。北魏贾思勰《齐民要术》"合面脂法"❸云："用牛髓。温酒浸丁香、藿香二种。煎法同合泽，亦着青蒿以发色。绵滤着瓷、漆盏中令凝。若作唇脂者，以熟朱和之，青油裹之。唯多著丁香于粉合中，自然芬馥。"

和现代乳霜一样，唐代女性使用的面脂最基础的功效是保湿滋润。"蜡脂"是最基础的面脂，《外台秘要》卷三十二"常用蜡脂方"记载了蜡脂的做法，其中用到甘松香、零陵香（表1–13）。

表1–13　外台秘要·常用蜡脂方

配方	剂量	辅助	剂量
甘松香、零陵香	各1两	酒	适量
白术	2升	羊腱（以水浸去赤脉炼之）	0.5升
竹茹	1升		

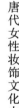

❶ 孙思邈：《备急千金要方》卷六下《七窍病下·面药第九》，人民卫生出版社，1982，第132页。
❷ 李时珍：《本草纲目》，人民卫生出版社，1982，第2700页。
❸《齐民要术译注》卷五《种红蓝花、栀子花第五十二》，上海古籍出版社，2006。

44

唐代女性妆饰文化中的西域文明

配方	剂量	辅助	剂量
辛夷仁、细辛	各5分	蔓菁油	3升
白茯苓、蘼芜花	各3分	麝香（任炙）	适量
竹叶（切）	5合		
制作方法	（配方）切，以绵裹酒浸，经再宿。绞去酒，以脂中煎，缓火令沸。三日许，香气极盛，膏成。乃炼蜡令白，看临熟，下蜡调。瓷硬得所贮用之		

　　如表1–13所示，蜡脂需要三日煎成，香气极盛，其中所用到的甘松香就有润肤、使香气馥郁的作用。在唐代医师的眼中，甘松香使用非常广泛，用于制作澡豆、面脂可以与檀香比肩，在熏衣香、唇脂方中能与苏合并列，增香除臭。

　　唐代女性的面脂有日常护理的润泽霜，也有特别用于夜间护理的"晚霜"，"晚霜"中也含有馥郁的甘松香成分。医书中言，若坚持使用夜用面脂不出十日，不仅能光洁肌肤，还可以使面色红润如同桃花。《千金翼方》卷五"面膏方"中就记载了一种"晚霜"的配方，用到多种昂贵的西域香料和动物脂肪，须浸渍数十日，细切诸脂，细煎香脂后，"研之千遍"方能功成。耗材量大且人工非常精细（表1–14）。

表1–14　千金翼方·面膏方

配方	剂量	辅助	剂量
杜衡、牡蛎熬/杜若、防风、藁本、细辛、白附子、白芷、当归、木兰皮、白术、独活、萎蕤、天雄、茯苓、玉屑	各1两	白犬脂、白鹅脂（无鹅脂以羊髓代之）、牛髓	各1升
甘松香、青木香、藿香、零陵香、丁香	各2两	羊月臣（羊胰）	3具
菟丝子、防巳、商陆、栀子花、橘皮/橘仁、白敛、人参	各3两	水	适量
麝香	0.5两	酒	1升
制作方法	以水浸膏髓等五日。日别再易水，又五日。日别一易水，又十日。二日一易水，凡二十日止。以酒浸一升，接羊月臣令消尽，去脉，乃细切，香于瓷器中浸之，密封一宿。晓以诸脂等合煎，三上三下，以酒水气尽为候，即以绵布绞去滓，研之千遍，待凝乃止，使白如雪		
用　　法	每夜涂面，昼则洗却，更涂新者，十日以后色等桃花		

　　《备急千金要方》祛黑美白，除皱抗老功能的面脂方[1]中也有甘松香，搭配麝香、零陵香（表1–15）。

---

[1] 孙思邈：《备急千金要方》卷六下《七窍病下·面药第九》，人民卫生出版社，1982，第132页。

表1-15 备急千金要方·主悦泽人面，耐老方

配方	剂量	辅助	剂量
藏菠、细辛、防风	各1.5两	猪胰(切水渍六日，欲用时，以酒按取汁渍药)	3具
当归、藁本、麋芜、土瓜根(去皮)、桃仁	各1两		
白芷、冬瓜仁/商陆、芎䓖	各3两		
木兰皮、辛夷、甘松香、麝香、白僵蚕、白附子、栀子花、零陵香	0.5两		
制作方法	薄切，绵裹，以猪胰汁渍一宿。平旦以前，猪脂六升，微火三上三下，白芷色黄，膏成，去滓，入廉，收于瓷器中		
用　法	取涂面		

表1-15方中的冬瓜仁在中医保养品中多有出现，内服外敷皆可，有净白肌肤、治面色枯黄晦暗的功效；藁本能治愈皮炎；白芷、桃仁、白僵蚕、白附子都有美白的功效；栀子花、麝香、零陵香等香气馥郁，安神静心。类似的药材在疗面、唇脂等方中也常有出现，说明唐代化妆品和护肤品的性能和功效多有相通之处。

《外台秘要》卷三十二所录"延年面脂方""玉屑面脂方"等都是含麝香、甘松香、零陵香、檀香等西域香药的抗皱滋润的面脂膏方（表1-16）。

表1-16 外台秘要面脂方两则

1. 延年面脂方			
配方	剂量	辅助	剂量
麝香	1分	酒	适量
细辛、甘松香、零陵香	各2分		
鸬鹚屎、冬瓜仁（研）	各3分		
当归、栝楼（研）	各4分	白鹅脂、羊脂	3升
防风、蒌蕤、芎䓖、白芷、藁本、桃人去皮、白附子	各6分		
茯苓	8分		
蜀椒	50粒		
制作方法	酒浸淹润一夕，明日以绵薄宽裹之。以白鹅脂三升、羊脂三升、并炼成者以煎之，于铜器中微火上煎，使之沸，勿使焦也，乃下之。三上，看白附子色黄，膏成。去滓，又入铛中上火，纳麝香，气出仍麝香，更以绵滤度之，乃纳栝楼仁、桃仁、冬瓜仁等脂，并鹰屎、鸬鹚屎粉等，搅令调，膏成，待凝，以瓷器贮。柳木作槌子，于钵中研，使轻虚得所生光。研之无度数，二三日研之方始好，唯多则光滑		
用　法	任用		

続表

2.玉屑面脂方				
配方	剂量	辅助	剂量	
玉屑、白附子、白茯苓、青木香、萎蕤、白术、白僵蚕、密陀僧、甘松香、乌头、商陆、石膏、黄耆、胡粉、芍药、藁本、防风、芒硝、白檀	各1两	猪脂、酒水	1升	
当归、土瓜根、桃人、芎藭	各2两	羊肾脂	1具	
辛夷、桃花、白头翁、零陵香、细辛、知母	各0.5两	白犬脂、鹅脂	各1合	
制作方法	切，以酒水各一升，合渍一宿，出之。用铜器微火煎，令水气尽，候白芷色黄，去滓，停一宿，且以柳杖搅白，乃用之			

在"延年面脂方"中，有一种"栝楼"的植物，它又称"瓜蒌"，是中国土产草药，后来成为契丹妇女常用的美容配料。庄季裕《鸡肋篇》云："其家仕族女子……冬月以瓜蒌涂面，谓之佛妆。但加敷而不洗，至春暖方涤去，久不为风日所侵，故洁白如玉也。"《本草纲目》亦云："栝楼，其根作粉，洁白如雪，故谓之天花粉……（能）悦泽人面……手面皱。"这种植物不仅可以入方，还可以研碎了单独使用，有"面膜"的功效。其汁水涂在面上呈黄色，如契丹流行的佛妆。有诗云："有女夭夭称细娘，珍珠络臂面涂黄，南人见怪疑为瘴，墨吏矜夸是佛妆。"此"佛妆"说明在唐代和距其不远的后世，彩妆品和美容品的界限并不分明。在北方干旱之地，单方护肤品"栝楼"即可抵御风日所侵，可见这种植物的滋润功效。

唐人对西域香药的重视和接受，与契丹人对中原土产植物的推崇从本质上是一样的。契丹"佛妆"脱胎于唐代女性的"额黄"妆容，与华夏审美习惯差异甚大，这源于两个民族对佛教的不同理解，又有类似于唐代女性妆饰中"尚奇"的成分。"墨吏矜夸"者，正是在契丹民族审美条件下的创新部分。由此可见，西域文明与中国文化的交流碰撞在不同的时代、不同的民族文化背景下呈现出螺旋上升的循环，这是文明传播变异所特有的现象。

西域香药在妆品配方中的大量出现是唐代医学美容的重要特征，是中古时代中西医药学发展的产物。唐代美容配方的创制和实践对后世产生的影响是深远的。典型案例是宋代陈元靓《事林广记》中所载的"太真红玉膏"，其中配有珍贵的龙脑香和麝香："杏仁去皮、滑石、轻粉各等份为末，蒸过，入脑麝少许，以鸡子清和匀，常早洗面毕傅之，旬日后色如红玉。"类似这种美容膏方是唐代医方的延续。"太真红玉膏"中加入香药及具有润肤滑腻性能的鸡蛋清，配合胭脂、滑石粉和轻粉，在洁面后使用能使肤色调匀鲜艳。

唐代的面脂在润肤的同时也具有修容的功能，即使不用妆粉也能体现肌肤自然的明艳感。唐代除了白色的面脂外，还有紫色、红色、绿色面脂，是在白色面脂的基础上加入色素而形成，被称为"紫雪""红雪""碧雪"，能改善肌肤色调。如紫色能改善面色枯黄，红色能改善面色青白，绿色对面部赤红现象有调整的功能等，现代彩妆品的修容色也不过这三种。

带有修容颜色的面脂比较黏稠，属于冬季防裂的保养品。不但女子可用，男子也可常用，是有美容和卫生双重功效的奢侈品。唐代皇帝常将这类面脂赐予群臣。如刘禹锡在《代谢历日口脂面脂等表》中云："腊日口脂、面脂、红雪、紫雪……膏凝雪莹，含夜腾芳，顿光蒲柳之容，永去疿疵之患。"又杜甫《腊日》诗云："口脂面药随恩泽，翠管银罍下九霄。"李时珍《本草纲目》亦云："唐时，腊日赐群臣紫雪、红雪、碧雪。"可见唐代面脂使用广泛、种类众多。

二、疗面护肤

面部多黑子色斑有碍观瞻，唐人已经知道用来自印度的白旃檀祛除面部黑子。孙思邈的《备急千金要方》卷六下"七窍病"下"去面上靥子黑痣方"是直接将白旃檀涂在已被磨薄的黑痣上，文曰："夜以暖浆水洗面，以生布揩靥子令赤痛，水研白旃檀，取汁令浓，以涂靥子上。旦以暖浆水洗之，仍以鹰屎白粉其上。"

原产自叙利亚的苏合香也有美白祛黑的疗效，在《外台秘要》卷三十二"疗面皯黯苏合煎方"中就用到苏和香，能改善皮肤枯槁焦黑的状态。此方以糯米水为底煎药，涂敷患处，促进皮肤再生，使色素和病变部分脱落（表1-17）。

表1-17　外台秘要·疗面皯黯苏合煎方

配方		剂量	辅助	剂量
苏合香、麝香、白附子炮、女菀、蜀水花		各2两	糯米	2升
青木香		3两		
鸡舌香、鸬鹚屎		各1两	水	1斛5斗
冬瓜仁		4两		
制作方法	（将配方）先取糯米二升渐，硬炊一斗，生用一斗，合醇酢。用水一斛五斗，稍稍澄取汁合得一斛，煮并令沸，以绵裹诸药			
用　法	内著沸浆中煎得三升，药熟以澡豆洗皯处令燥，以药敷皯上。日再欲敷药，常以酢浆水洗面后涂药。涂药至三四合，皯处当小急痛，皯处微微剥去便白、以浆三洗，三敷玉屑膏讫，白粉之。若急痛勿怪，痒勿搔之，但以粉粉上面，按抑痒处。满百，可用脂胡粉取差			

《备急千金要方》卷六下"七窍病下"的"治黑干黑曾面不净方"，则是种用白蜜

和西域香药做成的类似"睡眠面膜"的药方，呈丸状，用时水研开敷脸，隔夜洗去。配方用白檀祛除色斑，以白附子等美白滋润肌肤，疗效甚佳（表1-18）。

表1-18 备急千金要方·七窍病下·治黑干黑曾面不净方

配方	剂量	辅助	剂量
白附子、香附子、白檀、马珂、紫檀	各1两	白蜜	适量
制作方法	末之，白蜜和如杏仁大，阴乾		
用　　法	用时以水研涂面，旦以温水洗，忌风油，七日面如莲花		

《外台秘要》中"去皯靤风痒，令光色悦泽方"，既是洁面用的澡豆方，也是一款"睡眠面膜"方，用法不同，疗效各异（表1-19）。

表1-19 外台秘要·疗澡豆洗面去皯靤风痒，令光色悦泽方

配方	剂量	辅助	剂量
白术、白芷、白芨、白蔹、茯苓、藁本、菱蕤、薯蓣、土瓜根、天门冬百部根、辛夷、瓜蒌、藿香、零陵香、鸡舌香	各3两	白面	3斤
香附子、阿胶（炒）	各4两	荜豆	5升
楝子	300枚	皂荚（去皮、子）	10梃
制作方法	捣筛		
用　　法	以洗面，令人光泽，若妇人每夜以水和，将涂面，至明温浆水洗之，甚去面上诸疾		

《备急千金要方》卷三十二"面膏，去风寒，令面光悦，却老去皱方"是一种疗面面脂，能祛黑除老化角质，并滋养美白皮肤（表1-20）。

表1-20 备急千金要方·面膏，去风寒，令面光悦，却老去皱方

配方	剂量	辅助	剂量
青木香、白附子、芎藭、白蜡、零陵香、香附子、白芷	各2两	羊髓（半炼）	1升
茯苓、甘松香	各1两		
制作方法	口父咀，以水、酒各半升，浸药经宿。煎三上三下，候水酒尽，膏成去滓		
用　　法	敷面作妆，如有黑干黑曾皆落		

表1-20所示配方同样见于《外台秘要》卷三十二，名为"千金面膏去风寒令面光悦，耐老去皱方"，可见此类配方是唐代女性常用的疗面面脂方。

配方中的"甘松香"可以治疗面部枯槁黑黄，皮肤冻裂及小黑点等瑕疵。在陈藏器的《本草拾遗》和孙思邈的《备急千金要方》中都不乏使用甘松香祛除黑黄、令面部光泽白腻的方子。如《备急千金要方》卷六下"治面黑干黑曾，令悦泽、光白润好

及手皲裂方"中也有甘松香末的成分,与零陵香一起直接拌入面膏中,涂手面可使之光泽润滑,美白功效显著(表1–21)。

表1–21　备急千金要方·治面黑干黑曾,令悦泽、光白润好及手皲裂方

配方	剂量	辅助	剂量
白茯苓、商陆	各5两	猪蹄	2具
萎蕤、甘松香末、零陵香末	各1两	白粱米	1斗
白芷、藁本	各2两	桃仁	1升
制作方法	猪蹄治如食法,白粱米洗令净,以水五斗合煮,猪蹄烂,取清汁三斗,用煮后药;(其余除甘松、零陵香之外的配方)口父咀,以前药汁三斗,并研桃仁一升,合煮取一斗五升,去滓,瓷瓶贮之。内甘松、零陵香末各一两入膏中,搅令匀。绵幂之		
用　　法	夜用涂手面		

配方制作中常见"口父咀"字样,孙思邈在《备急千金要方》解释说:"凡汤酒膏药,旧方皆云'口父咀'者,谓秤毕,捣之如大豆,又使吹去细末,此于事殊不允当。药有易碎难碎,多末少末,秤两则不复均平。今皆细切之,较略令如'口父咀'者,乃得无末而片粒调和也。凡云末之者,谓捣筛如法也。"❶

《备急千金要方》卷六下的"面脂,治面上皯黑,凡是面上之疾皆主之方"更是一种可疗面部诸疾的面脂方(表1–22)。

表1–22　备急千金要方·面脂,治面上皯黑,凡是面上之疾皆主之方

配方	剂量	辅助	剂量
丁香、零陵香、桃仁、土瓜根、白敛、防风、沉香、辛夷、栀子花、当归、麝香、藁本、商陆、芍药、菟丝子、茯苓	各3两	鹅脂、羊肾脂	各1.5升
萎蕤/白及,藿香,白芷、甘松香、白僵蚕、木兰皮	各2.5两	羊髓	1升
蜀水花、青木香	各2两	生猪脂	3升
冬瓜仁	4两		
制作方法	口父咀。先以美酒五升,接猪月臣六具,取汁,渍药一宿。于猪脂中极微火煎之,三上三下,白芷色黄。以绵一大两纳生布中,绞去滓,入麝香末,以白木篦搅之,至凝乃止		
用　　法	任性用之,良		

表1–22所述之方在《千金翼方》卷五和《外台秘要》卷三十二中也有,可见其确实是治疗面部皮肤问题的良方。《外台秘要》亦称此方"主面及皶皰黑皯,凡是面上之病,皆悉主之"。《外台秘要》中的配方与《千金翼方》接近,仅在丁香和茯苓的用量上有所增加。

综上所述,唐代女性所谓面疾,即色斑、黑痣、面色焦黄枯槁、不白润光滑的皮

❶ 孙思邈:《备急千金要方》,人民卫生出版社,1982,第12页。

肤问题。疗面所用的方法是直接在局部感染病变处涂敷，或在澡豆、面脂中加入疗面香药成分。还有用水将药物研开后涂抹脸上，第二天早晨洁面时洗去的方法。治疗追求的结果还是以白净光悦、面色红润为主。唐代女性以白为美，肤白如玉并非完全是妆粉修饰的结果，它也是在日常护理中一点一滴经营的成果。

三、口脂

在唐以前，唇脂是在面脂的基础上加入朱砂、胭脂等颜料调制而成，是与面脂相区别的着色膏状物，这在唐代医书中被称为"口脂"，是具备治疗口臭、口白无血色的保养品，若加入色彩，可以用作彩妆中的"口红"。而"唇脂"，在唐代即护唇的"润唇膏"，没有治疗和着色的作用。女性所用的多为"口脂"。

唐代区别"口脂"和"唇脂"的根本依据是配方中是否含有甲煎成分。《外台秘要》中"千金翼口脂方"云："口脂如无甲煎，即名唇脂，非口脂也。"明确指出不含甲煎仅是护唇的唇脂，内含甲煎的才是有色泽和疗效的口脂。唐代的口脂和现代的唇膏一样，集色彩和香气于一身，给人视觉和嗅觉双重享受，非常具有女性色彩。

甲煎是多种香料、油和蜜制作而成的一种香油，是做口脂非常重要的一味配料。《本草纲目》卷四十六云："（藏器曰）甲煎，以诸药及美果、花烧灰和腊成口脂……三年者良。（时珍曰）甲煎，以甲香同沉麝诸药花物制成，可作口脂及焚爇也。"甲煎制作考究，是以诸种香料和花、蜡相合，能增加口脂的滋润度和香味，使颜色持久，闻之悦人，又能调理身体。韦庄《江城子》词中"朱唇未动，先觉口脂香"之句，就是女性使用口脂的美妙意象，其中必有甲煎。

有色或艳红色口脂为唐代女性的日用彩妆品，而唇脂和含有甲煎的无色口脂男女皆可使用，皇帝常在腊日将此颁赐群臣。如吕颂在《谢敕书赐腊日香药口脂等表》对皇帝恩赐脂药表示感谢时称："臣某言：中使某至，奉宣圣旨，赐臣腊日香药口脂等……龟手既沐其芳馨，香膏又沾于唇吻。赉饰之道，备幸于臣，泽浃肌肤，恩深骸骨。"❶其中皇帝所赐的"口脂"即是含有甲煎的无色芳香膏脂，具有防裂、治疗唇部气色和气味的作用，这种保养品制作考究，用料奢侈，是唇脂的升级版。

唐代的唇脂和口脂往往以竹筒凝膏脂做成管状，根据需要裁切长短。女性将口脂装在盒中储存，用时用唇刷或手指抹在唇上。男女相爱时，男子会送口脂给心爱的女子以示体贴温存之意。如唐代元稹在《莺莺传》中提到崔莺莺收到张生从京城寄来的

---

❶ 董浩 等：《全唐文》卷四八〇，中华书局，1993。

妆饰品中就有"花胜一合"和"口脂五寸"。其中的口脂,必是芳香宜人、色泽鲜亮、包装考究的管状口红。

唐代珍贵的西域香料如印度檀香、康国甘松香是制作甲煎口脂的上乘香料。唐代口脂不仅有为唇部增香添色的妆饰效果,还可以治疗唇白无血色和口臭等病,能保养唇部皮肤,消除疾病,是具有保养品功能的药妆,这点比现代的口红要卫生健康得多。

唐代医书中不乏实用口脂方,均以治疗唇部问题为基础。《备急千金要方》卷六上中的"甲煎口脂,治唇白、无血色及口臭方,烧香泽法"条详细记录了口脂的配方和制作方法,以及同卷的"甲煎唇脂治唇裂口臭方"也是调理口部的良方,后者是有色口脂,具有妆饰功能。这两个药方都含有如甘松香、沉香、甲香、丁香、麝香、檀香、苏合香、薰陆香、零陵香等多种西域香药。其中来自中亚的甘松香,在前文所述的含服香方"十香圆"中,就介绍了它具有含咽之后令人口臭消除,全身散香的神奇药效,这个特点在口脂方中自然也被充分运用(表1-23)。

表1-23 备急千金要方·口脂方两则

1. 备急千金要方·甲煎口脂,治唇白、无血色及口臭方,烧香泽法				
配方		剂量	辅助	剂量
沉香、甲香、丁香、麝香、檀香、苏合香、薰陆香、零陵香、白胶香、藿香、甘松香、泽兰		各6两	蜜	适量
			胡麻油	5升
制作方法	先煎油令熟,乃下白胶、藿香、甘松、泽兰,少时下火,绵滤内瓷瓶中。余八种香捣作末,以蜜和,勿过湿,内著一小瓷瓶中令满,以绵幕口,竹十字络之,以小瓶覆大瓶上,两口相合,密泥泥之,乃掘地埋油瓶,令口与地平。乃聚干牛粪烧之,七日七夜不须急,满十二日烧之弥佳,待冷出之即成。其瓶并须熟泥匀厚一寸曝干,乃可用。一方用糠火烧之			
2. 备急千金要方·甲煎唇脂治唇裂口臭方				
配方		剂量	辅助	剂量
①	甘松香	5两	乌麻油	1斗5升
	艾纳香、苜蓿香、茅香	各1两	酒	6升
	藿香	3两	蜜	2升
	零陵香	4两	水	5升
②	上等沉香	3斤	炼蜡	8斤
	雀头香、苏合香	各3两	朱砂粉	6两
	白胶香、白檀香	各5两	内紫草	12两
	丁香、麝香、甲香	1两	糠	12石

2.备急千金要方·甲煎唇脂治唇裂口臭方				
配方		剂量	辅助	剂量
制作方法	先以麻捣泥，泥两口好瓷瓶，容一斗以上，各厚半寸曝令干 配方①先以酒一升，水五升相和作汤，洗香令净，切之，又以酒水各一升浸一宿。明旦，内于一斗五升乌麻油中微火煎之，三上三下，去滓，内上件一口瓶中，令少许不满 取配方②先酒水相和作汤，洗香令净，各别捣碎，不用绝细，内以蜜二升、酒一升和香，内上件瓷瓶中令实满，以绵裹瓶口，又以竹篾交横约之，勿令香出 先掘地埋上件油瓶，令口与地平，以香瓶合覆油瓶上，令两口相当，以麻捣泥泥两瓶口际，令牢密，可厚半寸许，用糠壅瓶上，厚五寸，烧之，火欲尽，即加糠，三日三夜，勿令火绝，计糠十二石讫，停三日，令冷出之 别炼蜡八斤，煮数沸，内紫草十二两煎之，数十沸，取一茎紫草向爪甲上研看紫草骨白，出之。又以绵滤过与前煎相和，令调，乃内朱砂粉六两，搅令相得，少冷未凝之间，倾竹筒中纸，裹筒上麻缠之，待凝冷解之，计此可得五十挺			
用　法	任意用之			

资料来源：孙思邈：《备急千金要方》卷六上"七窍病上·唇病第五"，人民卫生出版社，1982，第118~119页。

唐代还有肉色、朱红色、紫色的口脂。肉色偏橘，红色则是朱红，紫色应是玫紫色。黄蜡是肉色口脂的主要配料，红色口脂用朱砂，紫色口脂用紫草，可以根据需要调配色彩。据《外台秘要》卷三十二"崔氏烧甲煎香泽，合口脂方"中就有详细的口脂配色描述（表1-24）。

表1-24　外台秘要·崔氏烧甲煎香泽，合口脂方

	配方	剂量	辅助	剂量
①	甘松香	5两	新压乌麻油	1升
	吴藿香	6两	白蜜	适量
	兰泽香	0.5斤		
	零陵香	1斤	黄蜡、紫草	各1大斤
②	沉香	1斤		
	丁香、甲香、白胶香、苏合香	各1两	朱砂（做朱色唇脂）	2大斗
	麝香、薰陆香、艾纳	各0.5两		
制作方法	配方①并大斤两，拣择精细，暖水净洗，以酒水渍使调匀。经一日一夜，并著铜铛中，缓火煮之经一宿，通前满两日两宿。唯须缓火煎讫，漉去香滓，澄取清，勿令香气泄出，封闭得如法 配方②并大斤两，令别捣如麻子大，先炼白蜜，去上沫尽，即取沉香，于漆盘中和之，使调匀。若香乾，取前件香泽和，使匀散，内著瓷器中使实。看瓶大小，取香多少，别以绵裹，以塞瓶口 又经两日，其甲煎成讫，澄清，斟量取，依色铸泻。其沉香少即少著香泽，只一遍烧上香瓶，亦得好味五升铜铛一口，铜钵一口，黄蜡一大斤，蜡著于铛中，缓火煎之，使沫销尽，然后倾钵中。停经少时，使蜡冷凝，还取其蜡，依前销之 即择紫草一大斤，用长竹著挟取一握，置于蜡中煎。取紫色，然后擢出。更著一握紫草，以此为度。煎紫草尽一斤，蜡色即足。若作紫口脂，不加余色，若造肉色口脂，著黄蜡、紫蜡多少许；若朱色口脂，凡一两蜡色中，和两大豆许朱砂即得。但捣前件三色口脂法，一两色蜡中，著半合甲煎相和			

在同卷的"古今录验合口脂法"中，还记录了口脂形状和软硬程度的制作法（表1-25）。

表1-25　外台秘要·古今录验合口脂法

配方		剂量	辅助	剂量
①	麝香末、丁香	各1两	好熟朱砂	3两
	丁香末、麝香	各2两		
	雀头香	3两		
	五药、上苏合	各4.5两	蜜	1升
	甲香	5两		
	白胶香	7两		
	沉香	3升	紫草	16两
	口脂（武德六年十月内供奉尚药直长蒋合进）	50挺		
②	苜蓿香、茅香、甘松香	各1两	胡麻油	1斗2升
	藿香	2两	酒	1升
	零陵香	4两	朱砂	1斤5两
制作方法	配方①并大秤大两，粗捣碎，以蜜搅和，分为两分。一分内瓷器瓶内，其瓶受大四升，内讫，以薄绵幕口，以竹篾交络蔽瓶口 配方②以水一斗、酒一升，渍一宿，于胡麻油一斗二升内煎之为泽。去滓，均分着二坩，各受一斗。掘地着坩，令坩口与地平，土塞坩四畔令实 即以上甲煎瓶器及中间一尺，以糠火烧之。常令着火，糠作火即散着糠。三日三夜，烧十石糠即好。冷出之，绵滤即成甲煎蜡七斤 上朱砂一斤五两，研令精细 紫草十一两，于蜡内煎紫草令色好，绵滤出停冷，先于灰火上消蜡，内甲煎，及搅看色好。以甲煎调，硬即加煎，软即加蜡，取点刀子刃上看硬软。着紫草于铜铛内消之，取竹筒合面，纸裹绳缠，以熔脂注满，停冷即成口脂 模法取干竹径头一寸半，一尺二寸锯子截下两头，并不得节坚头。三分破之，去中，分前两相着合令蜜。先以冷甲煎涂摸中，合之，以四重纸裹筒底，又以纸裹筒，令缝上不得漏。以绳子牢缠，消口脂泻中令满，停冷解开，就模出四分。以竹刀子约筒，截割令齐整。所以约筒者，筒口齐故也			

　　甲煎是唐代女性使用的口脂中的重要组成部分，需要精心制作。《外台秘要》卷三十二"千金翼口脂方"云："熟朱（二两）……右四味以甲煎和为膏盛于匣内即是甲煎口脂，如无甲煎即名唇脂，非口脂也。"在之前的配方中就有甲煎的制作方法，但不是很明显。随着美容业的发达，唐代的匠人还另外精心煎制甲煎香油，在制作口脂时可以直接加入配方，可见唐代化妆品制作的专业程度。《外台秘要》卷三十二记载了好几种甲煎的做法，从配方和制作工序看，甲煎本身的制作就是非常精细奢侈的。甲煎中必有甘松香（表1-26）。

表1-26　外台秘要甲煎方四则

1. 古今录验甲煎方				
配方		剂量	辅助	剂量
①	檀香半两	0.5两	生麻油	2升
	香附子、甘松香、苏合香、白胶香	各2两		
	沉香、甲香	各5两	蜜	适量
	麝香	1分		

1. 古今录验甲煎方

配方		剂量	辅助	剂量
②	零陵香	1.5分	水	1升
	藿香、茅香	各2分		

制作方法	配方①捣碎，以蜜和，内小瓷瓶中令满，绵幕口，以竹篾十字络之 配方②相和水一升，渍香一宿，著油内。微火上煎之半日许，泽成去滓，别一瓷瓶中盛。将小香瓶及著口，入下瓶口中，以麻泥封，并泥瓶厚五分，埋土中。口与地平，泥上瓶讫 以糠火微微半日许著瓶上放火烧之，欲尽糠，勿令绝，三日三夜煎成。停二日许得冷，取泽用之，云停二十日转好。云烧不熟即不香，须熟烧，此方妙

2. 蔡尼甲煎方

配方		剂量	辅助	剂量
①	枫香、青木香	各2两	油	6升
	肉甲香	3两		
	丁香、栈香	各4两		
	沉香	6两		
	麝香	1具	蜜	1合
	大枣	10枚		
②	零陵香	4两		
	甘松香	2两		

制作方法	配方①以蜜一合和拌，着坩内，绵裹竹篾络之，油六升 配方②绵裹，油中煎之，缓火可四五沸即止，去香草。着坩中埋，出口。将小香坩合大坩，湿纸缠口。泥封可七分，须多着火，从旦至午即须暖火，至四更去火。至明待冷发看，成甲煎矣

3. 崔氏烧甲煎香泽合口脂方

配方	剂量	辅助	剂量
兰泽香	0.5斤	新压乌麻油	1升
零陵香	1斤		
甘松香	5两	酒水	适量
吴藿香	6两		

制作方法	并大斤两，拣择精细，暖水净洗，以酒水渍使调匀，经一日一夜并着铜铛中。缓火煮之经一宿，通前满两日两宿，唯须缓火煎讫，漉去香滓，澄取清。以绵滤搅讫，内着瓷坩中。勿令香气泄出，封闭使如法

4. 千金翼甲煎法

配方		剂量	辅助	剂量
①	甲香	3两	油	6升
	沉香	6两		
	丁香、藿香	各4两	蜜	2合
	熏陆香、枫香膏、麝香	各2两		
	大枣取肉	10枚	酒	1.5升

4. 千金翼甲煎法				
配方		剂量	辅助	剂量
②	零陵香	4两	酒	1.5升
	甘松香	2两		
制作方法	配方①口父咀如豆片，又以蜜二合和搅，内瓷坩中。以绵裹口，将竹篦交络蔽之 又油六升，配方②绵裹，内油中，铜铛缓火煎四五沸止。去滓，更内酒一升半，并内煎坩中，亦以竹篦蔽之 然后剜地为坑，五坩于上，使出半腹，乃将前小香坩合此口上，以湿纸缠两口，仍以泥涂上 使厚一寸讫，灶下暖坩，火起从旦至暮，暖至四更止。明发待冷，看上坩香汁半流沥入下坩内成矣			

在制作甲煎之前，还专有香油方。《外台秘要》卷三十二"又煎甲煎，先须造香油方"，完全以西域香药为主，可见唐代女性口脂的每一步工序都与西域香药有关，西域香药的参与是唐代女性妆品进步的基础（表1-27）。

表1-27 外台秘要·又煎甲煎，先须造香油方

配方		剂量	辅助	剂量
①	零陵香、藿香	各1两	酒	适量
②	苏合香	1两	蜜	
	麝香	3两		
	小甲香	8两	乌麻生油	2升
	沉香	1斤		
制作方法	配方①锉之，以酒拌微湿，用绵裹。内乌麻生油二升缓火一宿绞去滓。将油安三升瓶中，掘地作坑，埋瓶于中，瓶口向地平 配方②并捣如大豆粒，以蜜拌内一小角瓶中，用竹篦封其口，勿令香漏。将此角瓶倒捶土中瓶口内，以纸泥泥两瓶接口处，不令土入。用泥泥香瓶上，厚六七分，用糠火一石烧上瓶，其火微微不得烈，使糠尽，煎乃成矣			

唇脂是唐人皆用的日用品，香色俱全的口脂是唐代女性生活中消耗量很大的一项。发展到晚唐时，女性非常注重日常化妆中的"点唇"部分，这必然是建立在日常唇部保养的基础上的。据宋代陶谷《清异录》卷下载："僖昭时，都下娼家竞事妆唇。妇女以此分妍与否。其点注之工，名色差繁。"据《新唐书》卷四十七载，唐代尚药局有"合口脂匠二人"，专供宫中女性口脂制作，可见唐代女性对口脂的重视程度。

结论

颜料、香药、医学等西域物质文明的入华促进了唐代彩妆品和护肤品的进步，成为中古时代中西文化交融的典型案例。此外，西域乐舞的风行、佛教文化和造像艺术的兴盛使中亚绘面习俗在中原大地上得到本土化发展，演化为各种材质形态的面饰，书写了中国女性妆饰史上灿烂的一页。

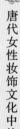

第二章

唐代女性妆具研究

唐代妆具出土不多，能留存下来的大致为妆盒与妆镜。妆盒多为金银质地，其中以金银蛤形盒最为典型。妆盒上纹样精美，是唐代工匠结合西域文明与中原工艺美术的创作品。妆镜更以华丽著称，生活情趣浓厚，形制和工艺均有创新亮点，折射出唐代兼容并蓄的社会文化内涵。

第一节　西域文明与金银妆盒

黄金合里盛红雪，重结香罗四出花。

——傍边书敕字，中官送与大臣家。

——【唐】王建《宫词》

护肤品是唐代皇帝颁赐臣下的生活奢侈品之一，常被装在精致的金银盒中，贵族女性也常用金银妆盒盛装妆品，这正是西域文明影响中原生活习俗的体现。

唐代女性妆奁颇具传奇色彩。《朝野佥载》记载，唐代开元年间的工艺发明家马待封曾为皇后造梳妆器具，称为"木妇人"。这个妆奁遍布机关，极其精妙："中立镜台，台下两层，皆有门户。（皇）后将栉沐，启镜奁后，台下开门，有木妇人手执巾栉至，后取已，木人即还。至于面脂妆粉、眉黛髻花，应所有物，皆木人执。继至，取毕即还，门户即闭。如是供给皆木人。（皇）后即妆罢，诸门皆阖，乃持去。其妆台金银彩画，木妇人衣服装饰，穷极精妙焉。"❶

盛唐之时世人尚"胡风"，对外来异巧之物很感兴趣。开元二年（公元714年），岭南监选使、殿中侍御史柳泽上书玄宗，反对岭南市舶使、右威卫中郎将周庆立和波斯僧及烈等广造奇器淫巧进贡朝廷❷，反映了玄宗朝时西域奇器盛行于宫廷和民间的状况。

唐代入华的西域文明和贸易产品多与生活享乐相关，如香料、宝石、器皿、玩物、奴婢等，与明代的意识形态和科学技术的输入有本质的区别。马待封所造的机关妆奁"木妇人"，应是在西域奇器的制作方法基础上的创造发明，可惜这种集整套妆品于一体的妆奁盒仅存于文献描述之中。考古发现的唐代妆盒以贵金属妆盒为典型，具有明显的异域民俗烙印。

❶ 张鷟：《朝野佥载》卷六，中华书局，1979。

❷ 《册府元龟》卷五四六《谏诤部·直谏》；《唐会要》卷六十二《谏诤》。书中云："《王制》曰：做异服奇器以疑众者杀，《月令》曰：无作淫巧以荡上心。巧谓奇伎怪好也，荡谓惑乱情欲也。今庆立等皆欲求媚圣意，摇荡上心。若陛下信而使之，是宣奢淫于天下，必若庆立矫而为之，是禁典之无赦也。"

一、妆盒的种类和形式

盒是唐代金银器皿中数量最多、用途最广的器类，皇帝常以金银器物颁赐臣下以示恩宠。据《安禄山事迹》载，唐玄宗、杨贵妃曾赐安禄山"金镀银盒子二、金平脱盒子四"❶。虽然此盒的用途文献并未言明，但唐代金银盒价格高昂，是财富地位的象征，金银盒的奢侈品性质也体现在女性的妆盒上。

金银妆盒是宫中女性盛放化妆品的理想器物，需求量很大，中晚唐时占南方官员进贡物品中的大宗。虽然国力日衰，统治阶级生活奢靡仍不减盛唐，官方的"金银作坊院"和皇室的"文思院"所造的器物已不能满足宫廷的需求，朝廷也会向地方官员索要金银妆具。《旧唐书》载："（长庆四年）七月诏浙西造银盝子妆具二十事进内。"李德裕曾奏曰："金银不出当州，皆须外处回市……昨又奉宣旨，今进妆具二十件，计用银一万三千两、金一百三十两，寻令并合四节进奉金银，造成两具并纳讫。今差人于淮南收买，旋到旋造。"❷文中的"盝子"是妆盒套装最外一层，呈方形，顶盖与盝身相合。顶盖四周略斜，如建筑之盝顶。内藏香器、印、珠宝等，也包括大小的妆盒和妆具。上文朝廷诏进的20件银盝子妆具应包含内层的各色小妆盒，故需要大量的金银，李德裕一时难以办妥，只能一边用现成金银制造，一边向市场购买。

南方金银工业的发展与对外贸易息息相关。盛唐之后陆上丝绸之路阻塞，海上贸易发达，西域诸国输入中国的是象牙、珍珠等原料，中国输往西方的是手工业制品。后者的价格比前者高，贸易顺差很大，外商只能用金银等硬通货来支付。大量的黄金流入中国后，导致一段时间重大港口城市金价下跌，直到过量的黄金流入内地后，金价才恢复到原来的水平。等到下一拨巨额贸易来时，则黄金的涨跌又进入新的一个循环，王建《送郑权尚书南海》诗云"金贱海船来"即是这种情况。在唐代中国普遍使用银本位的时候，岭南道地区使用的则是金本位，南方的广州、扬州、泉州都是贸易大港，远比北方地区富庶。岭南道、江南道、淮南道是国库的重大财富来源，也是朝贡的大户。由于贸易的缘故，地方官府除了从岭南道、江南道等黄金产区自采黄金外，还可以通过收税、收市等方式很容易地从市场中获得黄金。

唐代的金银器受西方影响甚大，西域使用金银器的习俗和金银器制作工艺早已渗入唐代金银制造业中，在盛唐之后渐渐形成自己的风格。中晚唐时南方金银制造业非常发达，金银手工业者行会已经出现❸，以江浙一带为中心的金银制造业已经突破了北方官方作坊的垄断，唐末中央朝廷甚至要依赖南方进献金银器。南方金银器产量很高，

---

❶ 姚汝能：《安禄山事迹》卷上，上海古籍出版社，1983，第11页。

❷ 刘昫 等：《旧唐书》卷一七四，中华书局，1975，第4511页。

❸《太平广记》卷三八〇"刘景复"条引《纂异记》云："吴泰伯庙，在东阊门之西，每春秋季，市肆皆率其党，合牢礼，祈福于三让王。多图善马、彩舆、女子以献之。非其月，亦无虚日。乙丑春，有金银行首，纠合其徒，以轻绡画美人，侍女捧胡琴以从。"可见南方金银制造业已经形成相当的规模。

图案多样，品种丰富，质地轻薄，非常适合制作小巧精致的妆奁妆盒。在下莘桥和丁卯桥窖藏的出土遗物中，发现大量式样重复的金银制品，显然是用于商业用途[1]，可见中晚唐时金银器使用之普遍。盛唐之后，作为奢侈品的金银妆具也因制造业的发达成为南方地区殷实人家女性妆台上的常客。宫中用物通过赏赐流入民间，民间精品通过进献进入宫廷，这使得宫中和民间的金银妆具之间并没有太大区别。

虽然金银妆盒在唐代是奢侈品，瓷质、贝质、玉质的妆盒也仍被沿用，但金银妆盒比其他材质的妆盒更受欢迎，制作工艺也随市场需求而精湛无比，成为唐代社会生活明艳的西域文明符号。

唐代妆盒并没有特定的形式，只是在一些小巧的金银盒中会发现澡豆、妆粉的痕迹，大盒则多盛装药材、香料、金箔、矿石等物[2]。小巧的金银盒常被赋予蛤形、圆形以及云头形、动物形、花瓣形等不规则形态，在上面錾刻、捶揲出生动精细的纹样。相对而言，蛤形盒常被发现装有脂粉之物，作为贴身用品出现在女性墓葬的尸体周围。以此推断，蛤形盒是唐代较为典型的妆盒形式。其他形状的小盒则很难被武断地定义为妆盒，只能说它们被用作盛放化妆品容器的可能性很大。事实上，陕西历史博物馆藏的何家村窖藏鎏金飞狮宝相花纹银盒和鎏金翼鹿宝相花纹银盒等6个圆形小盒内，确实有收纳胭脂、澡豆等物的痕迹。

（一）蛤形盒

20世纪80~90年代时，商店里售卖一种价廉物美的护肤品，名为"蛤蜊油"，防冻裂效果特别好。厚厚的半透明油脂装在一个三角蚌蛤形的瓷质容器内，容器隆起的一端以胶黏合。这种装化妆品的蛤形仿生容器早在唐代就已经十分普遍，唐代的蛤形盒正是盛放化妆品的专用容器。

唐代的蛤形盒多以金银制作，其中以银质鎏金为多。它在上下两扇的结合处装有活扣，可以开合，外形特征与自然界的蛤蚌十分相似，是唐代妆盒中独具特色的仿生器物。

根据齐东方先生的研究，金银蛤形盒流行于8世纪中叶的盛唐时期[3]。洛阳偃师李景由墓和郑洵墓出土的蛤形盒分别为开元二十六年（公元738年）和大历十三年（公元778年）之前的器物，它们与出土于西安东郊65号开元六年（公元718年）唐墓和开元二十一年（公元733年）韦美美墓的2件蛤形盒无论在形态还是工艺方面都非常相似，

---

❶ 齐东方：《隋唐考古》，文物出版社，2002，第180页。
❷ 在陕西省博物馆"大唐遗宝"展厅，展示有何家村窖藏遗宝中的大量金银器皿，其中金银盒很多，制作尤其精美。小盒中有脂粉、香料、澡豆等物的痕迹，大盒中有丹砂、钟乳、麸金、白英、紫英等矿石或药物的实物。可见金银盒是唐代王公贵族生活中常用之物，可装贵重物品，或者作为摆设。
❸ 齐东方：《贝壳与贝壳形盒》，《华夏考古》2007年第3期。

唐代女性妆饰文化中的西域文明

均为通体鎏金银盒。这4件蛤形盒出于纪年墓，是重要的蛤形盒断代参考依据，齐东方先生以此来推断韩伟先生在《海内外唐代金银器萃编》中于海外收藏的9件唐代蛤形盒的年代，是目前比较权威的论断。根据齐东方先生的结论，海外收藏的蛤形盒，除了芝加哥美术馆藏品为7世纪后半~8世纪前半的盛唐产品外，其他都为9世纪晚唐时期的作品❶。可以说，8世纪中叶前是蛤形盒萌生、流行和成熟期，之后到唐末，金银蛤形盒一直作为妆盒而存在着，工艺发展相对平稳，唐代之后则逐渐消失。

　　盛唐之后金银蛤形盒大都延续盛唐的外形，但也有例外。中晚唐时入葬的洛阳东明小区唐代高秀峰夫妇合葬墓中发现的2件蛤形盒，在仿生的基础上有所发展，是最晚的纪年墓出土的蛤形银盒。高秀峰和夫人李氏分别葬于元和三年（公元819年）和太和三年（公元829年），墓中的蛤形银盒虽然仍保持了贝壳形的特征，但表2-1③所示的"缠枝花纹贝壳形银盒"底部尖，有固定支柱；表2-1④"瑞兽流云纹贝壳形银盒"类似于椭圆形，与盛唐的金银蛤形盒差异较大，是蛤形银盒在中晚唐的发展。

表2-1　唐代蛤形银盒

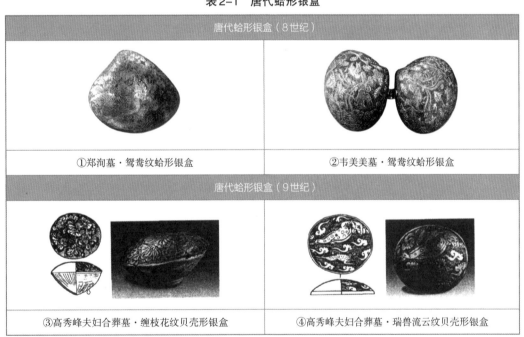

唐代蛤形银盒（8世纪）	
①郑洵墓·鸳鸯纹蛤形银盒	②韦美美墓·鸳鸯纹蛤形银盒
唐代蛤形银盒（9世纪）	
③高秀峰夫妇合葬墓·缠枝花纹贝壳形银盒	④高秀峰夫妇合葬墓·瑞兽流云纹贝壳形银盒

图片来源：图①、图②源自齐东方：《唐代金银器研究》，中国社会科学出版社，1999。
　　　　　图③、图④源自齐东方：《贝壳与贝壳形盒》，《华夏考古》2007年第3期。

　　唐代女性以金银蛤形盒为妆盒这点比较明确。在考古发现中，金银蛤形盒常出现在女性的墓葬中，被放置于棺床上尸体的旁边，与簪钗、梳篦等贴身用物置于一处。如韦美美墓的鎏金蛤形盒出土时置于尸体头部上方，与盛放化妆品的小器皿一同放在一个圆形漆盒内。李景由墓的鎏金蛤形盒也放置在盛放镜、梳篦、簪钗的银平脱漆方

❶ 关于唐代金银器分期，亦可参见齐东方：《唐代金银器研究》，中国社会科学出版社，1999，第93~96页。

盒内。齐东方先生认为，这个银平脱方盒应是李景由妻子范阳卢氏的用物，因墓内进水，器物漂浮移位至李景由棺床附近❶。洛阳高秀峰墓也是夫妇合葬墓，贝壳形盒也是陪葬妆盒。

除了金银质蛤形妆盒外，天然蛤壳也常作为盛放妆品的容器。在考古发现中，天然蛤形盒和金银蛤形盒都常常出现在女性墓中棺床尸体周围，在殡葬中的意义是一样的。如安阳隋墓M109出土的4件贝壳盒，长为4.5~8.1cm，就是供女性盛放脂粉的容器❷；又如西安热电厂136号唐墓所出土的13件天然蛤壳，也被推测为妆盒❸；再如隋代李静训墓中尸体的腰部附近也有3件蛤壳与银盒、琉璃盒同在❹。此外，神龙三年（公元707年）任氏墓、新城长公主墓、金乡县主墓等贵族女性墓中都有蛤形盒出土，并与精致名贵的妆饰用品和器皿同出，充分说明蛤形盒在唐代作为女性妆盒的属性。

金银延展性强，经过捶揲錾刻所制成的蛤形妆盒无论在精巧度还是仿真度上都非铜、铁、瓷、玉等材质可比，目前现世的金银蛤形盒都是唐代金银器中的精品。但从蛤形妆盒的出土数量来看，天然蛤形盒多于金银蛤形盒，并且在公主、县主等贵族女性墓中发现的天然蛤形盒不在少数，其中有部分是在天然蛤形盒面上贴金片的作品，可见在唐代作为妆盒的不同质地的蛤形盒之间并没有阶级和财力的区别。因此，齐东方先生就目前的实物资料推测出金银蛤形盒在唐代并不普遍的观点❺也有一定的合理性。

唐代金银蛤形盒的形式和工艺前所未有，后世鲜见，具有唐代"胡风"的特色。唐末五代时期，汉文化复兴，胡风渐退，奢华的金银妆盒也逐渐转变为象征温润品质的玉瓷之质，金银蛤形盒也随之消失，这与西域文明对唐代社会文化影响程度的变化曲线基本一致，以此可见唐代以金银材料制造蛤形妆盒风气与西域文明密切相关。

（二）圆形、不规则形盒

在唐代金银盒中，圆形盒、花瓣形盒出土最多。它们造型精致，图案华丽，常用来盛放化妆品、药品、香药、麸金等贵重物品，盒的图案和外形都圆润柔美，具有明显的女性化特征。洛阳出土的中唐"齐国太夫人"缠枝纹椭方形银盒内有粉痕❻，可知这类小型金银盒在当时被用来盛放化妆品。《酉阳杂俎》云："陆畅初娶童溪女，每旦群婢捧匜，以银夋盛澡豆。"❼其中的"银夋"就是妆盒。刘禹锡《为淮南杜相公谢赐历

❶ 齐东方：《唐代金银器研究》，中国社会科学出版社，1999，第96页。
❷ 中国社会科学院考古研究所安阳工作队：《安阳隋墓发掘报告》，《考古学报》1981年第3期。
❸ 西安市文物管理处：《西安热电厂基建工地隋唐墓葬清理简报》，《考古与文物》1991年第4期。
❹ 中国社会科学院考古研究所：《唐长安城郊隋唐墓》，文物出版社，1980。
❺ 齐东方：《贝壳与贝壳形盒》，《华夏考古》2007年第3期。
❻ 齐国太夫人卒于长庆四年（公元824年），葬在今河南洛阳伊川。此墓葬出土的金银器属于9世纪前半叶的标准器物群。见齐东方《唐代金银器研究》中对唐代金银器标准器物群分期的介绍。中国社会科学出版社，1999，第33页。
❼ 段成式：《酉阳杂俎》续集卷四"贬误"条，中华书局，1981，第234页。

日面脂口脂表》里有："腊日面脂、口脂、红雪、紫雪，并金花银盒二，金棱盒二。"[1] 说明了唐代化妆品放于盒中。其中"金花银盒"是局部图案鎏金的银盒，黄白辉映，可见唐人对化妆品包装的重视。

关于圆形盒，齐东方先生根据形态将其分为Ⅰ式和Ⅱ式[2]。Ⅰ式是盒盖与盒身相同，呈慢拱状隆起，无圈足。Ⅱ式则带圈足。从纪年墓出土圆形盒的情况来看，Ⅰ式盒流行于8世纪之前的盛唐时期，Ⅱ式盒流行于8世纪末和9世纪。其中陕西历史博物馆藏的何家村小型Ⅰ式圆盒被确认为盛贮化妆品的盒子，其大小与同馆所藏的唐三彩妆盒类似，可见此类圆形盒是唐代女性的妆盒。

何家村窖藏出土的被认为是化妆品盒的6个圆形银盒普遍小巧，直径尺寸为4～12cm，其中最具有代表性的是飞狮纹鎏金银盒和飞鹿纹鎏金银盒如表2-2①②所示。这两件盒均为银质，盒体扁平，图案鎏金，錾刻有细密的花纹，出土时在器内发现胭脂和澡豆之类的化妆品。白居易《长恨歌》诗句："钗留一股合一扇，钗擘黄金合分钿"说的是盒和对钗一样，盖与身是完全相同的两个部分，应是指Ⅰ式盒[3]，只是盛放首饰的盒其容量大小应比何家村圆形Ⅰ式妆盒大些。诗中所描写的盛唐宫廷生活情况与齐东方先生根据考古发现所得出的Ⅰ式盒流行与8世纪中叶前的盛唐时期的结论一致，可以彼此印证。

唐代金银盒还有不规则形，大多为花瓣形、荷叶形、动物形、云头形等，规格普遍小巧，这些小型金银盒很适合用来装化妆品和药品。如丁卯桥窖藏出土的鎏金鱼纹银盒，为Ⅱ式盒，器身为海棠形，盖面微隆，直腹，子口，圈足。盒顶部刻出4条小鱼如表2-2⑤所示；同窖藏还有一件鎏金蝴蝶纹银盒，为Ⅱ式盒，器身为重瓣翅膀的蝴蝶形，盖面微隆，盒顶锤刻立体蝴蝶纹，其余部分饰连续纹样如表2-2⑥所示；"纳尔逊卧羊形银盒"略厚，器身为仿生羊形，羊头立体，遍体錾刻卷草花纹如表2-2③所示。此类银盒的主要工艺为捶揲成型和錾刻花纹，富有立体感，生动而精致。花瓣形银盒为唐代本土风格，出现在7世纪武则天时期，8世纪中叶之后，中亚、西亚亦出现了花瓣形器物，这是丝绸之路贸易所产生的东西方文化融合现象，是唐朝器形风格对西方工艺美术影响的证明之一。根据齐东方先生的研究，四瓣形和椭方形银盒应是花瓣形盒的简化[4]。椭方形银盒如"郑绍方"鸳鸯椭方形银盒、"齐国太夫人"缠枝纹椭方形银盒、"穆惊"犀牛纹椭方形银盒如表2-2④所示，均出土于洛阳9世纪前半叶的墓葬中，是中晚唐时流行的妆盒器形。总体来说，不规则形银盒多出现在9世纪的中晚唐纪年墓中，如荷叶形是中晚唐南方金银器流行的造型，盒盖上多錾刻有鸳鸯等吉祥禽鸟造型，

---

[1]《全唐文》卷六二〇，中华书局，1993，第2694页。
[2] 齐东方：《唐代金银器研究》，中国社会科学出版社，1999，第79页。
[3] 姚榕华：《〈长恨歌〉与唐代宫廷文化生活研究》，博士学位论文，山东大学，2012，第40页。
[4] 齐东方：《唐代金银器研究》，中国社会科学出版社，1999，第90页。

第二章　唐代女性妆具研究

体现了盛唐之后唐代南方金银盒造型的世俗化趋向。

表2-2 唐代圆形和不规则形盒

唐代圆形盒	

①何家村银鎏金飞狮纹圆形银盒（Ⅰ式），直径12.9cm，高5.6cm（陕西历史博物馆藏）	②何家村银鎏金飞鹿纹圆形银盒（Ⅰ式），直径5.6m，高2.4cm（陕西历史博物馆藏）
唐代不规则形盒	

③纳尔逊卧羊形银盒，器长8cm，高5.7cm（美国，纳尔逊·阿特金斯艺术博物馆藏）	④"穆悰"椭方形银盒，长4cm，高1.4cm（中国社会科学院考古研究所藏）

⑤丁卯桥鎏金鱼纹盒（Ⅱ式），高4cm，口径5.2~7cm，底径4~4.9cm（镇江博物馆藏）	⑥丁卯桥鎏金蝴蝶纹银盒，高4.8cm，口径5.8~8.9cm，底径4.2~5.7cm（镇江博物馆藏）

图片来源：图①、图②源自陕西历史博物馆文物精华图册。
　　　　　图③、图④源自齐东方：《唐代金银器研究》，中国社会科学出版社，1999。
　　　　　图⑤、图⑥源自镇江博物馆网站。

　　虽说不规则银盒也可以盛放其他珍贵物品，但丁卯桥窖藏出土蝴蝶纹、鱼纹银盒被鉴定为是存放化妆品的盒子，齐国太夫人墓出土的椭方形银盒等不规则盒中有脂粉的痕迹，何家村窖藏出土的"鎏金鹦鹉卷草纹云头形银盒"也是女性所用的粉盒，可见此类器物如小型圆盒一样，也具有作为妆盒的用途。

二、妆盒纹样中的西域文明

随着金银妆盒在唐代的流行，源自西域的吉祥图案也进入中原的工艺美术体系之中，在中晚唐时期完成了本土化演变。其中徽章式图案、卷曲枝蔓图案具有鲜明的萨珊波斯和中亚风格，在唐代被逐渐演变为华丽的花树和中国神话中的动物，卷草纹的多重组合更形成了唐代别具一格的"宝相花"图案。在西域工艺美术的影响下，唐代的图案摆脱了前朝流行的云气和抽象禽兽的形式，逐渐趋于写实，鹦鹉等现实生活中的西域鸟类也被纳入妆盒纹样之中，记录了唐代女性奢华浪漫的真实生活。

（一）联珠纹与"森木鹿"

在唐代金银器上，常有带翼的动物和衔着绶带的飞禽形象，它们一般作为主题纹样处于器底或器盖的中央，有的周围绕以绳索纹或联珠纹，形成"徽章式"纹样格局，这是典型的萨珊式装饰风格。

在唐代的妆盒上亦不乏这样的纹饰，这种装饰图案流行于8世纪以前的盛唐时期，是器物断代的重要依据。何家村窖藏出土的几件作为妆盒的小圆盒，是典型的8世纪前半叶的北方金银器制品，盒上带翼衔绶的禽兽图案具有鲜明的西域宗教神话特征。到了8世纪中叶之后，这类禽兽图案逐渐衰落，为中国本土的鸳鸯、鸿雁、麋鹿等写实的吉祥动物图案所代替，联珠圈和动物口中的瑞草、珠串、绶带等西方图案特征亦消失不见。

如表2-3所示，何家村窖藏鎏金银妆盒上的动物图案为"徽章式"图案，位于盒盖或盒底的正中央。除了凤鸟纹银盒在盒盖盒底都有动物纹样外，动物纹样一般出现在盒盖上，盒底则为宝相花纹。由此可见，盛唐时唐人对西域动物纹样的兴趣更为浓厚，这和初盛唐时"胡风"盛行是一致的。

表2-3　神兽和含绶鸟图案·何家村窖藏鎏金银盒

| ①凤鸟纹银盒盖 | ②凤鸟纹银盒底 | ③飞狮纹银盒盖 | ④双鸿纹银盒盖 |

图片来源：齐东方：《唐代金银器研究》，中国社会科学出版社，1999。

1.萨珊联珠纹和"徽章式"图案

何家村窖藏银妆盒上的动物纹样源自西域，经过唐代工匠的改良后形成新的气象，是金银器制造在唐代成熟的标志，体现在联珠纹的变迁上。

萨珊时期波斯艺术中"徽章式"图案的边框为联珠纹，多出现在织物和金银器上。唐代的波斯风格织物在新疆出土最多，根据阿斯塔那出土的织物显示，萨珊式联珠纹盛行于7世纪50～80年代的初唐时期，终止于8世纪初，存在时间短暂❶。西方学者指出，萨珊联珠纹具有琐罗亚斯德教特有星相学语义——神圣之光，圈内的动物形象也有头光和绶带等喻示其神圣属性的标志❷。但自6世纪波斯锦传入中国后❸，联珠纹为崇尚胡风的北朝社会所接受，但它原有的宗教意义则不复存在。到了唐初，联珠纹样式更趋多样化，出现多层联珠圈组合，或联珠圈与卷云纹、花蕾纹相配等，变成一种纯粹的装饰元素。在何家村窖藏的凤鸟纹和独角兽纹银妆盒上，联珠圈的装饰让位于绳索纹如表2-3①所示，8世纪中叶之后联珠纹则逐渐简化并消失。飞狮纹银盒上狮纹周围的一简一繁的双层圈纹也是联珠纹的变异，显示了萨珊式联珠纹在盛唐的本土化演变如表2-3②所示；双鸿纹银盒盖上主题图案周围的双线錾刻的圈饰如表2-3③所示，则体现了盛唐金银器上"徽章式"纹样特征的减弱趋势。在8世纪中叶之后，金银器上动物纹样周围已经没有圈饰。这组银盒上萨珊圈饰图案的变化，是窖藏金银器断代的重要依据。

7世纪50~80年代的初唐时期是唐代社会吸纳西域风俗文化的高峰时期，联珠圈和圈内的主题纹样往往与萨珊波斯和中亚粟特文明紧密相连❹。何家村窖藏银妆盒的时代虽然略晚一些，但盒盖上的动物图案仍体现了明显的西域特征。

唐代金银妆盒上的动物造型趋于写实，与汉代以来的神异风格截然不同，具有显著的西方写实艺术风格。如何家村飞狮纹银盒上的狮子右前爪抬起，仰天长啸，似为搏斗之状，充满活力和威猛的气势。凶猛的狮子形象常见于波斯艺术中，被认为是琐罗亚斯德教主神阿胡拉玛兹达的亲卫。古代亚述的浮雕中常见激烈的猎狮场景，狮子形象威风凛凛，富有动感，这种艺术风格自阿契美尼德王朝就被继承下来，一直延续到萨珊时代的波斯艺术中。北朝以来，中国的狮子形象则要温顺得多，何家村银妆盒上的狮子显然与西亚、中亚文化中的狮子在气质上更为接近，具有浓重的西域色彩。又如凤鸟纹银盒盖上的鹿纹，双鸿纹银盒上的鸿雁，都摆脱了汉文化原有的神秘化、神异化的神怪风格，体现出唐代图案写实的清新风格。

2.森木鹿：萨珊神圣符号的中国化演变

夏鼐先生指出，何家村银盒上的神兽带有翅膀，禽鸟口中衔有瑞草、珠串、绶带

---

❶ 阿斯塔那出土的联珠对龙纹绫是联珠纹作为主要图案装饰骨架的最晚的一片遗物，上面有墨书的"景云元年（公元710年）双流县折紬绫一匹"的题记。参见尚刚：《吸收与改造——6至8世纪的中国联珠圈纹织物》，载赵丰、齐东方主编《锦上胡风：丝绸之路纺织品上的西方影响·4~8世纪》，上海古籍出版社，2011，第20页。
❷ 陈彦姝：《十六国北朝的工艺美术》，硕士学位论文，清华大学，2004，第34页。
❸ 《高昌章和十三年孝姿随葬衣物疏》《高昌延寿十年元儿随葬衣物疏》等，载国家文物局文献研究室 等：《吐鲁番出土文书（贰）》，文物出版社，1981，第60~61页，第267~268页。
❹ 尚刚：《隋唐五代工艺美术史》，人民美术出版社，2005，第75~82页。

等物的纹样特征在克孜尔石窟壁画上和萨珊银器上都曾出现，属于萨珊纹样[1]。中外学者进一步研究发现，动物有翼和口衔瑞草绶带是萨珊波斯和中亚粟特文化圈中的"森木鹿"形象的重要特征[2]。

"森木鹿"，即中古波斯语——婆罗钵语中的"Senmurv"，近代波斯语中的"Simurgh"（圣穆夫），中古时代粟特祆教经典《阿维斯塔》中的"Saena"（赛伊娜），是一种飞行神兽，其形象为集多种兽类特征于一体的兽形或鸟形，在萨珊波斯琐罗亚斯德教和中亚祆教中具有神圣象征意义。

"森木鹿"在北朝传入中国时多见于织物、棺椁和墓室壁画上，在隋和唐初则被运用于本土制作的金银器上。盛唐时西域的神兽形象与中国道教文化相融合，其原有的波斯宗教意义减弱，造型趋于中国本土化，成为一种类似于麒麟、飞廉、貔貅、凤鸟等吉祥禽兽的纹样，但两肋的羽翼和口中的瑞草或绶带依然喻示着它的西方渊源。"森木鹿"在伊斯兰化后的伊朗文化圈中依然被传承下来，形象类似于中国的凤凰。

飘带和串饰是森木鹿的身份象征，也是萨珊神权和王权的象征。在何家村双鸿纹银妆盒上，双鸿相对立于莲花台上，口中共同衔有一枚穗状串饰物；在凤鸟纹银盒底的凤凰口中，也衔有一条编结精美的长穗带；盒盖上的翼鹿口中，则衔有一枚三粒垂珠的串饰。在北朝和唐初传入中国的波斯锦和粟特锦上的联珠圈里，就常有衔珠串的鸟类形象。联珠圈里鸟的形态有口衔三粒垂珠的项链单独处于圈中如表2-4②所示，也有成对踏在花台上共衔一串三垂珠的项链如表2-4①所示，与何家村金银盒盖上的对鸟衔珠图案非常类似如表2-4③所示。不同的是，波斯锦上的鸟脖子后方都有三角形的飘带。这种飘带常见于萨珊波斯国王的冠帽后方，一般为两股，呈三角形（图2-1）。隋唐之际中亚强国嚈哒的人物形象上也有冠饰绶带的特征，故而粟特锦上的鸟也系有绶带。在菲鲁札巴德的王位继承图上，头戴球状冠的萨珊帝王从主神阿胡拉玛兹达手中接过象征王权的系有长飘带的光环，强调了正统王位继承和王权的神圣[3]。显然，萨珊图案中的飘带是神权和王权的标志，系有飘带的神鸟形象也与王室的神圣意义相关。颈系绶带、口衔项链的徽章式神鸟纹样也常出现在萨珊银碗和银杯上，与织物上的神鸟风格一致。关于这点，阿尔巴乌姆在《阿弗拉西阿勃绘画》中指出，这类鸟兽与萨珊波斯的国教——琐罗亚斯德教有关，是萨珊波斯美术中的典型形象，具有神格的纹样被广泛运用在纺织品、金银器、宝石制品和雕刻上[4]。由此可见，唐代金银妆盒上的森木鹿形象在金属制品上的运用与西亚工艺美术传统有着直接关系。

---

❶ 夏鼐：《新疆新发现的古代丝织品——绮、锦和刺绣》，载《考古学与科技史》，科学出版社，1979，第97页。
❷ 康马泰、毛民：《鲜卑粟特墓葬中的波斯神兽解读》，《内蒙古大学艺术学院学报》2007年第三期。
❸ 罗世平、齐东方：《波斯和伊斯兰美术》，中国人民大学出版社，2010，第69页。
❹ 姜伯勤：《敦煌与波斯》，《敦煌研究》1990年第3期。

表2-4　唐代丝织品和金银盒上的衔绶鸟

①织锦（香港贺祈思先生藏，唐代）	②联珠立鸟纹锦复原图（唐代）	③何家村双鸿纹银盒

图片来源：图①、图②源自赵丰、齐东方：《锦上胡风：丝绸之路纺织品上的西方影响·4—8世纪》，上海古籍出版社，2011。

图③源自齐东方：《唐代金银器研究》，中国社会科学出版社，1999。

含绶鸟是萨珊波斯时期"森木鹿"的形象之一，北朝时经陆上丝绸之路通过河西走廊进入中原，在新疆和敦煌发现的织锦上出现最多。据成书于11世纪的波斯史诗《列王纪》描述，"森木鹿"是一种美丽的雌鸟，具有善恶两种属性❶，这和萨珊国教琐罗亚斯德教的善恶"二元论"世界观一致。在8世纪初期的片治肯特的壁画中，"森木鹿"亦被画成一只臀部类似狮子的飞鸟形象。意大利学者康马泰先生推测，这种含绶鸟状的"森木鹿"形象才是最初意义上的"森木鹿"形象，它有时带有头光，

图2-1　国王冠帽后方的飘带·萨珊波斯银盘

在粟特祆教装饰纹样中更为常见❷，如北朝来华粟特人虞弘石椁上就有此类图案。康马泰先生将含绶鸟形的"森木鹿"与古代斯拉夫人所崇拜的带头光的神鸟"Si—margl"（希玛高）相联系，从语言学和图像学的双重角度说明"希玛高"和"森木鹿"的关系。他认为，在伊斯兰化之前的波斯艺术中，"森木鹿"确实是被画成神鸟状的❸。而在何家村银妆盒上的双鸿图案中，神鸟颈部的飘带不见，呈现为中国人喜爱的鸿雁形象，花台也变成自北朝以来一直流行的莲花座形态，并在周围饰以荷叶图形——只是图案的对称格局、对鸟脚踩花台的形式、对鸟共衔珠串等特征与中亚和西亚的图案类似而已，其显然是唐代中国工匠参考西方图案的作品。

---

❶ 康马泰，毛民：《鲜卑粟特墓葬中的波斯神兽解读》，《内蒙古大学艺术学院学报》2007年第3期。

❷ 根据林悟殊先生的研究，虽然同为拜火教，粟特祆教是阿契美尼德王朝国教在中亚民族中的流传和延续，与继赛琉古、安息王朝之后的萨珊波斯的琐罗亚斯德教并不相同。参见林悟殊：《唐代三夷教的社会走向》，载荣新江主编《唐代宗教信仰与社会》，上海辞书出版社，2003，第364~372页。

❸ 同❶。

由于粟特人是陆上丝绸之路贸易的主要中介人，近年来根据敦煌吐鲁番出土的织物研究认为，很多"波斯锦"其实是粟特人的仿制品，中国对波斯艺术的吸纳多来自粟特艺术的影响。中亚的粟特人虽与萨珊波斯同属于阿契美尼德王朝文化体系，但与萨珊波斯文化并不完全一致。粟特与中国生产的器物和织物上的神兽神鸟形象都没有萨珊文化中代表王室的象征意义，唐代人更是单纯地将富有异域特色的神圣图案作为一种有趣味的装饰使用。同样，何家村凤鸟纹银妆盒上口衔中国式绶带的凤鸟形象和口衔珠串的翼鹿形象都是唐代人借鉴西方"森木鹿"神鸟形象的创作结果。

何家村银妆盒上的翼狮、翼鹿、口衔瑞草的独角兽形象和"森木鹿"与被解读为"神的荣光"的另一种形象有关。原来被视为"神的荣光"的"森木鹿"形象为狗头、有翼、鱼尾（或孔雀尾），在巴黎集美博物馆藏的6世纪北朝的鲜卑石棺床上，则演变为狗头、鸟身、鹿腿、狐狸尾的形象，似西亚神兽和中国朱雀的结合体，口中衔着一株瑞草，保持了西亚"森木鹿"形象的基本特征，在北朝贵族墓葬中作为吉祥物存在。此外，在北齐徐显秀墓中的一对有翼神兽取代了南朱雀和北玄武成为镇守风水位置的守护神❶，这种中西文化融合的情形在鲜卑墓葬中并不鲜见。"森木鹿"形象变化多端，在中西工匠的交流和创作中呈现不同的造型，姜伯勤先生还把虞弘石椁浮雕上的上身是马、下身是鱼的有翼神兽也叫作"森木鹿"❷。到了隋唐，中国人已能接受这种来自西域的飞行神兽形象了，它的造型应用从墓葬明器延伸到生活器皿上，是一种具有西域风情的吉祥纹样，在崇尚胡风的唐代显得尤为时髦。

"森木鹿"造型典型的特征是带有写实风格的翅膀，这是西亚自亚述时代以来一直存在的神圣装饰符号，阿契美尼德王朝首府波斯波利斯宫殿遗址石壁上的阿胡拉玛兹达神像就是人头鸟身的形象，类似于古埃及的"荷鲁斯"鹰隼，5世纪萨珊波斯宫殿浮雕上亦有带翼山羊的造型如表2-5①②所示。从六朝至隋唐传入中国的织物上亦不乏颈系绶带的翼马形象如表2-5③所示，后来唐代的织物也模仿这类形象如表2-5④所示。因此，唐代何家村银妆盒上的带翼动物形象与萨珊"森木鹿"形象具有共同的特征，依然能体现出浓郁的西域文明意味。

在何家村窖藏的一个葵花形银盘中央，有个类似于"森木鹿"的神兽，学界普遍将它定义为道教神话中的神兽"飞廉"。它头似独角鹿，两翼张开呈站立状，有类似于凤凰的尾巴，根据齐东方先生的研究，此乃唐代本土产品（图2-2）❸。但它的形象与西方神兽非常接近，但在唐代工匠眼里，已经不具备萨珊"森木鹿"的神圣属性，而是作为麒麟、谛听之类与道教、佛教相关的瑞兽装饰在器物上。

---

❶ 常一民：《北齐徐显秀墓发掘记》，《文物世界》2006年第4期。
❷ 姜伯勤：《敦煌与波斯》，《敦煌研究》1990年第3期。
❸ 齐东方：《唐代金银器研究》，中国社会科学出版社，1999，第135页。

表2-5　波斯·粟特艺术中的有翼神兽形象

①阿胡拉玛兹达神浮雕（波斯波利斯遗址）	②波斯宫殿浮雕（5世纪）

③中亚的联珠马纹锦（粟特壁画）	④饮水马纹锦（唐代）

图片来源：图②～图④源自齐东方，赵丰《锦上胡风：丝绸之路纺织品上的西方影响·4—8世纪》，上海古籍出版社，2011。

图2-2　何家村鎏金银盘上的"飞廉"形象
（陕西历史博物馆藏）

口衔瑞草是"森木鹿"的另一典型特征，在萨珊和粟特艺术中翅膀与瑞草一起出现在神兽身上，但在唐代金银器图案中有时二者皆有，有时只撷取一种。何家村独角兽纹银妆盒上的独角兽虽然没有翅膀，但口中衔着一株瑞草。口衔瑞草的神兽形象在粟特金银器中亦常见，唐代金银器上口衔瑞草的动物形象显然来源于粟特金银器装饰艺术。在祆教文学中，"森木鹿"常在"生命之树"顶上栖息，此树能生出一切植物的种子，象征丰饶吉祥。因此，口衔瑞草的"森木鹿"亦具有吉祥丰饶的寓意。"生命之树"的纹样早在亚述时代就已经是西亚装饰艺术中的重要组成符号，尤其在拜占庭图案中常见。丝绸之路的贸易沟通了中亚与西方的文化交融，粟特锦上也多有"生命之树"的形象，以至于在唐代的图案中常有"花树"和珍禽异兽组合的现象。"森木鹿"与"生命之树"等西域符号一同进入中国，被中国文化吸收和改良，口衔瑞草和羽翼等符号经过打散重组后，形成具有中国本土特色的神话动物形象，融入中国图案大系。

在妆盒上錾刻具有鲜明西方文化特色的瑞兽神鸟形象，体现了盛唐社会对西域文化的开放态度。唐代金银工匠将西域神兽形象中土化，其线条圆润流畅，主题图案和周围的团花纹、缠枝花纹、忍冬纹、荷叶纹等都以曲线营造出丰盈娇俏的女性化特征。波斯文化中的神兽在盛唐的装饰艺术中依然保持了部分原有的特征，体现了盛唐朝气蓬勃、兼容并蓄的国际化视野和广阔胸襟，从中可以管窥到安史之乱之前的大唐帝国"万国衣冠拜冕旒"的盛况。

（二）葡萄纹和缠枝纹

唐代的金银妆盒上常錾刻有细密的葡萄纹和缠枝纹，以"满地装"的装饰形式布满器物表面，十分精美华丽。在7世纪中下叶和8世纪中叶之前的器物上，葡萄纹或缠枝纹还伴有更为细密的"鱼子地"装饰和局部鎏金的工艺，使底图更为鲜明。

葡萄纹是由弯曲的主枝与茎蔓果叶组成的具有写实风格的装饰纹样，通常作为通体装饰出现在器物上，流行于7世纪中下叶～8世纪前半叶，与唐高宗、武则天时期流行的工艺华丽的"海兽葡萄镜"基本同步。葡萄纹的特点为线条柔软纤细，叶子细小，在细密的枝叶茎蔓之间缀有葡萄果实纹样，形成主次分明的"点线面"关系，富有节奏感和纤柔的女性气质。在葡萄枝蔓之间的空隙部位常伴有风格写实的海狸鼠、吉祥鸟雀等动物形象，灵动风趣。如表2-6①②所示，在盛唐时期的弗拉海狸鼠纹蛤形银盒和9世纪的蓝田鹦鹉纹云头形银盒、纳尔逊卧羊银盒上，都饰有细密的葡萄纹。盛唐妆盒上的葡萄纹叶子细小，以枝蔓为主，茎蔓顶端直接饰有葡萄串，葡萄串上方并无其余装饰；中晚唐的葡萄纹叶子阔大，枝蔓密度较盛唐时期更为稀疏，葡萄串与茎蔓相接的地方有花叶的造型，较盛唐葡萄纹更为丰满雍容。如纳尔逊卧羊形银盒上的葡萄纹也具有9世纪特色，叶子阔大，葡萄顶端有叶子装饰，在有些枝蔓的顶端还有花朵造型，似是缠枝纹和葡萄纹的结合体如表2-6③所示，齐东方先生认为这是7世纪后半叶、8世纪初的作品[1]。在带把杯和其他金银盒上也常见葡萄纹，其形式与妆盒风格一致（图2-3），从中可以窥得葡萄纹的形式和变化进程以及在唐代器物中的普及程度。

图2-3 带把银杯上的葡萄纹（盛唐）

[1] 齐东方：《唐代金银器研究》，中国社会科学出版社，1999，第92页。

表2-6　唐代女性妆盒上的葡萄纹

①弗拉海狸鼠纹蛤形银盒	②蓝田鹦鹉纹云头形银盒	③纳尔逊葡萄纹卧羊形银盒

图片来源：齐东方：《唐代金银器研究》，中国社会科学出版社，1999。

　　缠枝纹的造型与葡萄纹类似，纤细繁缛，由茎、蔓、花、叶、果实组成，但很难说是哪种具体的植物。缠枝纹流行于整个唐代，在初盛唐和中唐较多，到了晚唐因金银器"满地装"工艺风格的衰弱而减少。早期的缠枝纹叶子细小，茎蔓细密，到了8世纪中叶之后，茎蔓和叶子日趋肥大，纹样的密度也逐渐疏朗化。阔叶大花、枝蔓葳蕤是9世纪缠枝纹的主要特征，这种风格延续至唐末。芝加哥缠枝纹蛤形银盒（表2-7①）上的图案枝蔓细密，叶片细小而对卷，枝蔓顶端有花朵状图案，枝蔓之间有小型禽鸟穿插，与盛唐的葡萄纹十分类似，为8世纪初盛唐时期的产品❶。与之相比，观复博物馆藏的镶金錾花凤鸟纹蛤形盒如表2-7②所示，从纹样上看比芝加哥缠枝纹蛤形银盒略晚，其缠枝纹枝叶较前者更舒朗开阔，与开元二十一年（公元733年）的韦美美墓中的蛤形盒纹样类似，应是盛唐产品。

表2-7　唐代女性妆盒上的缠枝纹

①芝加哥缠枝纹蛤形银盒	②镶金錾花凤鸟纹蛤形盒（观复博物馆藏）

　　葡萄纹和缠枝纹是盛唐金银妆盒装饰图案的主要符号，它们之间虽然没有直接的传承演变关系，但盛唐时期缠枝纹的流行和葡萄纹的大盛密切相关，而8世纪中叶之后，葡萄纹则基本依赖缠枝纹而继续存在着。8世纪中叶之后由于国力衰退以及南方金银器制造业的兴起，"满地装"工艺趋于衰落，金银器图案偏向采用单元布局的形式，纹样也从细密趋向疏朗。缠枝纹虽仍被沿用在金银器装饰上，但较盛唐则要少了很多，

❶ 齐东方：《唐代金银器研究》，中国社会科学出版社，1999，第95页。

体现在妆盒上也不例外。

　　金银妆盒上葡萄纹的流行与当时为世人热衷的西域葡萄酒有关，在传入中国的西方酒器上常有立体的葡萄纹。日本学者关卫的《西方美术东渐史》提到葡萄纹时说，最早将葡萄应用在图案中的是亚述人，前4世纪时从希腊传到罗马，到萨珊波斯和东罗马帝国时期这种纹样最为发达❶，这个论述基本上是可靠的。在古代亚述的浮雕中，常有帝王后妃在宫中的葡萄架下饮酒作乐的生活场景。之后，米地亚消灭亚述，波斯阿契美尼德王朝征服米地亚，朝代更替并没有影响文化的传承，葡萄纹在古代波斯依然被延续下来。前4世纪，亚历山大的马其顿帝国取代了波斯阿契美尼德王朝，希腊的葡萄纹沿续了西亚传统，后由罗马人继承。亚历山大死后马其顿帝国四分五裂，西亚的赛琉古王国、中亚的大夏和帕提亚希腊王国盛极一时，希腊文化扩大到中亚地区，使之后属于伊朗语族的安息王朝也一度臣服于希腊文化。在希腊造型艺术中，与酒神相关的葡萄纹是常见的主题，和古亚述和古波斯原有的葡萄纹融合，成为萨珊波斯王朝和中亚粟特诸国的纹样。

　　南北朝时，北方少数民族政权通过丝绸之路与西域建立起密切的联系。在西部出土的六朝遗物中就有装饰葡萄纹的西亚金银器，反映了5世纪时西域文明进入中原的初始模样。在西方金银器上，葡萄纹常与人物一起出现。山西大同北魏墓葬中曾出土一件5世纪时东罗马帝国的婴戏葡萄纹铜杯，杯身上果实累累的葡萄纹和穿插其间可爱的婴儿造型为浮雕式的突起，富有生趣和立体感；甘肃靖远出土的大夏鎏金银盘上的葡萄纹比北魏墓葬时间更早，外圈的葡萄纹占据银盘大部分面积，围绕着盘中央联珠圈的一位骑狮神人（图2-4）。林梅村先生认为，此神人为罗马神祇巴卡斯，相当于希腊神话中的酒神狄俄尼索斯，他象征丰饶和艺术，也是葡萄酒酿制法的创始人❷，可见葡萄纹在希腊、罗马文化圈中的盛行。人物和葡萄共存的情况同样也存在于萨珊工艺美术中，与希腊文化非常接近。在大英博物馆的藏品中，

图2-4　大夏银盘（5世纪，北魏，甘肃靖远出土）

❶ 关卫：《西方美术东渐史》，上海书店出版社，2002，第56页。

❷ 林梅村：《汉唐西域与中国文明》，文物出版社，1998，第169页。

有一件6世纪的萨珊银瓶（图2-5），瓶颈上缀有立体的联珠纹，瓶腹上的葡萄藤蔓中穿插有摘葡萄的赤裸小孩和叶下的禽鸟，图案生动立体，与山西出土的北魏东罗马铜杯如出一辙；又如图2-6的波斯银盘所示，盘子的右面，有一株粗壮的葡萄树，下有宴饮的生活场景。由此可见，8世纪的萨珊波斯故地虽为阿拉伯人占领，但波斯的文化依然被传承下来，虽然葡萄纹样有别于萨珊时期的曲线藤蔓，但丰饶和欢乐的意象依然未改。

图2-5　萨珊银瓶（6世纪，大英博物馆藏）

图2-6　伊朗银盘（8世纪，大英博物馆藏）

　　唐代女性金银妆盒上的葡萄纹与六朝时期东罗马帝国和萨珊王朝的葡萄纹十分接近。但由于裸体人形不能为中原文化所接受，故以珍禽异兽代之，并将西域器皿上浮雕式的葡萄纹用錾刻的手法做微凸的工艺处理，使之更符合中国平面写意的艺术审美，可以说是唐代工匠的二度创作，也反映了在"胡风"盛行的盛唐时代中国人对西域文明的理性取舍。缠枝纹的出现和盛行，可以说是在葡萄纹的基础上的纹样创新，也是西方纹样中国化的典型案例，对后世的装饰纹样演变有着深远的影响。

　　葡萄藤蔓的纤柔宛转，以及葡萄果实的丰饶多子，符合中原文化对女性美德的期望。穿插在藤蔓间的吉祥鸟兽也摆脱了汉代以来云气、神兽的宗教文化色彩，使器物更具有生活气息，这是唐代金银器艺术所开创的清新之风。唐代女性的妆盒是世俗文化的承载者，葡萄纹和缠枝纹与女性生活相联系，体现在妆盒上是最合适不过的。

（三）"宝相花"纹：忍冬纹的中国化演变

"宝相花"这个图案名词始于北宋[1]，唐人称为"宝花"，是以忍冬叶和莲花瓣造型所组成的多层次的、平满花朵状的纹样，是唐代具有代表性的纹饰。它常用于石窟艺术和金银器装饰中，在织物上则稍晚[2]。宝相花纹形似莲花，以圆形的轮廓为主，层次变化丰富，可以根据图案所需面积调节大小，具有富贵、丰满、纤柔的女性特色和宗教符号意蕴。宝相花纹的外层大花瓣主要由对卷或勾卷的忍冬叶组成，再辅以中国传统的云朵和勾卷纹样，形态有序，多方对称，稳重大方且具有异域风情。

唐代的宝相花纹多用于佛教壁画中，集中出现在敦煌莫高窟壁画中的藻井、佛像头光、边饰、衣襟、衾边等处，具有端庄富丽的女性化意味和"莲花朵朵"的佛教教义隐喻。薄小莹先生对敦煌莫高窟壁画中的花纹做了深入细致的研究，并根据花纹式样的变化特征划分了5个阶段[3]。她的探索给唐代金银器花纹的研究提供了重要的参考，敦煌壁画中花纹的断代也可以作为金银器断代的依据。宝相花纹也是金银器图案的重要组成，在唐代女性的金银妆盒上，常有细密的宝相花图案作为主纹或边饰出现，在金银器流行"满地装"的盛唐时期最为盛行。

金银妆盒只是唐代金银器的一小部分，妆盒上宝相花的形态变化不如壁画中的那么丰富，如表2-8所示，从花瓣外层的形态上大致可以分为侧卷瓣和云勾瓣两种，前者每瓣有两个对卷的忍冬叶构成略尖的莲花瓣形轮廓，内饰其他纹样，流畅舒展；后者外层忍冬叶向内勾卷呈对称的圆形，辅以类似如意纹的云形边饰、内饰花苞等图案，圆润丰满。完整的多层宝相花图案（表2-8②③）一般装饰在圆形和蛤形银盒的正中央，如西雅图宝相花纹圆形银盒和"李景由"宝相花纹蛤形银盒；或两个并排装饰在蛤形银盒的中心部位，如白鹤宝相花纹蛤形银盒（表2-8⑥）。金银妆盒上的宝相花纹一般以细腻的錾刻手法体现，使其本身的层次感显得尤其精致。在流行于中晚唐的花瓣形银盒上，宝相花纹常作为主要花纹出现在盒中央，盒子四周的"花瓣"上常錾刻以缠枝纹或对卷的忍冬叶造型，器形对称稳重，线条柔软，与宝相花的艺术形式有共同的特征。

宝相花纹的外层花瓣以连续展开的方式出现，饰于金银妆盒盖或盒底的主题图案四周。表2-8④何家村独角兽圆形银盒盖圈饰中的宝相花瓣，具有典型的侧卷瓣宝相花瓣特征，忍冬花图案镶嵌于花瓣之间，使圈饰更为丰满——这种装饰在敦煌壁画中常

---

❶ 李诫：《卷画作制度·五彩遍装》，载《营造法式》，中国建筑工业出版社，2006，第4页。
❷ 尚刚：《从联珠圈纹到写实花鸟——隋唐五代丝绸装饰主题的演变》，载《"岁寒三友·诗意的设计"——两岸三地中国传统图形与现代视觉设计学术研讨会论文集》，2014，第312~337页。
❸ 薄小莹：《敦煌莫高窟六世纪末至九世纪中叶的装饰图案》，载《敦煌吐鲁番文献研究论集》第5辑，北京大学出版社，1988。

见。表2-8⑧何家村凤鸟纹银盒底圈饰中的宝相花是典型的云勾瓣宝相花，忍冬花装饰在内圈的花瓣顶部，使整个图案为圆形，类似于世俗团花图案。

外层花瓣由对称勾卷的忍冬叶构成是宝相花的主要特点。忍冬纹源于古希腊，是西方传入中国的重要纹样之一，在北朝时常用于佛教艺术中，以对波纹的形式出现。北朝之后忍冬叶纹饰转化为其他纹饰的装饰元素，唐代的宝相花是其载体之一。唐代的忍冬叶多为三曲或五曲半片叶，两叶对卷或结合枝蔓对称侧卷。表2-8①大阪蛤形银盒上的忍冬叶，是唐初所存在的忍冬叶的形态，三曲和五曲的半片叶结合枝蔓，对称卷成心形图像，花叶交错，形态纤细温柔，图案格局对称，这种对卷的造型就是侧卷宝相花图像的外层瓣的形态。

表2-8　唐代女性金银妆盒上的宝相花纹

侧卷瓣宝相花				
	①大阪忍冬纹蛤形银盒图案	②"李景由"宝相花纹花瓣形银盒图案	③西雅图宝相花纹花瓣形银盒图案	④何家村独角兽圆形银盒盖圈饰图案
云勾瓣宝相花				
	⑤"李景由"宝相花纹蛤形银盒图案	⑥白鹤宝相花纹蛤形银盒图案	⑦弗利尔宝相花纹花瓣形银盒盖面图案	⑧何家村凤鸟纹银盒底圈饰图案

图片来源：齐东方：《唐代金银器研究》，中国社会科学出版社，1999。

唐之前，忍冬纹以三弧或四弧叶子为基本形，形成波浪状或勾卷状的二方连续纹样，作为南北朝时佛教石窟主题四周或顶部藻井的边缘纹饰贯穿于佛窟的内部空间中。北朝的忍冬纹造型丰满，结构呈回波钩状，具有严谨的规律性（表2-9①②）；到了北周末年和隋代，忍冬纹的结构简化，呈心形、波浪形勾卷，枝蔓也更为纤细❶（表2-9③④）。唐代妆盒上的忍冬纹叶片对称勾卷是北朝图案的沿袭，枝蔓的自由舒展则具有隋代忍冬纹的特点。

唐代女性妆饰文化中的西域文明

❶ 杨东苗：《敦煌历代精品边饰·圆光合集》，浙江古籍出版社，2010。

表2-9　唐之前的忍冬纹

①云冈石窟忍冬纹拓片（北魏）

②云冈石窟忍冬纹石刻（北魏）

③敦煌莫高窟428窟忍冬纹（北周）

④敦煌莫高窟303窟忍冬纹（隋代）

　　忍冬又称金银花忍冬纹，是古希腊瓶画上的常见纹样，甚至有学者认为它是希腊特产❶。南北朝时，忍冬纹亦被称为"大秦之草"❷，常以二方连续的形式出现在主题纹样周围。在希腊式忍冬纹中，波浪状结构十分常见，与隋代莫高窟忍冬纹骨骼类似。林徽因先生研究认为，忍冬纹最早源于巴比伦—亚述系统之"一束草叶"图案，这种边饰是古希腊爱奥尼式柱头的发源。敦煌北魏洞窟中的"忍冬草叶"图案系西域传入，它属于西亚伊朗一系，与希腊系统关系不大❸。诸葛铠先生亦认为，西方传来的"忍冬纹"是棕榈

❶ 雷圭元、李骐：《中外图案装饰风格》，人民美术出版社，1985，第117~118页。
❷ 《艺文类聚》卷八十五《布帛部》"锦"条录《梁皇太子谢敕赉魏国所献锦等启》曰："山羊之毳、东燕之席尚传；登高之文、北邺之锦犹见。胡绫织大秦之草，戎布纺玄菟之花。"
❸ 林徽因：《敦煌边饰初步研究》，载常沙娜 编著《中国敦煌历代装饰图案》，清华大学出版社，2004，第10页。

叶、葡萄、莨苕植物共同构成的一种综合纹样，而并非来自某种特定的植物，这些植物是在希腊地区、两河流域、伊朗高原、中亚地区的信仰中与"生命之树"相关的圣树崇拜对象也是希腊忍冬纹的来源。诸葛铠先生进一步指出，忍冬纹在粟特人所信仰的祆教与中亚民族丧葬器物上频频出现，这背后必然存在着植物信仰的宗教观念❶。在北魏鲜卑族墓葬中的漆棺上，也有类似的中亚忍冬纹，可见传入中国的忍冬纹和粟特人有关。

希腊文化在伊朗、中亚、北印度广阔的土地上流行数百年之久，同时也受到了两河流域、河中地区、恒河流域文化的影响。印度北部的犍陀罗地区是印度文化和希腊文化融汇共存的文化圈，也是陆上丝绸之重要的贸易中转站。希腊工匠在印度营造佛像后，希腊艺术影响了北印度艺术，希腊忍冬纹和西亚棕榈叶纹随之为佛教艺术所吸收，并通过粟特人的商业活动为中国民间所熟悉。由忍冬枝蔓绕结而成的一种心形纹常见于萨珊之前希腊文化圈的工艺美术中，成为亚欧大陆许多文化中的典型纹样。心形忍冬图案随佛教传入中国后，在魏晋石窟和织物图案中非常流行，唐代织物、金银器、牌饰等载体上的宝相花就是忍冬心形纹和正面莲花形的结合，这点在蛤形银盒上的心形忍冬纹图案如表2-8①所示，以及心形花瓣组成的侧卷瓣宝相花图案如表2-8⑤⑥所示，上表现得尤为明显。相比之下，云勾瓣宝相花是在侧卷瓣宝相花基础上的变形，也是唐代工匠对西域传来的图案的改良案例。在敦煌壁画中，宝相花图案周围常伴有忍冬纹边饰，可见二者关系的紧密❷。

忍冬美丽清香、不畏严寒，入药则有"久服轻身，长年益寿"❸之功效，这种西域植物纹样到了中国成为具有延年益寿含义的吉祥图案，为世人所喜爱。此外，南北朝时所流行的"对波纹"也系忍冬纹的一种，形态呈枝条同生、相歧又合抱状，被誉为"连理枝"，梁武帝《子夜四时歌·秋歌》中就有"绣带合欢结，锦衣连理文"之句，在当时广为流传，锦衣上的"连理文"很可能就是当时流行的忍冬纹。忍冬纹和它所幻化的宝相花纹妩媚饱满的形态及其所蕴含的长寿延年、夫妇欢爱的寓意为唐人所喜爱，将其刻镂在女性的妆盒上作为对美好生活的祝愿和寄托。

（四）鹦鹉纹：雪衣娘的传说

从盛唐开始，金银器中走兽纹减少，写实花鸟纹增加，到中晚唐时，花卉和禽鸟在金银器图案中已成为主流。盛唐北方流行的对称均衡的宝相花在中晚唐时也逐渐让位于南方金银器常用的折枝花和团花，鸟类则从鸾凤转向鸳鸯、鹧鸪、大雁、黄鹂、喜鹊、鹦鹉等，生活气息浓厚。并行的双鸳纹与对称的对鸟纹共存，花朵与鸟雀图案

---

❶ 诸葛铠：《忍冬纹与生命之树》，《艺术考古》2007年第2期。
❷ 何姝：《敦煌艺术中的"忍冬纹"》，《检察风云》2013年第8期。
❸ 于佳立：《忍冬纹——南北朝时期外来纹研究》，《作家杂志》，2013年第1期。引李时珍《本草纲目》句。

写实、布局生动多变是中晚唐时金银器图案艺术的一大特征。五代时中原地区的金银器工艺依然沿袭了中晚唐的特点，对后世的器物装饰也有深远的影响。

唐代金银妆盒上的鹦鹉纹很有特色。表2-10①的蓝田鹦鹉纹云头形银盒是9世纪后半叶的标准器物，表2-10②的哈·克·李鹦鹉纹蛤形银盒也属于9世纪❶，唐代铜镜和宝钿镜中也常见绕镜钮相对的鹦鹉纹样。在纹样流行的时间上，金银妆盒与唐镜基本同步，纹样造型也非常相似。

表2-10　唐代金银妆盒上的鹦鹉纹

①蓝田鹦鹉纹云头形银盒	②哈·克·李鹦鹉纹蛤形银盒

图片来源：齐东方：《唐代金银器研究》，中国社会科学出版社，1999。

鹦鹉是外来禽鸟，盛唐时期宫中饲养的鹦鹉是西域南海各国进贡的品种。唐代帝王爱鸟，后宫设有鹘坊、鹰坊、鹞坊等机构专门饲养和培育国内外进贡的珍稀禽鸟。据《册府元龟》记载，贞观五年（公元631年），林邑（今越南境内）进献白鹦鹉、五色鹦鹉；贞观二十一年（公元647年），陀洹（今泰国东南到柬埔寨西南）进献白鹦鹉、五色鹦鹉；开元七年（公元719年），中亚的吐火罗和诃毗施进献五色鹦鹉；开元八年（公元720年），南天竺进献五色鹦鹉、问日鸟；开元十二年（公元724年），室利佛逝（今苏门答腊东南部古国）进献五色鹦鹉；开元十六年（公元728年），佛誓进献五色鹦鹉；元和八年、十年、十三年（公元813年、815年、818年），诃陵（今苏门答腊）进献五色鹦鹉、频伽鸟、鹦鹉。

谢弗称，由使臣和航海者带入唐朝的五色鹦鹉和白鹦鹉是长尾小鹦鹉的新品种，即猩猩鹦鹉和白鹦鹉。贞观五年林邑国进献的白鹦鹉"精诚辩慧，善于应答"，唐太宗"愍之，付其使，令还出于林薮。❷"林邑进贡的五色鹦鹉和白鹦鹉亦产于印度。即使是中国土产的鹦鹉，也是产于丝绸之路附近的陇山（今甘肃境内），因其具有模仿人声的

❶ 关于国内出土的唐代金银蛤形盒的断代，参见齐东方：《唐代金银器研究》，中国社会科学出版社，1999，第33页。对于海外金银蛤形盒的断代，齐东方先生根据韩伟《海内外唐代金银器萃编》中的资料推断，除了芝加哥美术馆藏的蛤形盒等少数为盛唐产物外，其余大部分为9世纪的产品，参见齐东方：《贝壳与贝壳形盒》，《华夏考古》2007年第3期。

❷ 刘昫 等：《旧唐书》卷一九七，中华书局，1975。王溥：《唐会要》卷九十八，中华书局，1955。

能力，被称为"西域神鸟"❶。

外来的鹦鹉进入宫廷让中国土产的陇西鹦鹉和南方鹦鹉黯然失色。胡皓《同蔡孚起居咏鹦鹉》诗："鹦鹉殊姿致，鸾皇得比肩。常寻金殿里，每话玉阶前。"又如朱庆余《宫中词》诗："寂寂花时闭院门，美人相并立琼轩。含情欲说宫中事，鹦鹉前头不敢言。"鹦鹉的地位因为统治阶级的喜好被提升到与鸾凤等同的地位，成为宫廷贵族亲近的伴侣，陪伴他们打发寂寞的时光。杨贵妃所养的一只名唤"雪衣娘"的白鹦鹉就是其中最出众的一个，它能诵读诗篇，聪明异常。《明皇杂录》记载，在玄宗与贵妃和诸王博戏时，"上稍不胜，左右呼雪衣娘，必飞入局中鼓舞，以乱其行列"。后来鹦鹉告诉贵妃，它将要被鸷鸟扑杀，贵妃教其诵读《般若心经》禳灾，结果仍在殿前为鹞鹰扑杀。玄宗与贵妃将其埋在宫苑中，专门立"鹦鹉冢"纪念。虽然故事具有一定的传奇色彩，但也说明这只有名的鹦鹉在盛唐宫廷曾经存在。

美丽玲珑的鹦鹉是盛唐美女的意象符号，其形象频繁出现在金银妆盒和各种生活器物上。图2-7为现藏于陕西省博物馆的何家村窖藏出土的中唐代鹦鹉纹提梁银罐，鹦鹉作为主纹处于器腹正中，周围以圆环状围绕圆润舒展的折枝花纹，图案鎏金，底面为银，底图分明，与同时期金银妆盒上的鹦鹉纹彼此对应。唐代金银妆盒上的鹦鹉纹也常与花枝、藤蔓、果实一起构造出一幅琴瑟和谐、夫妇恩爱、歌舞升平的盛世意象。它往往成双成对地出现在盒盖或蛤形盒的正反面，口中衔有花枝、绶带、璎珞，可见唐人对这种西域飞禽的喜爱和推崇，将它视为西域飞来的祥瑞。

图2-7 何家村窖藏鹦鹉纹提梁银罐（唐代）

金银妆盒上鹦鹉纹的流行并非仅因为鹦鹉的观赏性，还与佛教的世俗化有关。佛经中的鹦鹉与迦陵频伽一样，是西方极乐世界中的圣鸟，具有非凡的宗教含义。《佛说阿弥陀经》云："复彼国（阿弥陀佛的西方极乐世界）常有种种奇妙杂色之鸟：白鹤、孔雀、鹦鹉、舍利、迦陵频伽、共命之鸟。是诸众鸟，昼夜六时，出和雅音，其音演

❶ 谢弗：《唐代的外来文明》，吴玉贵 译，陕西师范大学出版社，2005，第100页。

畅五根、五力、七菩提分、八圣道分、如是等法。其土众生，闻是音已，皆悉念佛、念法、念僧。"其中"迦陵频伽"在佛经中为天龙八部之一，人头鸟身，善于歌唱，佛借此宣扬法音，用它的歌声告诉苦海中的众生五蕴皆苦，迦陵频伽也因此成为法音稀有美妙的象征。高僧慧琳曾说："（迦陵频伽）本出雪山，在壳中即能鸣，其音和雅，听者无厌也。"❶鹦鹉与迦陵频伽并列，虽未明言它能言的特长，但显然具有神圣的宗教含义，不同于一般的世俗鸟类。

"净土三经"中对西方极乐世界的描述在净土宗盛行的唐代社会具有重要的意义，鹦鹉作为极乐世界的奇妙之鸟也自然引起唐人的重视。《全唐文》中载有韦皋的《西川鹦鹉舍利塔记》云："前岁，有献鹦鹉鸟者，曰：'此鸟声容可观，音中华夏。'有河东裴氏者，志乐金仙之道，闻西方有珍禽，群嬉和鸣，演畅法音。以此鸟名载梵经，智殊常类，意佛身所化，常狎而敬之。"杨贵妃的"雪衣娘"也会吟诵《般若心经》，应为宫中人所授。上海博物馆藏鹦鹉衔绶纹铜镜上的鹦鹉颈部佩有联珠状项圈，上有宝珠垂饰，与唐代敦煌壁画中的菩萨和诸天神佩戴的璎珞十分接近（图2-8）。此外，以佛教为国教的诃陵国在元和年间将鹦鹉与迦陵频伽鸟一起进贡唐朝，说明鹦鹉被作为和迦陵频伽鸟一样的佛教圣鸟看待，这与佛经中的意义一致，也与唐人的意识形态相符。类似的鹦鹉衔璎珞的纹样也出现在正仓院藏的唐代螺钿紫檀阮咸背面（图2-9），鹦鹉纹出现在乐器上不仅仅是作为吉祥鸟类纹样装饰器体，也是因为鹦鹉在佛教文化中的特殊意义，这与风行唐朝、远播日本的西方净土宗有着密切的关系，鹦鹉和迦陵频伽鸟有着类似宣佛法音的象征含义。

图2-8　鹦鹉衔绶纹镜（唐代）

图2-9　螺钿鹦鹉纹阮咸背面（唐代）

鹦鹉衔绶带或璎珞的形象源于萨珊文化中的"森木鹿"衔绶鸟，唐代工匠将中原

---

❶ 慧琳：《一切经音义》卷二十三、卷二十五，上海古籍出版社，1986。

文化中的仙家象征如绶带、璎珞玉佩等信物"移植"入鹦鹉、鸾凤等神鸟口中，成为具有神圣吉祥寓意的本土纹样。唐代壁画中庄严全身的华丽璎珞仅存于佛教形象中，而不见有实物出土，由此可见，螺钿阮咸背面鹦鹉口中所衔的与佛像所佩十分相似的璎珞即是佛教的信物，而并非世俗首饰。河南洛阳博物馆藏的中唐"花鸟人物螺钿镜"中吉祥树下的醒目位置，就有两只鹦鹉相对而舞（图2-10），似在歌唱，

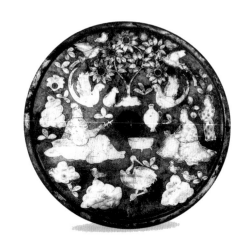

图2-10 花鸟人物螺钿镜（中唐）

与下方鼓琴对饮的高士和飞舞的仙鹤一起构成如仙境般的意象，可见中晚唐时鹦鹉这种西域而来的佛教圣鸟也融入了中原儒道文化之中。

考古发现个人收藏的唐代女性金银妆盒数量不多，但其中不乏鹦鹉纹，可见鹦鹉纹在唐代女性日常生活中的意义。鹦鹉纹从盛唐时期开始流行，到中晚唐不衰，除了体现出中晚唐金银器装饰艺术的世俗化和生活化趋向之外，还反映了安史之乱后人们对盛世的怀恋。雪衣娘和杨贵妃的传说作为盛唐的符号被沿袭下来，在宗教信仰的渲染下，就像中晚唐时盛行的传奇故事一般，被赋予了种种神奇色彩，寄寓了女性对幸福生活和彼岸世界的向往。

三、妆盒的制造工艺

唐人生活中喜用金银器，这种风俗源于中亚粟特人和唐初入籍中国的突厥人。金银器的原料是贵金属，属于硬通货，游牧民族常将其做成首饰、服饰配件、餐具、生活器物等，方便携带和折现。在隋唐之前的匈奴、鲜卑、嚈哒墓葬中就常能见到黄金打造的精致首饰、牌饰、铃铛等饰物，以及金银锻造的生活器物，这种情形与同时期的中原葬俗完全不同。在十六国时期，中国本土金银制造还不发达，西方金银器多经粟特人之手进入中国，其中有粟特、嚈哒银器，还有东罗马帝国和萨珊波斯的产品，均属舶来品。6世纪，突厥人继嚈哒之后成为草原上的霸主，和其他迅速崛起又颓然衰落的游牧民族一样，军事占领和强取豪夺是他们聚集财物的主要方式，盛产金银器的中亚地区也在其控制范围之内。粟特人以经商著称，积聚大量财宝，生活中也惯用金银器皿，依附突厥后定期向其进献大量的黄金白银和珍宝器物。粟特与突厥的政治关系促进了文化的交融，据6世纪时东罗马使臣的报道，室点密可汗御座为"两轮金椅"，围以丝绸，"行时以马驾之"。在接见时，"可汗卧于金床，四金孔雀负之，门首有车，满载银盘及银制动物肖像"❶，虽然东罗马

❶ 沙畹：《西突厥史料》，冯承钧 译，商务印书馆，1933。

帝国也有使用金银器物的风俗，但突厥奢华的金银质生活用具仍给罗马使臣留下了深刻的印象。在与隋唐朝廷的交往中，突厥进贡之物中常有金银器，其中不少来自粟特，如内蒙古敖汉旗李家营子出土的粟特银器就是突厥的战利品，新疆昭苏县出土的隋唐金银器，也是西突厥遗物[1]。据《册府元龟》卷五二〇的记载，贞观四年（公元630年）李靖攻破颉利可汗牙帐时所获得的珍宝"累以万计"，可见金银器在突厥上层社会的用途之广泛、积累之丰富。唐太宗征服突厥之后，大量的突厥遗民被安置在内蒙古河套地区，部落亦被拆散，突厥人散居中国各州县从事农业，逐渐被汉化[2]。在这个过程中，突厥的生活习俗为唐代各社会阶层所喜爱，掀起第一波胡化风潮。如唐太宗的长子废太子李承乾尤其热衷突厥风俗，又如初盛唐时期的教坊女性之间流行的"香火兄弟"的群婚式伦理游戏等。突厥民族喜爱金银器具的风俗和精湛的金银器制作技术也由此随着胡风深入中原社会文化之中。

突厥人善于制作金属器皿，"金师"地位很高，常随使团出使他国，在西域诸国的文化传播中发挥着重要作用。据阿斯塔那出土的一件"供食"文书记载，突厥贪汗可汗的"金师"莫畔陀在出使高昌时享受上等供食[3]。隋唐之交时，高昌国接待外国客使和客商的文书中，也有为突厥阿波可汗所派遣的使团中的"铁师"供食的记录。由于文化习俗的缘故，突厥的金银工匠应为数不少，其中未必全是突厥人，还掺杂着粟特人。在唐初入籍中原的突厥遗民中不乏金银工匠，他们在与汉族通婚、被中原文化同化的过程中，将西域的金银工艺带入中原文明体系，并逐步与中原原有的技术相结合，形成具有西域特色和本土特征的唐代金银器。

粟特人在依附突厥人后，又使突厥人依赖他们，从而使粟特的生活习俗和民族利益得以保留和维护。他们利用突厥在陆上丝绸之路上的权力发展商业活动，在把丝绸输入拜占庭的同时将西亚的文明带入中国，促进了东西方文明的交融。粟特人不但善于经商，也有辨识宝物、长于制造的能力。隋末唐初时的何稠、唐玄宗时的康訔素皆为昭武九姓的粟特人，在隋唐时期的政府制造部门担任要职。何稠在隋炀帝时任工部尚书，仕唐后任将作少匠，他善于营造，能仿波斯锦，制造吹塑玻璃器，与当时的将作大匠宇文恺共同修造文献皇后（独孤后）山陵[4]；康訔素在玄宗时任将作大匠，开元十五年改明堂为乾元殿[5]。

陈寅恪先生研究称，隋代三大技术家宇文恺、阎毗、何稠三者都有西域血统，受中原文

---

❶ 安新英：《新疆伊犁昭苏县古墓葬出土金银器等珍贵文物》，载《文物》1999年第9期。
❷ 崔瑞德：《剑桥中国隋唐史》，中国社会科学院历史研究所西方汉学研究课题组 译，中国社会科学出版社，1990，第222页。
❸ 吴玉贵：《高昌供食文书中的突厥》，《西北民族研究》1991年第1期。
❹ 陈海涛、刘惠琴：《来自文明十字路口的民族——唐代入华粟特人研究》，商务印书馆，2006，第254页。
❺《资治通鉴》卷二一四，《唐纪》三十载："（玄宗开元二十五年）命将作大匠康訔素之东都毁明堂。訔素上言：毁之劳人，请去上层，卑于旧九十五尺，仍旧为乾元殿。从之。"

化熏陶,"故其事业皆籍西域家世之素技,以饰中国经典之古制"[1]。粟特人往来中西地域,熟悉各地文化,在唐代社会生活的各个层面渗透西域的文明,唐人生活中精美华丽的金银器大量的出现与他们有着密切的关系。在胡风盛行的初盛唐,他们使金银器普及于唐人的生活中,并促进了唐代金银制作工艺的发展和成熟,使盛唐时的金银器工艺在器体款式和图案装饰等方面都达到了顶峰。安史之乱之后虽然国力凋敝、胡风渐衰,金银器中西域文明的符号和风格逐渐淡化,但制作工艺依然沿袭盛唐时传自西域的金银工艺,甚至更为优化。

明人引《唐六典》时所提到的唐代金银工艺多达14种,即销金、拍金、镀金、织金、砑金、披金、泥金、镂金、捻金、戗金、圈金、贴金、嵌金、裹金[2]。其中织金、捻金、嵌金等属于细金工,常用于首饰上。唐代女性妆盒虽然精细,但其所用的金银工艺种类却并不多,大致以捶揲、铆接、錾刻、鎏金为主。

(一)捶揲、铆接工艺

捶揲是唐代金银器的基础工艺,用途广泛,可以打造中小型器物或制作器物装饰。在唐代之前,铸造是金银器物的主要工艺。由于金银的熔点较低,融化后流动性好,冷凝时间长,可以用来制造精细物品[3]。到了唐代,捶揲技术被广泛使用,铸造工艺逐渐衰落,主要用于造镜。捶揲法不仅能制作精细器物,而且是薄胎器物的主要制造工艺,它能节约制作所需的材料成本和人工成本,用它来制作妆盒之类精致的贵金属器物是最合适不过的。

在唐之前的器物中,捶揲工艺多体现在西域舶来品上。如宁夏固原博物馆藏的北周时期的人物纹鎏金银壶,器体本身以捶揲拼接而成,器体上的联珠纹、三角纹、人物纹皆以捶揲的方式做成立体的造型,之后将所有部件组装在一起,是典型的萨珊波斯器物。唐代器物上以捶揲工艺制作器体和装饰图案的手法在十六国时仅见于外来器物上,显然这种工艺来自西域。

初盛唐时期的金银妆盒图案具有明显的西方特征,如葡萄纹、神兽纹等,而图案的处理则为中原工艺惯用的平面錾刻方式;中晚唐时期的图案是中国人所喜爱的花鸟人物,但这些中国式图案则用西域浮雕工艺来体现。这两个时期的图案和工艺方式的错位现象彼此映照,体现了唐代"胡风"在安史之乱前后表现在世俗生活中的不同状态,以及西域工艺的本土化情况。

盛唐时期的金银妆盒多以捶揲成形,在表面錾刻纹样,器体的立体与装饰的平面符合中国人审美观。蛤形银盒的器体也皆为如此,錾刻纹样后鎏金,如鸳鸯纹蛤形银盒表2-11①所示。美国藏纳尔逊卧羊形银盒是7世纪后半叶~8世纪初的盛唐时期产

❶ 陈寅恪:《隋唐制度渊源略论稿》,中华书局,1963,第79页。
❷ 田艺蘅:《留青日札摘抄》,中华书局,1985,第118页。
❸ 齐东方:《唐代金银器研究》,中国社会科学出版社,1999,第186页。

唐代女性妆饰文化中的西域文明

品，羊形的盒盖就是以捶揲的方法做成，形态写实，器壁轻薄，光滑圆润，与盒身契合紧密，上面的葡萄忍冬纹也是以"满地装"的形式錾刻而成，同类的产品还有弗利尔瓜形银盒。"韦美美"鸳鸯纹圆形银盒的盒身和盒盖均呈对称的慢拱形隆起，也是捶揲而成，扣合紧密，图案为平面处理工艺表现如表2-11②所示。盛唐时期金银妆盒器体匀称，线条流畅，各部分契合度高，显示出十分精湛的捶揲工艺水平。

在制作金银妆盒时，捶揲工艺常配合铆接工艺。铆接属于细金工工艺，是金银妆盒捶揲工艺的辅助。铆接时将接件和主体间凿出小孔，穿钉钉牢，使盒子的组成部分之间开合灵活，更为精巧，蛤形银盒的两片蛤片的活动接口是铆接工艺的最典型体现。

到了中晚唐，金银妆盒开始采用小范围捶揲的方式在器体上制作出凹凸的图案效果，更具有西域特色。何家村出土的盛唐器物上隐约已经体现出这种趋向，如凤鸟纹圆形银盒上的宝相花，就是捶揲出花瓣的轮廓后錾刻细部，再焊接在器体上，形成微微凸起的立体效果，生动华丽。中晚唐时，在不规则银盒上捶揲出凹凸图案十分盛行，更注重图案的立体感表现。如表2-11③所示，"都管七国"花瓣形银盒类似"穆悰"椭方形银盒，在盒盖上都捶揲有立体的人物故事和动物图形，主题图案突出。尤其是"都管七国"花瓣形银盒上呈高浮的人物骑马造型，是用银片捶出微凸的形状后再焊接在盖的中央，周围的小人物和名牌则为直接在盖上捶出微微的起伏。盒上的图案本身属于中原装饰体系，工艺表现则为西方的立体制作方式。同样，在陕西历史博物馆藏的鎏金鹦鹉纹云头形银粉盒盖上，鹦鹉、叶片、枝蔓、葡萄果实都捶揲出精细的凹凸变化，富有层次感，葡萄串塑造成弧状的突起，上面还打造出一粒粒的果实，体现了唐代金银器高超的工艺水平如表2-11④所示。

表2-11　唐代捶揲金银妆盒

①鸳鸯纹蛤形银盒（陕西历史博物馆藏）	②"韦美美"墓出土鸳鸯纹圆形银盒
③"都管七国"花瓣形银盒，直径7.5cm，高5cm（西安博物院藏）	④鎏金鹦鹉纹云头形粉盒（陕西历史博物馆藏）

图片来源：图①～图③源自齐东方：《唐代金银器研究》，中国社会科学出版社，1999。
　　　　　图④作者拍摄。

以捶揲方式制作金银器很早就为北方游牧民族所掌握。齐东方先生指出，西北地区出土的前8世纪~1世纪的金银器系匈奴系统制品，属于中亚草原游牧民族系统❶，其以动物纹为主，捶揲而成的高浮雕效果是这批金银器的特色，在同时期的中原很罕见。张景明先生通过将巴泽雷克文化遗址中出土的文物上的怪兽图像与同时期北方草原和中原地区发现的怪兽纹相比较，发现巴泽雷克人与中国北方游牧民族曾发生过联系。此外，匈奴墓葬中的金项圈与流行于黑海北岸的克拉斯诺达尔地区的器物十分相似，这说明匈奴的金银器有浓重的西方文明色彩❷。

捶揲工艺历史悠久，是匈奴系统和鲜卑系统金银器中的金银牌饰和小饰片的主要制作工艺。在北方草原发现的游牧民族捶揲金银制品与同时期的西方制品有很多相似点，具有明显的西方工艺品特征。在我国早先北方民族器物中就已存在捶揲工艺，经过十六国时期"胡风"东渐的铺垫，到了唐代，随着突厥遗民的入华和丝绸之路的通畅，以及具有北方民族血统的李唐王室的提倡，在中国的工艺美术中得到进一步发展，留下灿烂的一笔。

（二）錾刻工艺

錾刻工艺是唐代金银器的主要图案装饰工艺，细腻华美，无论是大器物的局部装饰还是小器物的图案勾勒都会用到它。唐人又称錾刻为"钑""镂"，在现代考古中，称为镌刻、镂刻、雕镂等，最常见的为"錾刻"。唐代金银器多为银质鎏金或贴金，在器物表面用錾刻工艺直接刻画纹样。贺知章《答朝士》诗曰："钑镂银盘盛蛤蜊，镜湖莼菜乱如丝。"诗中的银盘上就有錾刻的花纹。錾刻工艺能使大型的器物更为精美，安乐公主造百宝香炉就是"隐居钑镂，窈窕便娟"❸，硕大器形上刻有精细图案反而产生女性化的丰盈妩媚感。盛唐时的氏族高门太原王氏是汉族士人所向往的联姻对象，因被称为"钑镂王家"，以精美的金银器为喻❹，可见錾刻工艺在盛唐时期金银器制作中的地位。

盛唐金银妆盒上的錾刻工艺多为平錾，即在平面或弧面上以阴线刻出花纹。如图2-11所示，蛤形银盒上的装饰工艺为平錾花纹，用细线条錾刻出图案部分，在图案内部用极细的线条刻出细节，图案轮廓之外錾刻鱼子地，整个器物的装饰利用錾刻痕迹的疏密，营造出富有立体感的底图关系，是典型的盛唐妆盒。这种在图案之外的部分用圆头錾刀錾出细密的小圆圈的手法因其痕迹形同鱼子而称为"鱼子地"或"珍珠

❶ 齐东方：《唐代金银器研究》，中国社会科学出版社，1999，第229页。
❷ 张景明：《匈奴金银器在草原丝绸之路文化交流中的作用》，《中原文物》2014年第3期。
❸ 张鷟：《朝野金载》卷三，中华书局，1979，第70页。
❹ 李肇：《唐国史补》卷上，上海古籍出版社，1957，第21页。原文："太原王氏四姓得之为美，故呼为钑镂王家，喻银质而金饰也。"

图2-11　盛唐凤鸟缠枝纹银蛤形盒上的鱼子地錾刻装饰

地"，是盛唐时期金银妆盒装饰的典型手法。鱼子地制作费时费工，但能衬出银器表面细弱的枝条图案，与植物、鸟兽的主题纹样形成疏密对比，使器表更为斑斓精致。在缠枝纹和葡萄纹流行的盛唐，鱼子地錾刻装饰十分普遍，一方面受西域传来的金银器形制影响，另一方面则基于盛唐强大的国力。盛唐时的金银器制造中心在北方，多为官方产品，少府监的"金银作坊院"就是制造金银器的官方机构，对匠人考核严格，制作器物时不计工本。安史之乱后国力渐衰，经济北凋南盛，出于商业考虑，南方金银器弃用耗费人力的"满地装"装饰，而以肥大的花鸟凹凸图案代替。虽然如此，中晚唐时期的鱼子地錾刻形式并未消亡，仍被服务于皇室的"文思院"沿用。在晚唐五代时期的密县西关窑的瓷器上出现了珍珠地划花工艺，一直流行到宋代，显然是鱼子地工艺的遗存❶。

　　錾刻工艺精细，工具种类繁多，须根据工艺要求更换錾刀和錾头：一类錾头不锋利，能錾刻出较圆润的纹样，刻出的线条有立体感，似是挤压出来的形状，这种手法多为刻画花、叶的外轮廓；另一类錾头非常锋利，线条细腻，如同剔出的效果，用于刻画细腻的纹样❷。多种手法交替使用，能演绎出丰富的层次感。

　　中晚唐时，金银妆盒上的立体纹样往往为錾刻和捶揲而成的立体图案的结合体，凸起纹样的细节刻画多用平錾工艺达成。如图2-12所示的银鎏金小妆盒盖上的鹦鹉纹和周围的绳索纹装饰非常立体饱满，和底子上遍刻的花草纹妆饰形成层次感。凸錾用在盈盈一握的小盒子上能体现出非常立体饱满的效果，这是西域金银器，尤其是粟特系统金银器的工艺特征，这种装饰手法在中晚唐的金银妆盒上体现得十分明显。

❶ 冯先铭 等：《中国陶瓷史》，文物出版社，1982。
❷ 齐东方：《唐代金银器研究》，中国社会科学出版社，1999，第186页。

图2-12　唐代鹦鹉纹银鎏金小粉盒盖上的"凸錾"工艺

（三）鎏金工艺

鎏金工艺在汉代已经十分成熟，多运用在铜器上❶。在银器上鎏金兴盛于唐代。

鎏金，即镀金，是将水银和金溶液按比例混合后涂在器表，入火淬炼后，水银遇热蒸发，金附着在器物表面所产生的效果❷。唐代的鎏金工艺又被称为"金涂""金花""镀金"等，是常用的金银器着色工艺。水银又称为"汞"，丹砂经低温熔烧即可得汞，这点在先秦时期已经为人所熟知❸。鎏金工艺所造就的金层极薄，与器物结合非常紧密，不用精密的仪器几乎看不出鎏金附着的痕迹。

唐代金银器物的鎏金分为通体鎏金和局部鎏金。通体鎏金是在银器上覆盖纯金表层，以保护器体不受氧化，在妆盒上体现较少。局部鎏金则只在花纹部位鎏金，突出图案的华丽感，在妆盒等生活器物中常见。例如邵说《为郭令公谢腊日赐香药表》"臣某言：月日中使某至，伏奉恩旨，敕赐臣腊日香药金花银合子两枚，面脂一盒，裹香一袋，澡豆一袋者。开奁气馥，拜蹈增惭"❹中所说存放香药的"金花银合子"，即是指局部鎏金的银质妆盒。《旧唐书》所载的太和二年诸道进奉内库的"四节及降诞进奉金

---

❶ 王海文：《鎏金工艺考》，《故宫博物院院刊》1984年第2期。

❷ 方以智：《物理小识》卷七，台湾商务印书馆，1969，第3页。原文为："镀金法，以汞合金涂银器上，成白色入火，则汞去而金存，数次即黄。"

❸ 司马迁：《史记·秦始皇本纪》，中华书局，1975，第256页。原文为："葬始皇郦山……以水银为百川江河大海，机相灌输，上具天文，下具地理。"又葛洪：《抱朴子内篇》，王明 校释，中华书局，1985，第72页。载："丹砂烧之成水银，积变又还成丹砂。"

❹ 董浩 等：《全唐文》卷四五二，中华书局，1993。

唐代女性妆饰文化中的西域文明

花银器"[1]，以及《法门寺物帐》中的"银金花合""银金花盆"等都是局部鎏金的器物，从盛唐一直流行到中晚唐。

局部鎏金的装饰手法来自西域。如图2-13所示，宁夏固原博物馆藏的北周时期的鎏金银壶，其形制与萨珊器物一致，器腹上捶揲三组高浮雕的希腊式人物图案。在这件舶来品上，凸起的部分保留银底，底色鎏金，形成底图分明的华丽效果，具有显著的地中海风情。而唐代金银器上的局部鎏金正好相反，在图案部分鎏金，底色留银，以此凸显纹样的精致之美，同时也节约材料成本（图2-14）。

中晚唐时期南方的金银器图案趋于简约，分单元摆放，局部鎏金的华丽效果不逊于通体鎏金器物。如9世纪的"李郁"绶带纹云头形银盒即是局部鎏金的妆盒；又如盛唐时期的纳尔逊卧羊形银盒，鎏金使葡萄纹和忍冬纹柔软的线条熠熠生辉，具有很强的装饰感；再如芝加哥缠枝纹蛤形银盒、何家村瑞兽纹圆形银盒等妆盒等，都是局部鎏金的典型作品。

唐代金银妆盒的局部鎏金除了装饰需要外，经济考量是其根本原因。金的化学稳定性强，不易褪色，而银容易发黑，金质妆盒或通体鎏金的妆盒代价昂贵，局部鎏金的妆盒即使在银发黑后仍能保持美丽，是最折中的选择。

图2-13　萨珊鎏金银壶（北周）

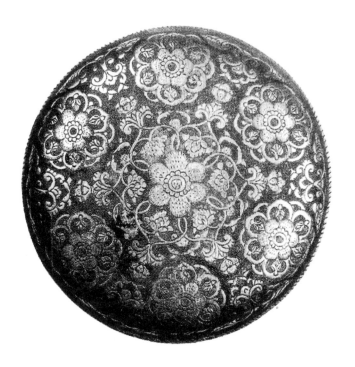

图2-14　银鎏金妆盒（唐代）

❶ 刘昫 等：《旧唐书》卷十七，中华书局，1975，第528页。

第二节　西域文明与妆镜

镜是唐代女性日常理妆的必需品，在生活中扮演着重要的角色。唐诗中常有描写女子对镜梳妆、回忆往昔、思念情郎的作品。如孙小龙先生所藏唐初妇人所用小手镜"乍别情难忍铭莲花镜"❶，此镜图案简约，以镜钮为中心，四周铸有莲花瓣纹，外圈有铭文，曰："乍别情难忍，久离悲恨深。故留明竟子，持照守贞心。"寄托女子的相思情意和坚贞的爱情，流露出浓浓的闺阁情韵。孟浩然《同张明府清镜叹》诗"妾有盘龙镜，清光常昼发……愁来试取照，坐叹生白发。寄语边塞人，如何久离别"也是抒发女子对镜思人的名句。唐朝初年，镜上多有铭文，到高宗武后时期，铭文渐褪，突出纹样。在唐初的铭文镜中，不乏描写闺阁的内容，突出镜的闺阁鉴容属性。如唐初的瑞兽铭带镜，主题纹样为四只似虎似狮的瑞兽和四只玲珑修长的鸟，境内铭文内容为"兰闺婉婉，宝镜团团，曾双比目，彩散罗纨，可怜无尽，娇羞自看"，应是女性妆阁用物。

唐镜在工艺、种类、数量、材质等方面都达到顶峰。唐代工匠在传统的四神镜、十二生肖镜、回文镜和铭文镜等圆形镜的基础上，发展出菱花镜、葵花镜、方形镜、八角镜、还有精致小巧如银元的贴金花鸟镜等镜形，并吸收西域文明的元素，创造出瑞兽葡萄镜、鸾鸟镜、狩猎镜、云龙镜、人物镜等新内容，以及宝钿、宝装、金银平脱、金背、银背等新颖华丽的装饰工艺，丰富多彩，流传海外，并对后世产生极大的影响。

唐镜，是"胡妆"的最佳伴侣，是唐代女性对生活品质追求的集中体现。制镜的发达在一定程度上体现了社会的文化审美趋向，唐镜之所以能在中国镜文化史上留下精彩的一笔，离不开西域文明的融入。

一、唐人与镜

罗振玉评唐代造镜"刻画之精巧，文字之瑰奇，辞旨之温雅，一器而三善具备焉者，莫镜若也"❷。唐镜的工艺水平在盛唐时期达到巅峰，中晚唐后逐渐衰退。较之盛唐，中晚唐镜体转薄，工艺转劣，这与社会经济情况和对铜矿的管理有关。铜矿在开元中期以前可以任人开采，不加禁制❸，后来因为商品经济飞速发展，铜钱制造原料的短缺，兼之佛教造像需要大量的铜，朝廷才开始禁止民间私采❹。大历年间为了"广钱

---

❶ 王纲怀、孙克让：《唐代铜镜与唐诗》，上海古籍出版社，2007，第34页。
❷ 罗振玉：《古镜图录》，朝华出版社，2018，第14页。
❸ 李林甫：《唐六典》卷二十二，"掌治署"："凡天下诸州出铜铁之所，听人私采，官收其税。"
❹ 齐东方：《隋唐考古》，文物出版社，2002，第188页。

货，资国用"，朝廷禁止天下新铸造铜器，仅"唯镜得铸"，时铜镜制造得以延续❶。扬州江宁汤山镇东北的九华山就有发现中晚唐时期的铜矿❷，在当时已纳入官府管理范围之内。

唐人较少用铜器，但镜多以铜质，少数使用镔铁。考古发现的唐代铜镜一般被置于棺内死者头部附近，和妆盒等随身物件摆放一处。由于铜镜大多出于官府机构或少数专业作坊，因此在造型纹样方面时代风格明晰，常作为墓葬和同出其他物品的断代依据❸。棺内铜镜大多是墓主人生前用物，有些有明显的使用痕迹，应是使用多年的旧物或传世品，制造年代应早于入葬年代数年。唐代亦有镔铁镜，当时的镔铁应产于西域的"罽宾等外国"，"以诸铁和合，或极精利，铁中之上者是也"❹。清代的钱咏描述唐初镔铁镜曰："径六寸许，背有嵌金飞龙两条。中有字曰：'武德壬午年造，辟邪华镔铁镜'。"❺这面铸于唐高祖武德年间的镔铁镜大约是唐代工匠模仿西域制镜法以中国镜式制作，原料很可能来自西域。

唐代的普通铜镜制造法以黏土做模，制成"镜范"，再灌入铜液，待其冷却成型后取下，在镜面上涂一层水银，然后在石面上磨光。隋唐时期铜镜是以铜为主的合金镜，比例大致为铅5%，铜70%，锡25%。锡可以增强铜镜的硬度和光泽度，铅能使合金溶液在镜范内环流良好，镜面匀整，镜背花纹精致清晰，能有效规避合金在溶解时产生的泡斑❻。可见，铜镜制造技术到了唐代已经非常成熟了。

唐镜是道教的法器之一，为辟邪之物。东晋葛洪《西京杂记》载："（汉）高祖初入咸阳宫……有方镜，广四尺，高五尺九寸，表里有明，人直来照之，影则倒现。以手扪心而来，则见肠胃五脏，历然无碍。人有疾病在内，则掩心而照之，则知病之所在。又女有邪心，则胆张心动。秦始皇常以照宫人，胆张心动者，则杀之。"由此可见，在唐之前的中原文化中，镜有神奇的洞照传说，能洞悉脏腑、病根乃至邪心。这种看法在唐代依然得以延续。据考古发现，在唐代墓葬的顶部或墓室四角，都有悬挂或放置铜镜的现象❼。唐代铜镜还会张挂在车辂和宫殿。唐天子车辂沿袭前朝，有玉、金、象、革、木五辂，每辂挂双镜，上镜方形，下镜圆形。而在隋代，每辂只挂一镜，可见唐人对镜所代表的宗教意义的重视。关于宫殿镜饰，史载长安城大明宫清思殿以大量铜镜做装饰，"敬宗荒恣，宫中造清思院新殿，用铜镜三千片，黄、白金薄十万

---

❶ 王钦若 等：《册府元龟》卷五〇一《邦计部·钱币三》，中华书局，1960。

❷ 华国荣，谷建祥：《南京九华山古铜矿遗址调查报告》，《文物》1991年第5期。

❸ 齐东方：《隋唐考古》，文物出版社，2002，第68页。

❹ 慧琳：《一切经音义》卷三十五《苏悉地羯罗经卷中·镔铁》，上海古籍出版社，第1422页。

❺ 钱咏：《履园丛话》卷二《阅古》。原文曰："嘉庆己卯三月，钱塘赵晋斋来吴门，携有一铁镜，径六寸许，背有嵌金飞龙两条。中有字曰：'武德壬午年造，辟邪华镔铁镜'，十二字。其铭文曰：……共四十四字。金色煌然，真奇物也。"

❻ 陕西省博物馆：《隋唐文化》，学林出版社，1997，第163页。

❼ 王育成：《唐代道教镜实物研究》，载荣新江《唐研究：第6卷》，北京大学出版社，2000，第27页。

番"❶。现代考古确实在清思殿遗址发现17片铜镜残片和鎏金铜饰❷。除了世俗宫殿，佛教寺院亦有镜饰。开成元年（公元836年）五月，日本求法僧人在五台山大华严寺的菩萨堂院见有大小"宝装之镜"无数，皆系逐年敕送和官私布施❸。在佛教信仰中，向佛寺贡献明镜和众宝具有很大的功德，《贤愚经》就载有一对夫妇投金钱入净水，上覆明镜以供养僧众，后生忉利天得金色身的故事❹。这样的观念在唐代颇为流行，就形成了上述现象。"宝装之镜"是在镜背饰有金银螺钿宝石等物的名贵之镜，是唐镜中的极品，其奢侈可见一斑。

唐人尚镜也出于端正德行的愿望。唐代宰相张九龄著《千秋金镜录》中记载，唐太宗在魏征去世后对臣下说："夫以铜为镜，可以正衣冠，以古为镜，可以知兴替，以人为镜，可以明得失，朕常保此三镜以防己过，今魏征殂，犹一镜亡矣。"唐太宗的"三镜防过论"使唐人造镜、照镜、赏镜、送镜更多了一分修心养性的人文色彩。镜在唐时也被称为"止水"，中唐刘禹锡《和仆射牛相公寓言二首·之二》诗"心如止水鉴常明，见尽人间万物情"句，白居易《玩止水》诗"动者乐流水，静者乐止水。利物不如流，鉴形不如止"句，皆将镜与水德相合。在唐初常有"鉴若止水"铭文镜，圆形圆钮，内区有瑞兽鸾鸟跳跃飞舞，杂以花枝，边缘有铭文与纹饰吻合❺。

唐玄宗以他的生辰农历八月五日为"千秋节"，那日前后全国铸镜，互相赠送。各道官员纷纷献镜❻，皇帝以镜颁赐群臣，男女之间定情也以相互赠镜表达❼，风俗蔚然。如唐代张文成的《游仙窟》中就有临别赠镜的人鬼恋的场景："下官又遣曲琴取扬州青铜镜，留与十娘。并赠诗曰：'仙人好负局，隐士屡潜观。映水菱光散，临风竹影寒。月下时惊鹊，池边独舞鸾。若道人心变，从渠照胆看'。"唐玄宗开元、天宝时期的唐镜创新也随着唐人对铜镜的需求量增大而增多。"千秋镜"往往有"千秋"和"万岁""万春"字样的铭文，最著名的是云龙镜或盘龙镜。千秋节进贡之镜以扬州"江心镜"为贵，"江心镜"为官府作坊所制。扬州是唐代冶铜集散地，也是铜镜制作中心，在武德年间，扬州就开始向朝廷进献铜镜了。唐高祖时，扬州总管府曾铸四神十二生

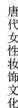

❶ 刘昫 等：《旧唐书》卷一五三《薛存诚传》，中华书局，1975。
❷ 马得志：《唐长安城发掘新收获》，《考古》1987年第4期。
❸ 圆仁：《入唐求法巡礼行记》，广西师范大学出版社，2007，第55页。
❹《贤愚经·金天品第二十七》，《大正藏》第4册，第385页。
❺《中国青铜器全集·铜镜》图139录有唐初鉴若止水铭神兽镜。镜为圆形圆钮，内区两兽两鸟，皆在祥云中，蟠龙腾飞，麒麟跳跃，鸾鸟展翅，凤凰起舞。外区相间6禽6花枝，禽鸟纹中四只似鹦鹉，余似鸿雁。边缘一周顺时针向32字骈体楷体铭文："鉴若止水，光如电耀。仙客来磨，灵妃往照。鸾翔凤舞，龙腾麟跳。写态征神，凝兹巧笑。"此镜是铭文与纹饰吻合的典范。
❻ 唐代土贡资料记录的贡镜之地有太原府、扬州和桂州。《元和郡县图志》（中华书局1995年版）称，开元末，桂州贡镜44面。太原府所贡之镜，《通典》记录天宝贡两面，《新唐书》说，这里又贡铁镜。太原云龙纹铁镜的历史不会晚于8世纪中叶。参见尚刚：《隋唐五代工艺美术史》，人民美术出版社，2005，第194页。
❼《笔记小说大观丛刊》，江苏广陵古籍刻印社，1984，第31页。

肖铜镜充贡❶，唐中宗时，敕扬州铸造可以供皇帝骑马自照的"方丈镜"，金花银叶为饰，富有传奇色彩❷。

关于扬州著名的"江心镜"，《唐国史补》卷下曰："扬州旧贡江心镜，五月五日扬子江中所铸也。或言，无有百炼者，或至六七十炼则已，易破难成。"铸镜时间选在"五月五日"端午之时在"扬子江中"造镜，时间地点的选择显然具有神秘意义。《太平广记》亦载："唐天宝三载五月十五日，扬州进水心镜一面。"❸可见扬州江心镜的神秘珍贵，为淮南道进贡朝廷的重要内容，到了德宗时期，扬州贡江心镜的传统才被罢黜❹。据孔祥星等学者对扬州出土的唐镜研究结果表明，从高宗到德宗时期，唐代两京地区不同阶段流行的镜类，扬州几乎都有，可见扬州是唐代铜镜制造中心，是唐代上流社会所用的精品镜的来源❺。可以说，在盛唐和中晚唐的女性妆台上，多是来自南方的妆奁和妆镜。

从初盛唐开始，扬州就是南方的经济、手工业以及制造业中心，在中晚唐时经济尤其发达。西方而来的海船中不少直航扬州，有的则在广州、泉州等地卸货，经水路汇集扬州，再通过大运河送至两京地区。扬州聚集了大量的外国商人、侨民蕃客，与当地社会关系密切。朝廷在扬州设有市舶司，专管理中西贸易。安史之乱后陆上丝绸之路阻塞，粟特人改道北方草原继续进行东西方贸易。他们将来自西方的商品运到两京地区，进而深入中国腹地，扬州也是他们从事商业活动的重要城市。扬州处于中西方贸易的交汇点，工匠能直接接触到西域货物成品和原材料，故而得以将西方装饰工艺融入本土器物制造中。盛唐时期精致的海兽葡萄镜、金银平脱镜、宝装镜、宝钿镜等的大量涌现，一方面是由于崇镜互赠的世风所致，另一方面也是由于西方文明的融入，使中国制镜工艺在唐代达到辉煌的巅峰。

镜最根本的功能还是供人整理仪容之用，女性是用镜的主要人群——嫁时，镜子是不可缺少的嫁妆，卒后，镜子也是重要的入棺陪葬之物。《酉阳杂俎》卷一《礼异》载："娶妇，夫妇并拜或共结镜纽。"❻马之骕解释说："隋唐之际则新婚夫妇共结'镜纽'，取义与'结发'相同。"❼韦应物《行路难诗》之"月蚀中央镜心穿，故人赠妾初相结"

---

❶《博古图录》著录一件带唐高祖武德五年（公元622年）铭文的铜镜，窄铭文带内楷书铭文："武德五年岁次壬午八月十五日甲子，扬州总管府造青铜镜一面，充癸未年元正朝贡，其铭曰：'上元启祚，灵鉴飞天，一登仁寿，于万斯年。'"参见徐殿魁：《唐镜分期的考古学探讨》，《考古学报》1994年第3期。
❷《朝野金载》：卷三载："中宗令扬州造方丈镜，铸铜为桂树……帝每骑马自照，人马列并在镜中。"
❸ 李昉 等：《太平广记》卷二三一"李守泰"条引《异闻录》。
❹ 刘昫 等：《旧唐书》卷十二《德宗纪上》："己未，扬州每年贡端午日江心所铸镜，幽州贡麝香，皆罢之。"
❺ 孔祥星、刘一曼：《中国古代铜镜》，文物出版社，1984，第178页。
❻ 段成式、崔令钦、李德裕 等：《唐五代笔记小说大观》，上海古籍出版社，2000，第561页。
❼ 马之骕：《中国的婚俗》，台北经世书局，1985，第111页。在婚礼中用传统铜镜的仪式一直延续到中华人民共和国成立前。鲁迅在《坟·看镜有感》中说："我们那里，则除了婚丧仪式之外，全被玻璃镜驱逐了。"即是明证。参见鲁迅：《鲁迅杂文全集》，河南人民出版社，1995，第64页。

句就是指结婚时的"共结镜纽",永结同心的意义。可见唐人的陪嫁铜镜应为传统的有钮镜,对女性的一生幸福有非凡的寓意。唐代诗人王建《老妇叹镜》诗云:"嫁时明镜老犹在,黄金镂画双凤背。忆昔咸阳初买来,灯前自绣芙蓉带。十年不开一片铁,长向暗中梳白发。今日后床重照看,生死终当此长别。"老妇所用的金平脱镜应是她年轻时的嫁妆,多年后依然华丽。由于镜在唐代婚恋关系中的重要地位,唐代孟棨《本事诗·情感》所记南朝乐昌公主与徐德言夫妻二人以破镜为信物,几经离散,最终重逢的"破镜重圆"典故在唐代是具有现实意义的,这与唐代流行的"姻缘天定"的理念相合。

唐镜与美丽的女性有很深的渊源,美人与镜亦是唐人审美的对象。唐玄宗李隆基尚为临淄王时,曾与姑母太平公主联手策划"唐隆政变",在一夜之间诛灭韦氏集团。士卒杀入宫中时,安乐公主正独自对镜画眉。安乐公主以美貌著称,喜爱玩乐妆扮,临死前也是妆扮仪容,死于镜前,成为其短暂一生的注解——史家特意提到安乐公主临死前"对镜画眉"的情状,别有深意。《太平广记》卷七第三百三十四韦粟条亦载:"泊河次,女将一婢持钱市镜。行人见其色甚艳,状如贵人家子,争欲求卖。"因婢女容貌艳丽,举止体面,世人争相卖镜与她,镜价也因为她从五千跌至三千。可见在唐人的心目中,明镜与美人有着不可分割的联系。唐代女性除了在妆台上置镜鉴容外,还以小镜挂身。唐代传奇《昆仑奴》中的歌姬胸口就悬挂有小手镜,既用来自照,也可以作为首饰。

在女子注重新颖妆扮、社会崇尚享乐奢华之风的唐代,各色宝镜的出现和风行不足为奇。唐代的镜式没有阶级限制,开放的社会风气亦促进了各种镜式的流行和创造。如"盘龙镜"并不具有"皇室专用"的神圣意义,在普通女性的妆台上也常有盘龙镜。唐代的妆镜和其他器物一样,充满了奢华雍容的女性特征,也从另一个角度证明了镜在世俗女性生活中的重要地位。

二、持镜女俑手中的外来镜

考古发现的镜是研究唐代女性妆饰文化的重要依据,唐墓出土的陶俑则是唐代女性妆饰习惯和妆饰效果的最直接的证明。安史之乱后,墓葬中仪仗俑和骑马俑减少,但与家庭生活密切相关的侍俑增多,其中侍女俑最多,为我们研究唐代世俗生活和女性妆饰提供了大量的素材。

陕西省博物馆藏有一件持镜女俑,1948年出土于西安市长安区嘉里村裴氏小娘子墓。裴氏小娘子为河东裴氏裴行俭一支的后人,祖父裴均为唐宪宗宰相。裴氏小娘子年十七而卒,大中五年(公元851年)入葬,陪葬的俑除了侍女俑外,还有被称为"僧祗""昆仑"的黑人奴仆俑,体现了裴氏小娘子生前的生活状况。

这件女俑身体健美丰肥，面施红妆，头梳同心髻，是典型的中晚唐女性打扮如表2-12①所示。她手中所持之镜显然是一柄有柄手镜，与唐代墓葬出土的有钮铜镜不同。如表2-12②所示，在布达拉宫的《金城公主照镜图》上金城公主也手持有柄手镜化妆。在南宋墓葬中，亦有有柄手镜的镜盒，大小与手镜匹配，制作精良如表2-12③所示。南宋墓中出土的精美有柄手镜包装，说明有柄手镜已是宋代女性常见的妆饰用具，同时也说明女性使用有柄手镜的年代应远远早于南宋。唐代有钮镜为女性妆镜的主体，兼之镜在佛道文化中的"辟邪"功能，出土的铜镜皆是圆形的有钮镜和少数方形镜。但不等于说唐代女性只使用传统形制的妆镜。裴氏小娘子墓出土的女陶俑和布达拉宫壁画资料所透露的信息即是明证。

表2-12　唐宋有柄手镜

①持镜侍女俑 （中晚唐，陕西历史博物馆藏）	②金城公主照镜图（布达拉宫）	③剔犀执镜盒 （南宋，常州市博物馆藏）

图片来源：图①源自陕西历史博物馆官网 http://www.sxhm.com.
　　　　　图②源自陕西省博物馆：《隋唐文化》，学林出版社，1997。
　　　　　图③源自常州市博物馆。

有柄手镜出现在中唐墓葬的陶俑手中，可以推测它是唐代生活中的常见物品，而且是一种舶来品，为社会大众所使用。这种有柄手镜鲜见于唐以前的资料中，而在西亚、北非等地却有悠久的历史。

如表2-13①所示，古埃及女性从早期王朝时代就使用金属抛光的有柄手镜，埃及国立博物馆所藏的手镜镜面为银质，镜柄通体以黑曜石制成，底端镶嵌蓝色灰泥和加彩软釉陶组成的莲花图案，与镜面连接部位饰以哈尔神头像，制作精良。古埃及的镜式对周边地区产生了很大的影响。表2-13②所示的古代小亚细亚青桐镜与古埃及的镜式类似，镜面为青桐打磨而成，镜背雕以精美的纹样，边缘有长短不一的短线装饰，如同太阳，具有原始宗教太阳崇拜的意味，镜柄顶端饰有纸草的图案，底端已残，应有装饰。这样的镜形直到14世纪和16世纪依然广为流传，如表2-13③④所示，伊斯兰时期的有柄手镜与我国古代手镜非常类似，只是顶端装饰趋于简化，在底端有水滴状的装饰片或包以贵金属装饰。如表2-13③所示的14世纪铁镜的镜背上有细密的植物纹和动物纹组成的图案，云状勾卷的缠枝纹与唐草图案非常类似，边缘的绳索纹是萨珊徽章式纹样的遗留。表2-13④的玉镜通体玉质，金属边缘将镜面与镜背结为一体。在手柄的底端镶嵌有三条红宝石包金的装饰带，手柄和镜背上有之字形金线和具有伊斯兰文化特点的涡卷状植物纹样，镜背的中央镶有一颗红宝石，类似中国铜镜的镜钮。从镜的质地和局部装饰风格看，近古时代的西亚镜在保持古埃及手柄形式的基础上，也吸收了中国的装饰元素。带柄手镜在古代的西亚北非地区是上层女子的生活用品，贫穷的女性只能以水为镜❶。在波斯、大食的商船往来于太平洋和印度洋之间的时候，中国唐朝的商船也直航波斯湾，带去了珍贵的丝绸、瓷器等中华特产❷，也将带柄手镜这一西亚、北非地区贵妇人的生活用品带回中国。

表2-13　古代西方不同时期的有柄手镜

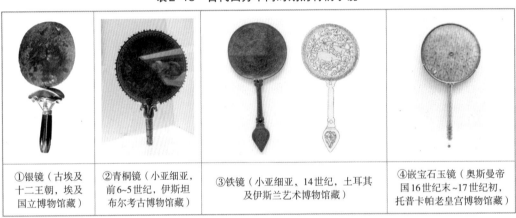

①银镜（古埃及十二王朝，埃及国立博物馆藏）	②青桐镜（小亚细亚，前6~5世纪，伊斯坦布尔考古博物馆藏）	③铁镜（小亚细亚，14世纪，土耳其及伊斯兰艺术博物馆藏）	④嵌宝石玉镜（奥斯曼帝国16世纪末~17世纪初，托普卡帕老皇宫博物馆藏）

图片来源：图①源自大英博物馆文物典藏图版。
　　　　　图②~图④作者拍摄。

西方舶来的有柄手镜在唐代并不鲜见，只是由于传统镜文化的影响不作为陪葬品传世，直到宋代才与本土有钮镜具有类似地位。

三、海兽葡萄镜

海兽葡萄镜又称"瑞兽葡萄镜"，主要流行于唐高宗武则天时期到安史之乱之前的盛唐时代。海兽葡萄镜以满地装的葡萄纹为主，主要突出"海兽"。"海兽"形象似是良种马和狮子结合而成的怪兽，被称为"海兽"，指的是非中土所产之意。唐代的海兽葡萄镜形式多样，整个镜背的纹样一反传统铜镜微凸的外观，而以高浮雕的形式表现，具有明显的希腊风格。

---

❶ 王海利：《尼罗河畔的古埃及妇女》引古埃及《伊甫味陈词》云："那些干粗活的女仆们，原来只能在水里看到自己的脸，可现在她们人手一把镜子，原来拥有镜子的贵妇人现在却变成了一无所有者……"
❷ 三上次男：《陶瓷之路》，李锡经、高直美 译，文物出版社，1984，第124页。书中提到：在埃及、东非海岸各城市，以及美索不达米亚、伊朗和巴基斯坦等国的遗址中，都发现了在9~10世纪越窑系的青瓷和长沙窑的瓷器，证明了中晚唐中国货物远销西方的盛况。

海兽葡萄镜在纹样布局上一般分为两种：一种是"不过梁式海兽葡萄镜"，以铜镜上明显的凸棱为界，周边的内区中有数只海兽嬉戏，海兽之间布满微凸的葡萄枝蔓，外区为二方连续式的飞禽和葡萄枝蔓，整个镜背的装饰在框架范围之内如表2-14①所示；另一种被称为"过梁式海兽葡萄镜"，海兽集中在内区，内区的葡萄枝蔓不受凸棱限制，延伸攀爬至外区，外区的葡萄枝蔓果实之间点缀蜂蝶禽鸟等元素如表2-14②所示。两种类型的镜钮皆为高浮雕凸起的海兽，兽腹隆起有孔，可供穿绳结带或为手持之用。孔祥星先生亦认为，海兽葡萄镜又可分为海兽葡萄镜和葡萄蔓枝镜两种，后者是由前者外区的葡萄枝蔓向内区逐步增加而逐渐形成的新风格，二者为先后演进关系[1]。

表2-14　唐代海兽葡萄镜

①不过梁海兽葡萄镜	②过梁海兽葡萄镜
高松冢古坟出土海兽葡萄背方镜 （701年粟田真人使团带回）	盛唐过梁海兽葡萄镜，直径10.9cm （陕西历史博物馆藏）

海兽葡萄镜的形状多样，有圆形、方形、菱花形、八角形等。形状与镜的性质关系不大，鉴别和分期的关键还是镜背上的海兽葡萄纹。由于纪年墓中出土的海兽葡萄镜数量有限，制造时间与入葬时间不一致，因此即使是纪年墓中出土的海兽葡萄镜，其制造时间也很难确定。唐代海兽葡萄镜总量虽大，但其中有很大一部分流传民间，为分期断代造成了很大的困难。但基本可以肯定的是，海兽葡萄镜流行于从高宗武后时期到玄宗天宝年间的盛唐，时间区间不超过100年。海兽葡萄镜的分期大致为[2]：萌芽期为唐高宗时期（公元649～683年）、发展期和鼎盛期为武则天执政时期（公元684～705年）、衰落期为中宗至玄宗时期（公元705～756年）。

在后期的唐镜中，虽也会出现海兽和葡萄纹的元素，但随着"满地装"形式的消失，镜的外缘渐渐被中晚唐流行的折枝花鸟纹取代，盛唐风格被削弱了。

❶ 孔祥星：《隋唐铜镜的类型与分期》，载《中国考古学会第一次年会论文集》，文物出版社，1979，第386页。
❷ 姚君：《海兽葡萄镜的纹饰研究》，硕士学位论文，上海大学，2008。

海兽葡萄镜之所以被视为具有明显西域文明烙印的唐代独创的制镜风格，主要由于它的纹饰——"海兽"和"葡萄"，二者都与西域传来的动植物有关，是明显的外来文明符号。此外，其高浮雕的装饰工艺、厚实的镜体与传统铜镜大相径庭，具有明显的中亚和西亚工艺特征。流行于盛唐的萨珊—粟特系统金银带把杯、细颈大腹金银胡瓶、萨珊式金银多曲长杯等器物也运用了高浮雕装饰工艺，是海兽葡萄镜产生的直接风格来源。

"海兽"，是一种以狮子为原型进行再创造的瑞兽，曾出现在魏晋南北朝的铜镜上，被称为"狻猊"或"金猊"。《尔雅·释兽》："狻猊如彪猫，食虎豹。"《穆天子传》曰："名兽使足走千里，狻猊……野马，走五百里。"郭璞注曰："狻猊，师子。亦食虎豹。"❶在汉朝史书文献中，常见有安息国等西域国家进贡狮子的记录❷。北朝时，波斯向中国献狮子❸。在唐人心目中，狮子既有佛教中"法音广布"的意义，也是辟邪之物。《酉阳杂俎》中说用狮毛做拂尘，苍蝇等虫不敢接近，以狮筋做琴弦弹奏，其他琴弦就会断裂❹。基于这种观念，狮子的形象被制成镇墓兽、门口石狮、墙内狮形石敢当等，唐墓出土的小型海兽葡萄镜也应有类似的辟邪之意。盛唐时中亚诸国、大食、东罗马都纷纷向唐朝进献狮子，以唐玄宗时期最为频繁。节庆之时，宫中有驯狮表演和由百四十人同时表演的《五方狮子舞》（亦称《太平乐》）以娱耳目。李白的《上云乐》诗曰："五色师子，九苞凤凰。是老胡鸡犬，鸣舞飞帝乡。"其中"师子"成为老胡之"犬"，说明唐代从西域而来的狮子不再是高贵的猛兽，而成为可爱的宠物。不论是出于辟邪的需要，还是对现实动物的摹绘，海兽葡萄镜上类似狮形的瑞兽是盛唐中外文化交流的写照，也是唐代装饰艺术的独创元素。

葡萄纹饰是西域文明的典型符号之一，在古埃及壁画、古亚述和阿契美尼德砖画中常见，也是古希腊酒神崇拜的信物。西汉张骞出使西域回归时，将葡萄和苜蓿的种子带到中原。关于中国工艺美术中的葡萄纹，有学者认为与希腊文化中的葡萄纹有着直接的渊源关系。如日本学者石渡美江认为其是"乐园的图像"，镜上的葡萄纹来自中亚、西亚地区的葡萄卷草纹❺。中国学者张天莉甚至认为葡萄与兽的组合源于古希腊的酒神崇拜，经丝绸之路传至中国后，与传统的瑞兽纹结合，形成一种前代所没有的奇特纹样❻。关于这点，20世纪初的美国东方学者劳费尔的著作《中国伊朗编》中早已提

---

❶ 郭璞、邢昺：《尔雅注疏》，岳麓书社，1985，第127页。
❷《汉书·西域传上》："乌弋地暑热莽平……而又桃拔、师子、犀牛"。章帝章和元年（公元87年）、章和二年（公元88年）分别有月氏国和安息国"遣使献师子、扶拔"，和帝永元十三年（公元101年）"冬十一月，安息国遣使献师子及条枝大爵"，顺帝阳嘉二年（公元133年）"疏勒国献师子、犀牛"。
❸ 杨炫之、吴若准：《洛阳伽蓝记》卷三："师子者。波斯国胡王所献也。"中华书局，1933，第69页。
❹ 段成式：《酉阳杂坦》卷十六，上海古籍出版社，2000，第160页。
❺ 石渡美江：《楽園の图像：海獸葡萄镜の诞生》，吉川弘文馆，2000。
❻ 张天莉：《唐代铜镜中葡萄纹饰的由来》，《中国文物报》2002年10月。

出反对意见。他认为："所谓葡萄镜上的葡萄图饰与希腊或巴克特里亚的艺术毫无关系，而实出于伊朗萨珊艺术。"❶基于在阿契美尼德王朝之后至萨珊王朝之前希腊文化的影响遍布伊朗高原和中亚地区的这段历史，很难分割萨珊艺术与中亚艺术、希腊艺术之间的明显界限，劳费尔的论断只能在一定程度上对"葡萄纹来源于希腊文化"的绝对化观点提出质疑，让问题的探讨更有余地。沈从文在《唐宋铜镜》的《题记》中谈到葡萄纹时认为它属于唐镜纹样四大类之一，葡萄纹在铜镜上的大量运用是唐代对西域文化兼收并蓄的文化现象❷，是比较中肯的。关于与这一点，笔者认为唐代铜镜上的葡萄纹与古代西域诸国的葡萄纹有很大不同，当时中原图案体系中的葡萄纹已经比较成熟了——如新疆民丰地区出土的织物中即有走兽葡萄纹绮和人兽葡萄纹彩罽，说明至少在东汉时期兽类与葡萄纹已经被纳入中国纹样中。西亚的阿契美尼德王朝继承了亚述的装饰艺术，在宴乐图中常见葡萄纹饰，西亚的葡萄纹饰也自成一脉。虽然马其顿人曾一度征服西亚到中亚大片地区，但原属阿契美尼德王朝统辖的中亚地区依然保留了不少阿契美尼德文化传统，东汉时中国的葡萄纹可能受中亚装饰艺术影响，随着葡萄在中原的普及而渐渐有了自己的风格。葡萄纹到了唐代，在织物上已经十分普遍了，如白居易《和梦游春诗一百韵》中"朝织葡桃绫"，李端《胡腾儿》"葡萄长带一边垂"等诗句，都说明在唐代"汉着胡帽，胡着汉帽"的社会环境下，唐人和在华西域侨民的服装上都不乏葡萄纹样。西域的葡萄酒因唐太宗的欣赏风靡初盛唐社会❸，葡萄纹样随之在唐代广为流行，成为中西人民共同欣赏的主题。唐代的葡萄纹多是自汉以来在中原土地上发展起来的纹样，虽然在这个过程中可能与中亚和西亚的装饰语言有过交流和融合，但不能说中国铜镜上的葡萄纹与希腊系统的葡萄纹有直接的传承关系。

唐代海兽葡萄镜之所以特殊，并不是因为葡萄纹是唐代纹饰中的新生事物，而是因为葡萄纹被用在铜镜上是唐人首创，且葡萄本身来源于西域。同样的，似虎似狮的中国传统瑞兽纹饰如"狻猊""饕餮""貔貅"等在汉以后的铜镜和织物上都颇为常见，狮子纹异化后产生的神兽图像在魏晋时已为中原人所熟悉，到了唐代被用于铜镜也是合理的。以此推测，唐代铜镜上的海兽葡萄纹是将葡萄和海兽这两种在中国已经历了本土化演变的西域纹样结合的产物，布局和工艺不拘一格，是盛唐独创产品。

高凸棱、高镜缘、高浮雕等富有西域装饰特色的工艺是唐代海兽葡萄镜的重要特征之一，唐代海兽葡萄镜是高浮雕铜镜的代表，也是唐代铸镜工艺师的杰作。在西域的金银器制造中（尤其是萨珊波斯系统的作品），高浮雕装饰往往是将金银片按模子打

---

❶ 劳费尔：《中国伊朗编》，林筠因 译，商务印书馆，2001，第57页。
❷ 沈从文：《唐宋铜镜》，中国古典艺术出版社，1958，"题记"。
❸ 关于葡萄酒的流行，《唐会要》卷二〇〇提到过：公元647年突厥的叶护进贡太宗皇帝马乳葡萄，串长二尺，色紫。《唐书》亦曰："蒲萄酒西域有之，前代或有贡献，人皆不识。及破高昌，收马乳蒲萄实于苑中种之，并得其酒法。太宗自损益造酒，为凡有八色，芳辛酷烈，味兼醍盎，既颁赐群臣，京师始识其味。"

造成浮雕纹样后焊接在器体上，或直接在器体上捶揲出凹凸效果，而铜镜的高浮雕装饰则完全靠铸造。海兽葡萄镜虽然看上去非常复杂，但在具体制作中，高浮雕、高凸棱、高镜缘所形成的厚实镜体对浇注后镜面的补缩是非常有利的。因为在铜液（或铁水）凝固过程中，高浮雕的剖面中心会产生缩松，如果镜体厚度不够，缩松部位就会和镜面距离过近，在之后的刮削加工时容易被磨穿。反之，若镜体够厚，缩松部位就在后期加工时不容易暴露，工匠也有足够的余量将镜加工至满意的状态。传统铜镜的花纹微凸，缩松的幅度掌握要很小心，海兽葡萄镜的立体结构反而使制作的自由度大幅提高。比对唐镜实物可以发现，唐镜比唐之前任何历史时期的镜体都要厚，特别是葵花形和菱花形镜，剖面最薄处都厚达4～6cm。以此推断，唐镜镜范和铸镜的毛坯的厚度还要增加❶。铸镜工艺的改良也反过来导致唐镜外形的多样化创新，促进铸镜风格的立体化。

在汉文化概念中，葡萄从异域植物逐渐变成了多子多孙的象征。唐镜中常有鸾凤燕雀等吉祥飞禽口衔石榴枝和葡萄枝的纹样，喻示着婚姻美满、子孙昌盛。在西方文化中，葡萄亦是丰饶的象征，中西方文化在这点上具有一致性。唐代海兽葡萄纹镜为唐人所喜爱，是宜子宜孙的传统观念、奢华享乐的世风，以及西域文明的情调的体现。海兽葡萄镜纹样纤细圆柔，繁缛富丽，硕果累累，具有明显的女性化符号特征，兼之关于婚姻生育的吉祥寓意，很可能是盛唐女性陪嫁的妆镜。海兽葡萄镜是西域装饰元素与中国传统镜式的结合体，是唐人吸纳西方文明的独创作品。正因为这样，其西域文明的烙印才会更加凸显，更加耐人寻味。

四、鸾凤衔绶镜

唐镜中多见鸾凤衔绶纹——鸾凤衔有长长的绶带，或颈部系有飞扬的缎带，成双成对，与瑞兽、花枝、鸳鸯、双雁、月宫、狮子、天马等吉祥纹饰搭配，营造出轻灵华丽的神话意境。以鸾凤衔绶为主题纹样的唐镜是萨珊宗教纹样"森木鹿"的衔绶鸟与中国吉祥纹样相结合的产物。唐代工匠受波斯锦和粟特锦上的联珠圈内对鸟形象的启发，将西域神鸟颈上所系的具有神圣意义的绶带"嫁接"到中国神鸟颈上，西域神鸟嘴中所衔的珠串瑞草也变成了长带飘扬的同心结，寓意着夫妇同心、婚姻美满、长寿健康，鸾凤衔绶为主题的铜镜也因此成为人们彼此赠送的嘉礼。"森木鹿"原有的象征王权和琐罗亚斯德教神祇的神圣意义在唐代的铜镜上荡然无存，但其圣洁吉祥的寓意以另一种形式在中国文化中延续。

唐代鸾凤衔绶镜大致为圆形镜或八出葵花镜。鸾凤或成对以镜钮为中心相对而立，

❶ 董亚巍：《试论古代铜镜镜面凸起的成因及其相关问题》，《文物保护与考古科学》，2000年第2期。

或在外区绕镜飞行。鸾凤有口中衔绶和颈部系绶两种形式，与麒麟、天马、莲花、折枝花、鸳鸯、"月宫"等吉祥图案结合，飞扬生动，装饰繁缛。在金银平脱镜和铜镜上都有鸾凤衔绶形象，其中有"千秋"字样的鸾凤镜较为素朴。如表2-15①所示的双鸾纹千秋镜，以双鸾相对以镜钮为中心立于内区，呈展翅飞翔状，下方为莲花纹、仙山纹等象征佛道的吉祥纹样，外区有单朵云纹、莲叶纹和"千秋"字样纹饰。"千秋"镜是为唐玄宗所定的"千秋节"时所铸，为君臣互赠所用，故而庄重素朴，有献寿祝福之意。如表2-15②所示的双鸾衔绶纹铜镜，格局与双鸾千秋镜类似，双鸾衔着长长的飞扬的飘带，上下为莲花纹，与萨珊—粟特体系衔珠串、踏莲台的鸟形"森木鹿"有类似意趣，但线条更为流畅优美。

有些对鸾镜则装饰繁复，有佛道符号纹样，但没有"千秋"字样。如表2-15③所示麒麟双鸾花鸟镜，内区格局与双鸾纹千秋镜类似，云朵纹和莲叶纹有所增加，鸾鸟颈系绶带。外区略宽，有四只乘云麒麟顺时针绕镜飞驰，间有四对衔枝鸟雀对称纹样点缀其中，十分华丽。麒麟双鸾花鸟镜既继承了云气异兽纹的汉镜传统，也夹杂了写实花鸟纹等唐代世俗文化的符号，内区的双鸾纹和当时流行于朝中的"千秋镜"相似，体现了唐镜对汉镜的传承和改良，呈现出盛唐歌舞升平的博大意象。

还有些鸾凤镜不分内外区，为盛唐"满地装"风格，主题纹样以世俗吉祥寓意为主，鸾凤有时也被其他鸟类代替。如表2-15④所示的交颈鸳鸯飞鹤镜，高浮雕风格：上下部正中呈对称状各有一对鸳鸯颈部相交，口吻相对，口中绶带相交，在双鸳头顶上方形成菱形吉祥结带；左右各有一羽仙鹤呈顺时针绕镜飞翔，口衔长长的绶带；飞鹤与鸳鸯之间的空隙处装饰有缠枝，顶端绽开莲花或缀以莲蓬、莲叶。鸳鸯交颈象征着美满姻缘，恩爱和合；仙鹤为长寿仙鸟，口衔长长的绶带，显然为超脱长寿之意；缠枝莲花纹绵延缠绕，莲花为佛教圣物，象征出淤泥而不染的德行和绵绵不绝福报，整个镜面的纹样所传递出来的信息为夫妻恩爱、福寿绵长、宜子宜孙，是中国人对美满生活的诠释和期望。这面铜镜曾收录于梅原末治所编的《日本唐镜大观》，出处不明，但从铜镜纹样的寓意和风格来看，作为女子陪嫁妆镜是非常合适的。

此外，与鸳鸯纹搭配的有鸾凤、鹦鹉等，如上海博物馆藏的双鸾鸳鸯鹦鹉花枝镜、故宫所藏鸳鸯鹦鹉花枝镜等唐镜，和表2-15④所示的交颈鸳鸯飞鹤镜的寓意类似，风格接近。日本樋口隆康《泉屋博古》收录的双雁共食鸾凤镜为八出菱花形，女性符号特征明显，主纹为大雁，是唐人娶亲纳征的必备礼品，象征夫妇恩爱，与鸳鸯、鸾凤的意义类似。

以上所述的鸾凤衔绶镜中的绶带多为打成花结的穗带，在唐代鸾凤镜中，鸾凤所衔的绶带有时也被璎珞环佩代替。如表2-15⑤所示的四鸾衔绶纹金银平脱镜系1957年出土于西安东郊韩森寨的盛唐文物，四鸾呈逆时针绕镜飞行，口中所衔绶带上系有环佩，以圆满的葵花纹相隔，内区为排列规整的莲叶纹。此镜上少有凸棱，以绳索纹隔开内外区，如同萨珊波斯的"徽章式"纹样，富丽堂皇。镜上鸾凤所衔的环佩在盛唐铜镜上的鸾凤口中并不多见，而在有些铜镜和乐器背部的鹦鹉口中却常可以见到，也许在中国文化中，绶带比环佩璎珞更符合唐人"福寿绵长"的期望有关。

铜镜上系绶或衔绶的鸾鸟形象在前朝少见，很可能来源于萨珊波斯和粟特织物上的西域图案如表2-15⑥所示。西亚、中亚织物图案中处于圆形联珠圈内的对鸟纹样，与铜镜的圆形格局很相似；处于两个联珠圈内对称而立的对鸟纹样，中间的双层珠纹装饰与铜镜的镜钮相似。西域织物上的两种对鸟编排在形式上对唐代的铜镜设计有直接借鉴意义，唐代工匠也确实采用了西域的装饰元素。如前文所述，"森木鹿"形象在唐代的工艺品中是一种纯粹的装饰元素，唐人未必了解和在乎萨珊系统神鸟颈部绶带的真正意义，但也能通过与胡人的交往了解些许关于绶带与珠串的故事，从而将绶带用到了同样高贵的中国神鸟身上。"森木鹿"口中所衔的珠串在中国则没有相对应的事物，因此被唐人以象征长寿和高贵的绶带代替。

表2-15　唐代鸾凤镜和西域的连珠对鸟纹

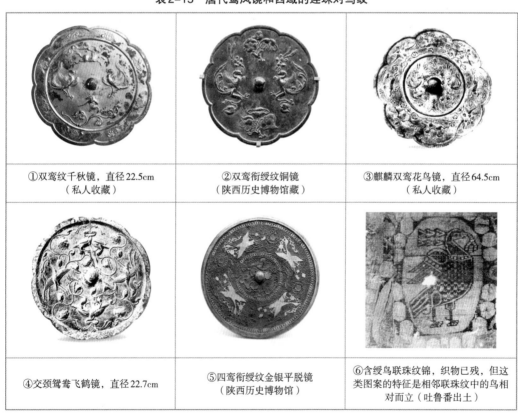

①双鸾纹千秋镜，直径22.5cm（私人收藏）	②双鸾衔绶纹铜镜（陕西历史博物馆藏）	③麒麟双鸾花鸟镜，直径64.5cm（私人收藏）
④交颈鸳鸯飞鹤镜，直径22.7cm	⑤四鸾衔绶纹金银平脱镜（陕西历史博物馆）	⑥含绶鸟联珠纹锦，织物已残，但这类图案的特征是相邻联珠纹中的鸟相对而立（吐鲁番出土）

图片来源：图①、图③、图④源自王纲怀、孙克让：《唐代铜镜与唐诗》，上海古籍出版社，2007。
　　　　　图⑥源自齐东方、赵丰：《锦上胡风：丝绸之路纺织品上的西方影响·4—8世纪》，上海古籍出版社，2011。
　　　　　图②、图⑤作者拍摄于陕西历史博物馆。

唐代铜镜上的系绶鸾凤形象是受西域图像启发，以中原文化为主的艺术创作。"绶"在我国古代是指丝带，用于佩玉、佩印、收系帷幕等，不同的身份和官位所佩绶带颜色也不同，具有明确的阶级性和高贵的象征意义。鸾鸟是象征女性或阴性的吉祥物，常为女子首饰的题材，有时也特指君子之德。《楚辞·九章·涉江》云："鸾鸟凤皇，日以远兮；燕雀乌鹊，巢堂坛兮。"汉王逸注曰："鸾、凤，俊鸟也。有圣君则来，无德则去，以喻贤臣难进易退也。"显然具有儒家色彩。鸾鸟在道教文化中亦是神鸟，《山海经·西山经》曰："女床之山，有鸟名曰鸾鸟。"《淮南子·卷四地形训》亦曰："羽嘉生飞龙，飞龙生凤凰，凤凰生鸾鸟。"说明鸾鸟是一种与凤凰同类的吉祥神鸟。自汉以来，鸾鸟一直作为铜镜上的主题纹样而存在，这点在唐代依然如此。唐代铜镜上的鸾鸟形象更为写实，姿态富有动感，和着飞扬的绶带，具有飘飘欲仙的道教文化意蕴，在以道教为国教的唐代广受欢迎。

鸾凤镜是唐镜中最为流行的种类之一，与唐玄宗倡导的"千秋节"赠镜风俗有关。据《旧唐书》载，自开元十七年起，唐玄宗将他的生日八月初五定为"千秋节"。这天皇帝会在宫中大宴群臣，并赐给四品以上官员铜镜。唐代"千秋镜"以盘龙和对凤为主，龙纹因皇帝御赐的缘故，始现于普通官员和他们的妻妾使用的铜镜上，鸾凤纹更是广为流行❶，唐玄宗所作的《千秋节赐群臣镜》诗中就有"更衔长绶带，留意感人深"的句子。目前所见的有"千秋"铭文的唐镜上的对鸟纹，皆是在颈部系绶，应是皇帝御赐臣下的"千秋节"特制之镜。"衔绶"即"献寿"，陈灿平先生认为盛唐时期没有"千秋"铭文的鸾凤衔绶镜是群臣向皇帝"献寿""祝寿"所用的镜式，这种镜式中的鸾凤口衔绶带，在唐代同类镜中占很大的比重。根据陈先生的考察，盛唐纪年墓中出土的鸾凤衔绶纹镜的年代都在千秋节确立之后，以此推断，衔绶鸟成为铜镜纹样很可能在千秋节之前的开元初年，鸾凤衔绶纹镜的流行以及在唐镜中的大量出现则与唐人对"千秋节"的推崇有关。

"千秋节"在唐玄宗的推行下对社会影响甚深，民间亦以瑞鸟衔绶纹镜互赠，祝愿延年益寿，福泽绵长。在镜纹中衔绶的未必是高贵的鸾鸟，飞雁、仙鹤、鹦鹉等大众熟悉的吉祥鸟都可以作为献寿的神鸟。如浙江义乌发现的唐代窖藏铜镜中就有一面双鸾长绶镜❷。在《中国青铜器全集》中收录有一面螺钿花鸟葵花镜，莲瓣钮座，四组主纹相对，"每组饰鸳鸟衔绶、莲花荷叶纹各一，其外为一周团花纹"❸，还有一面双鸯衔绶葵花镜，主题纹饰为一对展翅飞翔的衔绶鸳鸯❹——这些镜上的瑞鸟衔绶纹都有祝愿长寿之意。

❶ 陈灿平：《唐千秋镜考》，《考古学研究》2011年第5期。
❷ 许文巨：《浙江义乌发现唐代窖藏铜镜》，《文物》1990年第2期。
❸ 中国青铜器全集编辑委员会：《中国青铜器全集·铜镜》第16卷，文物出版社，1998，第39页。
❹ 中国青铜器全集编辑委员会：《中国青铜器全集·铜镜》第16卷，文物出版社，1998，第49页。

唐代吉祥鸟纹镜和婚姻亦有着密切的联系，铭文中常有闺阁情爱之语，如"月样团圆水样清，好将香阁伴闲身，青鸾不用羞孤影，开匣当如见故人"❶等。在唐诗中，士人亦借镜中鸾凤比喻爱情。如李贺《美人梳头歌》诗云："双鸾开镜秋水光，解鬟临镜立象床"；又如李群玉《伤柘枝妓》诗云："曾见双鸾舞镜中，联飞接影对春风。"再如李商隐《饮席代官妓赠两从事》云："愿得化为红绶带，许教双凤一时衔。"戴叔伦《宫词》："春风鸾镜愁中影，明月羊车梦里声"等。1990年出土于陕西长安区韦曲镇北原的隋文帝孙女丰宁邑公主杨静徽与韦圆照夫妻合葬墓中的一面双鸾纹葵花形铜镜，应制作于隋末唐初，是唐贞观八年（公元634年）合葬时的随葬品❷，可见在唐之前，鸾凤已经作为爱情婚姻的祝福出现在铜镜上，入唐后大盛，成为女性珍爱的妆镜。

文学中的鸾镜银白如秋水，确实符合唐镜含锡较多、色泽银白的情况。据扬州博物馆藏唐代双鸾镜的测试结果，双鸾镜的合金成分为铜69.3%、锡21.6%、铅5.45%，有微量的杂质❸，可见唐代鸾凤镜莹润之美。

五、狩猎纹镜与骑马打球镜

在唐镜中亦有狩猎纹和骑马打球纹，主纹为高浮雕，间隙夹杂的花草纹为微浮雕。镜背纹样以镜钮为隔，一般为四骑绕镜钮顺时针而行或双骑同行。骏马呈飞奔状，有的径直向前飞奔，有的回视后方，姿态各异，富有动感。

表2-16①的狩猎纹镜为圆形镜。内区四匹骏马上的骑手分别手持弓箭、长矛、长刀，追逐飞奔的麋鹿、狮子、野兔和猿猴，外区以四组飞雁云朵纹相间点缀。在《中国青铜器全集·铜镜》中亦录有一面狩猎纹镜，主纹为两匹骏马向同一方向奔驰，马上骑手皆张弓搭箭，瞄准镜钮正上方的一对飞雁。在雁下点缀有云气缭绕的青山，底部饰有一枝蔓延舒卷的葡萄，外区亦为相间而缀的飞雁云朵纹。此外，河南偃师杏园502号唐墓以及西安东郊王家坟90号唐墓都有狩猎纹镜出土，从镜形和纹样看应该是8世纪中叶的产物❹。

表2-16②所示的骑马打球镜为八出菱花镜。内区有四个骑手，有的挥舞球杖，有的回身勾打，有的举杖过头，有的敛杖跟随，间隙处缀以草叶纹，似是身处毬场，整个画面生动真实，如同小型风情画。

❶ 昭明、洪海：《古代铜镜》，中国书店，1997，第56页。
❷ 齐东方：《隋唐考古》，文物出版社，2002，第189页。
❸ 孔祥星、刘一曼：《中国古代铜镜》，文物出版社，1984，第57页。
❹ 徐殿魁：《唐镜分期的考古学探讨》，《考古学报》1994年第3期。

表2-16 唐代狩猎打球镜与西方器物上的狩猎纹

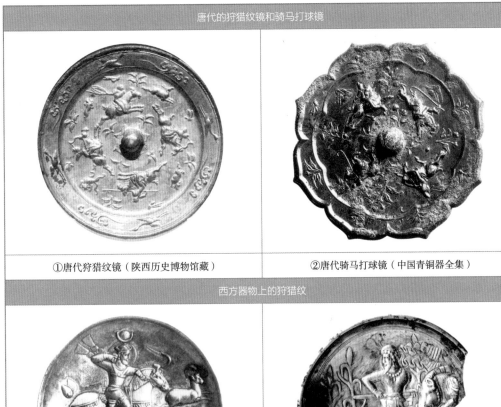

唐代的狩猎纹镜和骑马打球镜	
①唐代狩猎纹镜（陕西历史博物馆藏）	②唐代骑马打球镜（中国青铜器全集）
西方器物上的狩猎纹	
③萨珊银盘（5世纪，美国大都会博物馆藏）	④封和突墓出土萨珊银盘（北魏，大同市博物馆藏）

　　唐镜往往以具有象征性质的动植物为主要纹样，人物纹样也多以飞天、真子飞霜、高士宴饮等佛道题材为主，直接描写世俗生活的内容并不多。骑马打球纹和狩猎纹能出现在唐镜上，说明在尚武的唐朝，狩猎和打球是上流社会生活中的重要游艺项目。盛唐时的宫中女性亦有组队打球的活动，在不少出土的唐代狩猎俑中，也常见女性英姿飒爽的身影。

　　在中原大地上，狩猎活动是古老的游艺，在战国铜器、汉代壁画和画像石上都有狩猎场景，而出现在唐代铜镜上的狩猎纹却与西方文化的东渐有关。在新疆阿斯塔那唐墓出土的粟特锦中，不乏"联珠狩猎纹"锦，即在联珠圈内，织有狩猎图案。在萨珊波斯的银盘上，国王骑马射猎是常见的图案主题如表2-16③所示。虽然萨珊帝王狩猎盘在中国墓葬中鲜有发现，但不等于中国人未见过此类物品。1981年在山西大同市郊区的一座北魏墓葬中出土了一件猎狮纹样的银盘，是典型的萨珊银盘如表2-16④所示。中间站立一位上身裸露的勇士，头戴圆帽，面有络腮胡，右腕和颈部分别带有圆珠手镯和项链，腰带上亦缀有两颗圆珠。勇士腰上似佩箭筒，身穿紧身裤，足蹬长筒靴，双手持矛。在他身前蹿出两头凶猛野兽，勇士在刺穿其中一头野猪头部的同时，抬足踢向另一头猛兽。此墓主人名为封和突，卒于北魏宣武帝景明二年（公元501年），这件银盘的铸成应该更早，属于进入中原的西域器物，被同为游牧民族血统的北方王朝贵族所喜爱。李唐皇室有鲜卑血统，唐代宫廷盛行狩猎活动，宫中设五坊使专门统筹狩猎事宜❶，在章怀太子墓的壁画上就有宫廷狩猎的场面❷。1971年发掘的盛唐懿德太子李重润墓以及1991年发掘的金乡县主墓中皆有骑马狩猎俑出土。金乡县主墓出土狩猎俑中有一尊女俑，身穿胡服，挺胸昂首，双目有神，马背上驮着一只猎获的鹿，是盛唐时期女性参与狩猎的写照。

唐代上流社会对狩猎的热衷最直接的来源是突厥风俗。唐玄奘在热海附近曾亲见突厥叶护可汗的盛大狩猎活动❸。唐太宗征服突厥后，大量突厥人入华，在唐朝的蕃将中就不乏突厥人，崇尚突厥风俗的风潮曾席卷初唐社会各个阶层，突厥狩猎风俗促进了唐代狩猎活动的兴盛。段成式在《酉阳杂俎》中曾记载了唐中宗景龙年间的狩猎活动：“（中宗）召学士赐猎，作吐陪行……有放挫啼曰：‘臣能取之。’……上取挝击毙之，帝称那庚，从臣皆呼万岁。”因为文中“吐陪”“挫啼”“那庚”皆是为唐人所熟悉的来自突厥语译音的狩猎术语，段成式就没有特意解释。官方的推崇使狩猎成为唐人热衷的娱乐方式，亦为盛唐女性所熟悉，富有生活气息和异域色彩的狩猎纹出现在铜镜上自是不足为奇了。

骑马打球运动亦风靡唐朝。《资治通鉴》卷一九九中记述了唐高宗喜欢看“西蕃人”打毬的轶事。风流天子唐玄宗也是打毬的高手。《封氏见闻记·打毬》篇记载，唐睿宗景云年间，吐蕃迎娶金城公主时，唐玄宗尚为临淄王，他与嗣虢王李邕、驸马杨慎交、武延秀4人，与吐蕃10位击毬高手对垒，玄宗“东西驱突，风回电激，所向无前”，最终取胜。唐宣宗更是打毬高手，《唐语林校证》卷七《补遗》记载，宣宗能策马持杖，空中运球，“连击至数百，而马驰不止，迅若流电”，神策军中的打毬高手亦叹服他的过人技术。在唐大明宫遗址曾出土一块石碑，上刻有“含光殿及球场等，大唐大和辛亥岁乙未月建”的字样。新疆吐鲁番阿斯塔那盛唐墓葬出土有打马球彩塑泥俑，墓主出身于中原的张氏家族❹，出土的泥俑反映了盛唐时中原的时尚。在陕西历史博物馆唐代展厅中，亦陈列着1959年陕西长安县（今长安区）南里王村唐韦泂（唐中

---

❶ 王溥：《唐会要》卷七十八《五坊宫苑使》，中华书局，1955。
❷ 陕西省博物馆、乾县文教局：《唐章怀太子墓发掘简报》，《文物》1972年第7期。此壁画长近10m，现藏于陕西省博物馆“大唐壁画”展厅。
❸《大慈恩寺大唐三藏法师传》卷二。
❹ 齐东方：《隋唐考古》，文物出版社，2002，第94页。

宗之韦皇后的弟弟）墓出土的一组打马球泥俑。

不仅是帝王喜爱打毬，豪侠少年，朝廷官员都以打毬为乐。乾符四年（公元877年），新科进士刘覃在打毬会上与神策军中善击毬者对垒并轻松获胜，成为一段风流佳话❶。中晚唐时的镇海军节度使周宝、剑南西川节度使高骈都是出身打毬的军将，周宝甚至因善于打毬而飞黄腾达。在唐僖宗广明元年（公元880年），僖宗令杨师立、牛勖、罗元杲、陈敬瑄4人"击毬睹三川"，以打毬角逐西川节度使人选，最后陈敬瑄夺魁❷。可见直到中晚唐，打毬运动依然炙手可热。

唐代女性亦打毬，女子打毬多为骑驴或步打。王建《宫词》云："殿前铺设两边楼，寒食宫人步打毬。"和凝《宫词》云："两番供奉打毬时，鸾凤分厢锦绣衣。虎骤龙腾宫殿响，骅骝争趁一星飞。"都是讲述宫廷女性打毬的情形。打毬在民间女子中亦流行。代宗广德年间（公元763～764年），剑南节度使郭英乂在成都恣行放荡："聚女人骑驴击毬，制钿驴鞍及诸服用，皆侈靡装饰，日费数万，以为笑乐。"❸可见打毬在唐代是贵族阶层的全民运动。

关于唐代流行的马球运动的来源，一说源于波斯，一说源于西藏，尚无定论，但它从西域传来应是无疑。马球又称波罗球，杜环《经行记》记载，拔汗那国"土有波罗林，林下有毬场"。拔汗那即汉代的大宛。其所谓波罗林下的毬场，应为马球场。向达先生和罗香林先生认为马球从波斯传入中原❹。郝更生先生亦认为，马球起源于波斯，再传至土耳其斯坦和吐蕃，然后入华❺。他在文中举了一个案例：公元600年左右，波斯萨珊王朝末代皇帝伊嗣俟的王妃希莱恩，和许多贵族女子组成一支马球队，与"夏"的马球队进行了一场比赛。这个故事发生在隋末，如果确有其事，那唐代女性组队打马球的风俗也很有可能来源于西方，出现在唐镜上的骑马打球纹样不仅是唐代女性娱乐生活的写照，更具有时髦的异域风情。

六、特殊工艺镜

唐代的铜镜特殊工艺主要为螺钿、宝装、宝钿、金银平脱、金银镶嵌和鎏金❻，其中以螺钿、宝装和平脱工艺最为典型。这些工艺出现在唐镜上是唐代工匠的创举，在盛唐时期的扬州最为发达，产品也最为精美，对后世以及国外的工艺美术产生了很大的影响。

❶ 王定保：《唐摭言》卷三《慈恩寺提名游赏赋咏杂纪》，三秦出版社，2011。
❷ 司马光 等：《资治通鉴》卷二五三《僖宗广明元年》，中华书局，2009。
❸ 刘昫 等：《旧唐书》卷一一七《郭英乂传》，中华书局，1975。
❹ 向达：《唐代长安与西域文明》，生活·读书·新知三联书店，1957，第80～88页。罗香林：《唐代文化史研究》，上海书店，1992，第136～166页。
❺ 郝更生：《中国体育概论》，商务印书馆，1926。
❻ 尚刚：《隋唐五代工艺美术史》，人民美术出版社，2005，第197页。

（一）螺钿、宝装、宝钿

司空图《南北史感遇十首·九》诗云："景阳楼下花钿镜，玄武湖边锦绣旗。昔日繁华今日恨，雉媒声晚草芳时。"在诗中"花钿镜"和"锦绣旗"并列，成为盛世繁华的象征符号，在盛唐之后引起人们的种种怀念。

李贺《恼公》诗云："注口樱桃小，添眉桂叶浓……钿镜飞孤鹊，江图画水溪。"从出土实物和传世品来看，盛唐女性妆镜中螺钿镜甚多，装饰纹样多为花鸟纹和生活场景。

金属镜与螺片、宝石、金银的结合是唐镜的独创工艺，镶嵌螺钿宝石的各种装饰风格在武则天时期十分普遍。螺钿镜中的"螺"和"钿"是指两种材料："螺"是指江河与海中的贝壳，如蚌壳、鲍鱼壳、夜光贝等；"钿"指各色宝石配合金银镶嵌在镜面上。螺钿镜和金银平脱镜在其诞生发展的盛唐时代为上层社会热烈追捧，复杂的工艺和昂贵的价值使它在中晚唐走向衰落。

唐代的螺钿镜填嵌磨显，文质齐平，研磨推光工艺已经非常成熟。千年之后，铜镜背后的漆早已脱落，而螺片图像却十分完整。如今考古发现和海外收藏的螺钿镜多出于盛唐时期，中晚唐较少。

在唐之前就已经有在物品上镶嵌贝壳和宝石的工艺了，而且达到了很高的水平。《杨太真外传》卷上《开元天宝遗事十种》中记载有一堵以众宝石镶嵌而成的隋代屏风，它"水精为地，外以玳瑁、水犀为押，络以珍珠、瑟瑟，间缀精妙，迨非人力所制。此乃隋文帝所造，赐义成公主，随在北胡。贞观初，灭胡，与萧后同归中国，因而赐焉"。盛唐时，这种将贝壳和宝石镶嵌在生活用品上的装饰风格广为流行，在正仓院所藏的唐代胡床、棋盘、五弦琵琶、阮咸、镜上都有大量的螺钿镶嵌。

唐代的螺钿镜制作精良、具有明显的盛唐时期"满地装"风格。图案丰盈，花朵常见，出自南海的夜光贝熠熠生辉，缀以珠玉，富丽堂皇，具有丰丽的女性化意味。唐代的螺钿镜沿袭传统镜式，但满嵌珠玉的装饰风格则源于西域。在唐之后，螺钿工艺辗转传至西亚和欧洲，成为高级生活用具的主要工艺之一。

唐代的螺钿镜大致分为螺钿、宝装和宝钿三种，其中宝钿镜最为华贵，现存的实物也较少。

1.螺钿

唐镜上的纯螺钿装饰有两种形式，一种称为"镌蜔"，又称"挖嵌螺钿"，是将厚螺片制成纹样，挖掉纹样下的漆层，将螺片纹样嵌入灰地（不少于3mm），使之与漆层结合紧密，文高于质，具有立体感❶；另一种称为"平磨螺钿"，与现代意义上的阴文

❶ 长北：《螺钿漆器制作工艺》，《中国生漆》2007年12月。

螺钿性质相同，即先在铜镜的背面涂以大漆，粘贴锼好的螺片，再在螺片上刻画纹样，最后上漆磨显❶，成品文质齐平，光泽灿然。在唐以前，有镌蜔漆器而无平磨螺钿漆器，到了唐代，镌蜔漆器与平磨螺钿漆器并存。唐代平磨螺钿镜亦具有一定厚度，从宋代开始，才逐渐转为精巧轻薄❷。

如表2-17所示，唐镜中不乏纯粹以螺片装饰的作品。表2-17①的云龙纹螺钿镜为开元年间作品，是目前仅存的唐代云龙纹螺钿镜。此镜为镌蜔，龙纹以几片螺贝拼接而成，平錾以细密的花纹，螺片厚重，文高于质，纹样丰满，充满镜面。表2-17②高士宴乐螺钿镜的镜背纹样纯以螺片制成，将大小不一的螺片布在漆底上填漆磨显，人物的衣纹、鸟类的羽毛等细节都以平錾工艺在螺片上加工而成，生动细腻。高士宴乐螺钿镜系河南涧西乾元二年（公元759年）墓出土，原藏于洛阳博物馆，现藏于中国国家博物馆，是制作时间早于入葬时间的盛唐作品。

有些螺钿镜上镶有少量宝石，也可以被列入螺钿一类。如陕西西安红旗电机厂唐墓出土的一件螺钿铜镜，钮顶镶有六瓣花形螺钿饰片，钮外围镶八瓣形花，主题花纹为折枝花，一对飞鸟及小雀云纹，三种纹饰对称布局，纹样间隙镶嵌有少许有绿、蓝、红色小颗粒宝石，精美细腻❸。这类嵌宝螺钿镜在本书中归为宝装类，将在下文详述。

铜镜上整片镶嵌的螺钿称为"硬钿"，往往采用质地厚泽、光泽内敛的老蚌，作为镌蜔的理想材质。表2-17①云龙纹螺钿镜是比较典型的硬钿镜。

唐代平磨铜镜多采用"软钿"的工艺，以"点螺"工艺为典型。"点螺"产生于唐代的扬州，是将贝壳制成厚度约为0.5cm的薄片，切割成细小的点、丝、块等形状，置于白醋中泡软，制作时一一摆放在漆底上，再进行撕坯、刮浆灰、糙漆、开纹、涂漆、推光等工序，制作出精细的成品❹。"点螺"镜背上细碎的贝壳色泽不一，层次细腻，在光线下有闪烁的效果，非常美丽。做"软钿"的最佳材料是产于南海的夜光贝，它不仅质地紧实，色彩浓艳，并且在光线微弱的地方仍能散发优雅的光芒。如日本奈良东大寺正仓院所藏的唐代螺钿紫檀阮咸背面的鹦鹉纹即以点螺工艺制成，白色的夜光贝光泽灿然，色彩变化丰富，和黑色的漆底对比强烈，华丽无比❺。表2-17②的高士宴乐螺钿镜的部分区域也采用了软钿工艺。

"软钿"工艺同样体现在镜盒上。唐宋女性妆镜都有精致的镜盒，其中木胎螺钿镜盒就是以"平磨螺钿"工艺制成。如图2-15所示，大英博物馆藏的一件日本镰仓时代的镜盒，细小的夜光贝镶嵌在木质镜盒上，文质齐平，细密婉约的莲花唐草纹以"满

❶ 齐东方：《隋唐考古》，文物出版社，2002，第194页。
❷ 黄成：《髹饰录·螺钿条》，杨明注："壳片古者厚而今者渐薄也。"
❸ 王九刚：《西安东郊红旗电机厂唐墓》，《文物》1992年第9期。
❹ 长北：《螺钿漆器制作工艺》，《中国生漆》2007年12月。
❺ 韩昇：《正仓院》，上海人民出版社，2007，第66页。

地装"的形式布满盒面，能根据
角度的变化折射出不同色泽，奢
华优雅，具有明显的唐代风格。
由此可见，到了与宋代同时期的
镰仓时代，"软钿"工艺盛行，世
人更倾向精巧轻薄、具有华丽感
的器物。唐之后"软钿"工艺的
成熟与发展是建立在唐代制镜和
制乐器所用到的相对厚重的软钿
工艺基础上的。

图2-15　日本镰仓时代螺钿镜盒，10~12世纪，大英博物馆藏

唐代的螺钿镜不仅随着中古
时期中国文化的渗透力对日本、
朝鲜、韩国的工艺美术和后世的螺钿工艺产生了深远的影响，也成为西亚伊斯兰工艺
美术的重要组成部分。如表2-17③④所示，阿拉伯人将薄螺贝片和象牙片切割成"点、
抹、勾、条"等玲珑的几何形状，镶嵌在木胎中，打磨成文质齐平的状态，再刷上清
漆，螺钿莹润多姿的色泽与木胎的质朴形成鲜明的反差，朴素而精致。西亚的螺钿工
艺常被用于制作家具和诵经架，螺钿制品成为高贵的象征被阿拉伯人珍爱。表中所示
的18世纪的展柜和经架不是西亚最早的螺钿作品，螺钿工艺输入西亚应远远早于18世
纪。唐代的中西海上贸易是双向贸易，西域运来中国的物品以作为原材料的奇珍异宝
为多，而中国运往西域的是丝绸、瓷器、金银器、三彩等手工业成品。唐代的中国商
船可以直航波斯湾，将中国特色的货物带到印度洋沿途诸国。中国的铜镜自古以来就
是丝绸之路贸易中的重要商品，唐代中国商船和西域商船带往西方的商品中很有可能
也有唐代螺钿镜。大食商人在与中国密切的贸易交往中对螺钿镜也不会陌生，唐朝原
创的工艺和质地俱佳的螺钿镜不仅具有中国特色，也符合西亚审美，很可能成为大食
商人带回西亚的重要商品。唐代螺钿的主要材料——夜光贝是海上贸易的舶来品，螺
钿工艺的流行和成熟应与以大食商船为主的西域商船将大量的贝类珍宝输入中国有直
接关系❶，返航时将螺钿器物成品带回西方高价出售是笔有利可图的买卖。以此推测，
早在唐代，阿拉伯人已经接触到螺钿工艺了。

此外，在15世纪的欧洲，以螺钿制作的天主教圣物也在葡萄牙和西班牙地区受到推
崇。如表2-17⑤⑥所示的诵经架和化妆箱都以螺钿制作，器体上布满樱花、橘、鸟的图
案，以"满地装"形式装饰，部分螺钿涂金，富丽堂皇。诵经架的中央有用泛着蓝紫色

---

❶《旧唐书》卷一九八《西戎传·拂菻》中即记拂菻"土多金银奇宝，有夜光璧、明月珠……大贝……凡西域诸
　珍异多出其国。"《道里邦国志》亦记大食产海珠，远销中国。

光芒的夜光贝制成的天主教徽章。此外，天主教圣体盒也以木胎螺钿涂金工艺制成，盒盖上也有螺钿镶嵌的天主教徽章，螺钿工艺品在欧洲的高贵意义与在阿拉伯地区颇为类似。欧洲的螺钿器具系从日本进口，日本京都的泥金画坊自1560～1570年间制作描金的螺钿天主教圣器，在16世纪90年代以后达到鼎盛❶。以金涂纹样的工艺风格和审美喜好源自遣唐使和中国僧人带到日本的唐朝制品，在棋盘、香炉上都有金绘的纹样，螺钿工艺也随着唐代中日文化交流被传到日本，螺钿制的漆器和木器成为日本王公贵族喜爱的生活奢侈品——平安时代的宫廷女官紫式部在《源氏物语》中，常有关于在重要节日时日本贵族互相赠送精工打造的檀木螺钿器具的描写。经过数百年的发展和融合，日本的螺钿工艺有了自己的民族特色，也仍保留了满地装的唐式装饰风格。

表2-17　唐代螺钿镜&西亚螺钿制品

①云龙纹螺钿镜（中国国家博物馆藏）	②高士宴乐螺钿镜（中国国家博物馆藏）	③小亚细亚螺钿展柜（18世纪，土耳其及伊斯兰艺术博物馆藏）
④古兰经架（18世纪，土耳其及伊斯兰艺术博物馆藏）	⑤附有天主教徽章的花鸟描金镶钿诵经架（16世纪，葡萄牙国立古代艺术博物馆藏）	⑥花鸟描金镶钿箱（16世纪，葡萄牙国立古代艺术博物馆藏）

图片来源：图①～图③源自王纲怀、孙克让：《唐代铜镜与唐诗》，上海古籍出版社，2007。
　　　　　图④～图⑤作者拍摄于上海博物馆。
　　　　　图⑥源自日本讲谈社：《世界博物馆16：西班牙、葡萄牙博物馆》，台湾出版家文化事业有限公司，1984。

　　唐代螺钿工艺最发达的地区当属扬州。不仅西域海船直航扬州，而且岭南地区的

❶ 日本讲谈社：《世界博物馆16：西班牙、葡萄牙博物馆》，台湾出版家文化事业有限公司，1984，图255、图257解析。

西域珍物和各地的贡品都会经由水陆输往扬州，在扬州集中、分类、加工后通过大运河运向两京。扬州又是中外客商、达官贵人的销金窟，妓院酒肆林立，对奢华精美的宝镜的需求量很大。扬州的工匠借得天独厚的优势，可以即时了解西域的工艺美术和风俗习惯，也可以很方便地获得美丽珍贵的原材料。螺钿镜的"软钿"工艺所用的夜光贝与本土所产的老蚌、玳瑁等原料的质地有很大的差异，唐代工匠以外来的原料制作螺钿镜纹样自然中西合璧，不同凡响。

可以说，唐代独创的螺钿镜是受西域文明影响的产物，在镜背螺钿中杂以各色宝石的宝装工艺镜更是如此。

2.宝装

1987年，在浙江湖州飞英塔塔壁中发现了一件黑漆经函，上面布满螺钿镶嵌装饰，器物已经残损。镶嵌物主要为螺蚌碎片，杂以水晶珠和绿色玻璃片❶。"宝装"二字来自经函底部的朱书题记，文曰："吴越国顺德王太后吴氏谨拾（施）宝装经函肆只入天台山广福金文院转轮经藏永充供养时辛亥广顺元年（公元951年）十月日题纪。"❷从实物看，"宝装"即是嵌入了珠宝和玻璃的螺钿工艺。

在唐代，镶嵌珠宝的器物很多。如《清异录》卷下《器具·仙音烛》载，同昌公主死后，唐懿宗赐安国寺仙音烛为公主祈福。烛台饰以杂宝，花鸟玲珑。烛燃时，花鸟皆动，伴之叮当轻妙之音，烛尽响绝，莫测其妙。神乎其神的描写虽然对实证的帮助不大，但也可以看出唐人对宝装之物情有独钟。

唐代的螺钿镜中不乏宝装镜，如表2-18所示日本所藏的唐镜。表2-18①的嵌宝螺钿镜为六出葵花形，以镜钮与周边花瓣形成六瓣花状，主纹为六朵丰满的折枝花。花瓣主体材质为螺片，花朵中心内镶嵌红色宝石，花朵空隙处饰有细小的螺钿沙屑，似盛唐金银器装饰中的鱼子地。底部漆胎早已脱落，现仅存镶嵌物粘在镜体上。正如梁上椿《岩窟藏镜》所言："螺钿镜为素镜背上，用漆贴以螺钿制成各种图纹，亦为盛唐时高级美术品之一。前述唐玄宗赐禄山宝钿镜一面即此，而肃宗至德二年十二月诏禁珠玉、宝钿等，更足证与平脱为同程度之奢侈品。"❸表2-18②和③的莲花纹嵌宝螺钿镜、花卉纹嵌宝螺钿镜都是典型的盛唐宝装镜，是遣唐使带回日本的原物，镜体均为八出葵花形，圆钮，联珠纹钮座，镜背花纹布局类似——内区饰花蕾和莲叶，外区为四枝莲花或丰满的卷蔓花草，间隙处饰以华茂的枝叶和小型折枝花。整个纹饰由贝壳、天青石、红玉组成，纹样间杂有天青石和贝壳屑，纹样充满镜背，极其富丽。此类镜在日本天平胜宝八年（公元756年）的《献物帐》中记录为"平螺钿镜"，而根据飞英塔经函的题记，在中国应称

❶ 陈晶：《三国至元代漆器概述》，载中国漆器全集编辑委员会《中国漆器全集·三国——元》，福建美术出版社，1998，第11~12页。
❷ 林星儿：《湖州飞英塔发现一批壁藏五代文物》，《文物》1994年第2期。
❸ 梁上椿：《岩窟藏镜》，株式会社同朋舍，1989，第67页，

为"宝装镜"。表2-18④的禽鸟纹嵌宝螺钿镜较为素朴，漆底上有细密的红宝石和绿松石屑，纹样以螺片和琥珀制成。在花瓣和花瓣的边缘都平錾着细密的条状和联珠纹。这类宝装镜在国内的纪年墓中也有发现。如河南偃师杏园大历十年的王嫮墓（公元775年）中的宝装花鸟镜，螺片上镶嵌有绿松石和玛瑙[1]。又如西安唐墓中也发现有"绿、蓝、红色宝石颗粒"的花鸟螺钿宝装镜[2]，墓葬年代为唐玄宗时期的盛唐时代。

表2-18 唐代的宝装镜

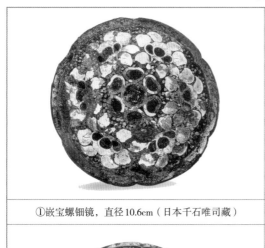
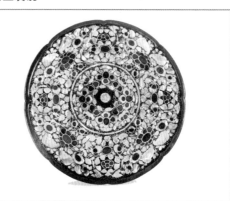

| ①嵌宝螺钿镜，直径10.6cm（日本千石唯司藏） | ②莲花纹嵌宝螺钿镜，直径27.4cm（日本正仓院藏） |

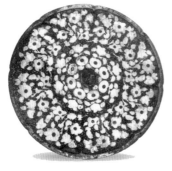
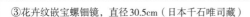

| ③花卉纹嵌宝螺钿镜，直径30.5cm（日本千石唯司藏） | ④禽鸟纹嵌宝螺钿镜，直径24.5cm（日本白鹤美术馆藏） |

图片来源：王纲怀、孙克让：《唐代铜镜与唐诗》，上海古籍出版社，2007。

　　唐代宝装镜很多，作为供奉佛寺的珍贵之物。日本圆仁和尚在《入唐求法巡礼行记》卷三中记述他于开成五年在大华严寺菩萨堂院中亲眼所见"宝装之镜，大小不知其数"的实况。

　　唐代的宝装镜中的宝石，如绿松石、天青石等，在唐以前并不为中原装饰所使用[3]，唐时亦被视为西域之物，非中土所有。总之，唐代宝装镜上珠光宝气的装饰风格与东罗马、萨珊波斯的文明倒有相通之处。

❶ 徐殿魁：《唐镜分期的考古学探讨》，《考古学报》1994年第3期。
❷ 王九刚：《西安东郊红旗电机厂唐墓》，《文物》1992年第9期。
❸ 李芽：《中国古代耳饰研究》，博士学位论文，上海戏剧学院，2013。文中论及汉代耳饰时，分析说明中原饰品以玉、玳瑁等为饰，游牧民族的饰品则以绿松石、红宝石等和金银相配为典型。

3.宝钿

宝钿镜在中国鲜有出土，法门寺地宫中出土的"金筐宝钿真珠装"的"珷玞石函"和"真金函"在《衣物帐》中登记为宝钿舍利函，成为研究唐代"宝钿"器物特征的依据。通过对法门寺宝钿制品的观察，可以了解到宝钿是以金丝编就的金筐勾勒出纹样边缘，焊接在金属底上，再在筐内镶嵌珍珠宝石的装饰工艺。法门寺宝钿舍利函上的金丝线内嵌有绿松石、天青石、红宝石、珍珠等，鲜艳富丽如表2-19①所示。白居易《裴常侍以题蔷薇架十八韵见示，因广为三十韵以和之》诗"猩猩凝血点，瑟瑟蹙金匡"句，即是描述唐代宝钿器物，说明这样名贵的器物在唐人生活中常见。如表2-19②所示，何家村窖藏的金带把杯也是宝钿工艺制品，为盛唐产物，杯身上的宝石已经脱落，金筐和金粟粒仍在，可以想象当年此物的风姿。金带把杯是典型的粟特器物，也与萨珊工艺品类似。金筐宝钿的工艺最早见于西亚，在希腊化地区的首饰上也不乏这样的装饰❶，唐人将它引入中原装饰工艺中，应是受西域民族器物的影响。

唐代宝钿镜出现较晚，在8世纪中叶最为流行。《安禄山事迹》卷上载，在唐玄宗天宝九载的天长节那天，玄宗赐安禄山宝钿镜一面。据尚刚先生考证，我国出土的宝钿镜实物为1954年出土于西安韩森寨的"错金镶料镜"，镜体甚小，直径仅5cm如表2-19③所示❷。镜钮上以金丝勾勒成六瓣花状，镜钮四周有两层花瓣，外区六组花枝铺满镜背。纹样皆以金筐勾成，因焊接的关系依然完整，而镶嵌的绿松石、粉色玉石等宝石脱落近半，依稀可辨❸。纹样周边的底似铺有金粟粒，低于金筐1~2mm，纹样凸显在底外。日本千石唯司也藏有一枚唐代宝钿镜，保存完好如表2-19④所示。此镜为六瓣菱花形，圆钮，边缘银质，已锈。整个镜背用金丝勾勒出花枝、叶片、花朵。花叶处镶嵌绿松石，上錾刻叶纹，花蕾处镶嵌琥珀，以金粒筐描边，边缘内侧均匀分布一圈红色琥珀。纹样之外的空隙处都焊有细密的金珠，如鱼子地装饰，边框和纹样凸出于鱼子地，具有立体感。

表2-19　唐代的宝钿器物和宝钿镜

			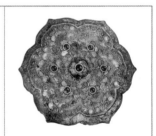
①宝钿舍利函（法门寺地宫博物馆藏，陕西数字博物馆图）	②何家村金带把杯（陕西历史博物馆藏）	③错金镶料镜，直径5cm（韩森寨出土，中国国家博物馆藏）	④嵌宝金壳镜，直径8.8cm（唐代，日本千石唯司藏）

---

❶《苏联各民族艺术史》第9卷第2册，莫斯科造型艺术出版社，1976，第347~348页。

❷ 尚刚：《唐代的特种工艺镜》，《南方文物》2008年1月。

❸《陕西出土铜镜》图版125收录。亦见徐殿魁：《唐镜分期的考古学探讨》，《考古学报》1994年第3期，描述装饰为"用金银错工艺制出花卉图案，叶脉间镶嵌绿松石"。

唐代以宝钿装饰器物做法源于西域的工艺风俗。古埃及墓葬中常见以金片为底，上焊有金丝作为纹样轮廓，再在轮廓中填以打磨好的青金石、红宝石、绿松石等宝石的饰物，如图坦卡蒙墓出土的鸟头耳环、圣甲虫胸饰等，采用的即是金筐镶嵌的工艺。只是古埃及的纹样多以几何形为主，没有金粟粒装饰。在2世纪的希腊文化圈中，西亚及东欧地区已经流行金筐镶嵌宝石制成的首饰了。在同时期的我国北方匈奴等游牧民族和中亚的墓葬中，也出土有在金筐内镶嵌绿松石、红宝石、琥珀等宝石的头饰和牌饰。宝钿工艺到了唐代才在中国流行，窦皦墓出土的白玉金钿带，白玉带板上嵌有金片，金片上焊接金丝花形，内嵌红绿宝石、珍珠、青金石和金粟粒，是典型的"金框宝钿珍珠装"，与宝钿镜的装饰形式如出一辙（图2-16）。由此可见，宝钿是唐代西方工艺被吸纳入中原装饰体系的代表。

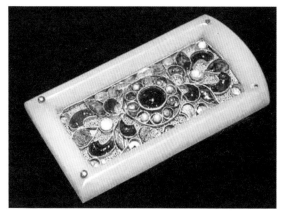

图2-16　唐代玉梁金筐宝钿真珠装蹀躞带矩形銙
（陕西省西安市南里王村窦皦墓出土，陕西省考古研究院藏）

较早见于史书的"宝钿"器物即来自西域，皇帝颁发给蕃客、蕃将的赐物中就有宝钿制品。如《新唐书》卷一一〇《阿史那社尔传》中记载，贞观十四年，唐太宗赐阿史那社尔"高昌（所得）宝钿刀、杂彩千段……封毕国公"这是唐代最早关于"宝钿"的记录。唐玄宗开元初年，大食送来的"钿带"❶，应是与窦皦墓出土的宝钿带类似。宝钿器物在8世纪中叶时达到极盛，安史之乱后，宝钿因过于奢靡曾几度被下令禁断。至德二载（公元757年），肃宗禁止。大历三年（公元768年），代宗下令"并金银平脱、宝钿等，并宜禁断"❷。文宗宝历二年下令停造供禁中的"金筐瑟瑟宝钿者"❸。

宝钿工艺的流行可能与佛经中以"七宝"庄严佛国的说法有关。隋唐五代时，佛教盛行，布施者众，宝钿镜常作为王公贵族奉佛之物献至寺院。供镜在佛教文化中有无上功德，以七宝为饰的宝钿镜是最上品。佛教中所指的"七宝"是：珍珠、玛瑙、砗磲、琥珀、琉璃、金、银，在法门寺出土的宝装、宝钿法器函上，亦常见这些珍宝装饰。值得注意的是，琉璃也是"七宝"之一，玻璃镶嵌也属于宝钿范畴。唐代中国本土生产的铅钡玻璃色泽莹润，廉价易得，常用来做钗钏首饰的镶嵌之物，以之镶嵌宝钿镜，成为女性妆台之物也是完全可能的，文献中所记载的唐代宝钿镜大量流行

❶ 王钦若 等：《册府元龟》卷九七一《外臣部·朝贡四》，中华书局影印本1960，第11405页。文曰："（开元四年）七月，大食国黑密牟尼苏利漫遣使上表，献金线织袍、宝装玉洒池瓶各一。一云，开元初，进名宝、钿带等方物。"
❷《唐大诏令集》卷八十《条流葬祭敕》，代宗大历三年。
❸《旧唐书》卷十七上《文宗纪上》，文宗宝历二年。

未必是夸张之语。

到了宋代，"螺钿"与"宝钿"工艺合流，在螺钿纹样外围嵌以略为突出的铜线，是当时社会推崇的工艺。这种工艺保留了唐代宝钿工艺金线勾筐的精致感，也减弱了唐代宝钿杂宝汇聚的奢华，使宝钿工艺更深地融入含蓄优雅的中国传统工艺美学。如藏于朝鲜的宋代蒲柳水禽纹螺钿箱、藏于日本的宋代唐草纹螺钿圆盒，器物上的花枝等部位即是以铜丝镶嵌而成，有一种典雅内敛的奢华之美。

（二）平脱、金银背

唐代女性妆镜中不乏金银平脱镜、金背镜和银背镜。唐代官府文献将"平脱"与"宝钿"并列，是工艺精湛、代价昂贵的高级工艺品——在一匹绢才不过200❶钱的时候，一面"漆背金花镜"的售价就要3000～5000钱❷。正因为过于奢侈，在中唐禁断宝钿器物的禁令中也一样提到"金银平脱"或"平脱"器物。

唐代的金银平脱工艺兴盛于扬州，与平螺钿工艺类似，先将极薄的金银片裁剪成纹样，用胶漆平贴在漆底上，再在纹样空白处填刷大漆，磨显后金银花纹已然成章，金银片与漆面平齐，因谓之"平脱"。明代黄城《髹饰录》对金银平脱镜的定义也是"谓之漆嵌金银"。在金银薄片上錾刻细节纹路的修饰手法在日本被称为"毛雕"❸，在金银片上制作突起的机理被称为"压印"❹，这两种工艺手法使唐代平脱镜的纹样更为细腻生动。

王世襄先生追溯金银平脱的历史认为，金银平脱工艺出现可上至西汉，兴盛于8世纪中叶的盛唐❺。这种以金银片装饰器物的工艺很受欢迎，金银自身光泽灿烂的装饰功能可以充分发挥。成本低和形态美使金银平脱工艺品在盛唐和中唐时代十分普及，一直延续到五代。文献记载，在后晋的宫廷中曾出现了玉平脱的双葡萄镜——此虽无实物可考，但从名称推断，玉平脱很可能是在金银平脱镜的基础上加入玉片装饰，或以玉片代替螺钿加工成镜。

与螺钿工艺一样，金银平脱工艺多应用于漆器，也用于铜镜等物品。因为漆器的木胎容易朽烂，较难保存，如今能看到的金银平脱产品多为铜镜。

金银平脱镜现存较多，以正仓院和日本千石唯司所藏的唐代金银平脱镜最为完整，是同类镜中的精品。如表2-20所示，金银平脱镜的装饰风格大致分为两种：一种以单纯的金或银片制作纹样。如表2-20①⑤的莲花纹金银平脱镜和飞鹤衔绶金银平脱镜皆

---

❶ 杜佑：《通典》卷七《食货典七·历代盛衰户口》，中华书局1988，第152页。原文曰："自后（开元十三年），天下无贵物，两京……绢一匹二百一十二文。"

❷ 李昉 等：《太平广记》卷三三四《鬼十九·韦栗》，中华书局，1961，第2651页。

❸ 傅芸子：《正仓院考古记》，东京文求堂，1941。

❹ 中国青铜器全集编辑委员会：《中国青铜器全集·铜镜》，文物出版社，1998，第28页。

❺ 王世襄：《髹饰录解说》，文物出版社，1983，第107页。

为漆底贴金片；另一种则是金银片共存于一面镜中，在银片花纹中间杂部分金片纹样点缀，如表2-20②③④童子骑兽金银平脱镜、童子执花金银平脱镜、花鸟纹金银平脱镜。千年之后，银片局部略锈，金片依然璀璨，华丽无比。

金银平脱镜在国内的纪年墓中常有出土，目前现世的有6面。其中5面出土于盛唐纪年墓[1]，1面则为中晚唐时期的韦河墓（公元829年）中的蜂鸟镜[2]。相对而言，中晚唐墓的金银平脱镜纹样简略，制作方面不能与盛唐产品相比，也许与中晚唐时的禁令有关。从目前的资料来看，金银平脱镜最精美的作品主要集中在唐玄宗时期。

还有些金银平脱镜散落在世界各地，为海内外博物馆收藏，如中国国家博物馆的羽人双凤花鸟镜和花瓣纹镜[3]、陕西历史博物馆的天马鸾凤镜[4]、洛阳博物馆的花卉镜[5]、日本正仓院的花鸟镜、大英博物馆的四兽花鸟镜、纽约大学的花鸟镜等[6]。金银平脱镜虽然珍贵，但在目前现世的唐镜中却有不少，一定程度上证明了盛唐时期金银平脱镜的普及。

金银平脱镜镜体普遍较大[7]，如洛阳关林卢夫人墓（天宝九年，公元750年）出土的花鸟纹金银平脱镜，直径为30.5cm，即唐尺一尺二寸，制作精良，是目前国内最大的盛唐金银平脱镜。正仓院藏山水人物纹贴银镀金镜的直径长达40.7cm，为唐尺一尺三寸三分，是目前存世最大的金银平脱镜。在传世文献中，中宗时期敕命扬州造的方丈镜，上有金花银叶的桂树，估计也是一种金银平脱镜。这面精致的镜可以容一人骑马照影，自然代价不菲，只有皇室堪用。

唐代的金背、银背镜也非常有特色，是在镜背上镶嵌捶揲有浮雕花纹的金银片。金背——有些是纯金背，有些是纯银背，有些是鎏金银背，或如金花银器一般，在纹样局部鎏金，这与唐人喜用金银器的风俗有关，金银镜背的出现和流行自然也蒙上了西域文明的色彩。徐殿魁先生认为，嵌有金银片的铜镜主要流行于武则天至唐玄宗开元年间。而在唐初时，这种铜镜已经出现。《旧唐书》卷七十八《高季辅传》载，贞观十八年，唐太宗赐高季辅金背镜一面。

如表2-20⑦~⑨所示，唐代的金银背镜镜缘厚重，形体较小者多为六出菱花形，

---

❶ 洛阳关林卢夫人墓（天宝九载，公元750年）花鸟镜，参见洛阳博物馆：《洛阳关林唐墓》，《考古》1980年第4期；济南项承晖墓（天宝十载）的宝相花镜，参见杨东梅、桑鲁刚：《漫话唐代金银平脱铜镜》，《收藏家》2001年第9期；偃师杏园王嫮墓（大历十年，775年）的三雁花枝镜、郑洵墓（大历十三年）的对鸟镜与蝶花镜，参见尚刚：《隋唐工艺五代美术史》，人民美术出版社，2005，第199页。
❷ 中国社会科学院考古研究所：《偃师杏园唐墓》，科学出版社，2001，第137页，第216页。
❸ 沈令昕：《上海市文物保管委员会所藏的几面古镜介绍》，《文物参考资料》1957年第8期。
❹ 刘向群：《唐金银平脱天马鸾凤镜》，《文物》1966年第1期。
❺ 洛阳博物馆：《洛阳出土铜镜》，文物出版社，1980，图117。
❻ 徐殿魁：《唐镜分期的考古学探讨》，《考古学报》1994年第3期。
❼ 除了洛阳博物馆的花卉镜直径仅4.5cm，以及列颠博物馆的鸾兽纹、瑞兽纹平脱镜（直径7cm左右）之外，其余都是一唐尺左右的大镜。参见洛阳博物馆：《洛阳出土铜镜》，文物出版社，1980，图115，图116。

直径大于14cm者为八出菱花形或葵花形，曲折的边缘有利于固定金银片。镜背上的金银片上的纹样呈高浮雕状，瑞兽葡萄纹常见，这与海兽葡萄镜的流行同步，具有明显的武则天时期的盛唐风格如表2-20⑦所示。有的镜背有分区，有的则比较自由，和海兽葡萄镜里的"过梁"和"不过梁"的格局十分类似，是西域文明影响唐代工艺美术的产物。还有美国弗利尔美术馆藏的卷草鸾鸟纹银鎏金背镜、忍冬纹花鸟金背镜，此2面镜均为八出葵花镜，背上以镜钮为中心，分单元安置卷草鸟凸纹，图案枝条细密，花叶小巧，呈满地装的装饰模式，应是盛唐器物，其中忍冬花鸟纹金背镜上的心形忍冬纹是典型的唐代图案。金银背镜虽然厚重，但无论从镜形上还是纹样装饰上，都以圆润的弧线为主，装饰繁缛，具有明显的女性化特征，大小不一，很可能是女性平素随身携带，或是妆台常置的妆镜。

　　除了单纯的金银片镶嵌镜背的铜镜之外，还有在金银片上烧釉成纹的工艺。如表2-20⑥所示，正仓院南仓藏有一面"黄金琉璃钿背十二棱镜"，又称为"七宝镜"，它以白银为底，根据纹样填以釉彩，经烧制做成双层莲花纹样，兼用金银线条勾勒莲瓣外形和肌理，在镜缘莲瓣的三角形处贴以金箔，使得釉彩的温润与金片的明艳形成有层次感的反差。此镜釉色为褐色、淡绿和深绿三种，如唐三彩的色彩基调，时代特征明显。

表2-20　唐代的金银平脱镜、金壳镜

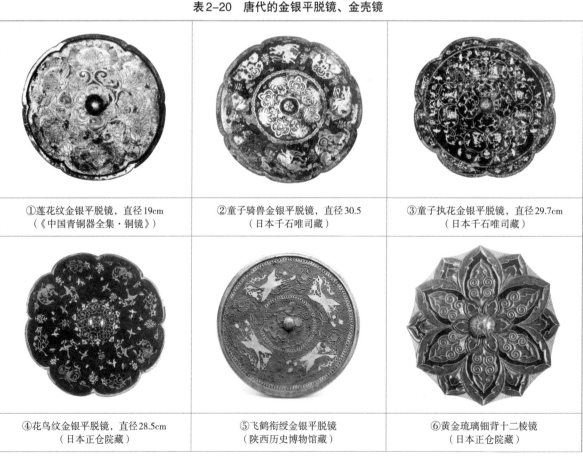

①莲花纹金银平脱镜，直径19cm（《中国青铜器全集·铜镜》）	②童子骑兽金银平脱镜，直径30.5（日本千石唯司藏）	③童子执花金银平脱镜，直径29.7cm（日本千石唯司藏）
④花鸟纹金银平脱镜，直径28.5cm（日本正仓院藏）	⑤飞鹤衔绶金银平脱镜（陕西历史博物馆藏）	⑥黄金琉璃钿背十二棱镜（日本正仓院藏）

⑦海兽葡萄镜（西安出土）

⑧卷草鸾鸟纹银鎏金背镜
（美国弗利尔美术馆藏）

⑨忍冬花鸟纹金背镜
（美国弗利尔美术馆藏）

"黄金琉璃钿背十二棱镜"的工艺特征与金属珐琅工艺类似。金属珐琅工艺是在金属胎上，根据纹样形状焊接金属丝，再充填各色珐琅药料，经烧制、打磨、镀金之后，呈现出嵌宝的效果。掐丝珐琅起源于波斯，成熟于5～6世纪，在西亚地区的生活器皿中常用，隋唐时循着丝绸之路辗转传到中国。唐代女性妆镜中的琉璃钿背、宝钿等工艺中皆有西亚的掐丝珐琅工艺的影子，可以说是唐代工匠对西域文明吸收改良的结果。

结论

通过以上分析，我们可以看到，金银妆盒是唐代女性盛放高级化妆品的器具，妆盒的样式、纹饰、制造工艺无不具有明显的西域元素，与唐初西域政局变化、突厥移民大量入唐以及丝绸之路的繁盛贸易密切相关。本书归纳的妆盒纹样是西域纹样在唐代的中国本土化后的样式，也是唐代典型的装饰纹样，其所蕴含的吉祥寓意、女性化特征、异域风情深为唐代人们钟爱，常出现在石窟艺术和金银器体系中，也体现在妆盒上，折射出唐代女性妆饰生活中的人生寄寓和艺术情怀。

唐代铜镜和特种镜的大量出现与儒释道文化有着密切的联系，是西域宗教和中国本土宗教和文化相融合流的现象之一，也是唐代世俗审美取向的体现。铜镜的纹样和高浮雕工艺受西方民俗文化和金银器制造工艺的影响，具有鲜明的世俗审美特征。铜镜的纹样、工艺特点、流行的时代与唐代不同时期的胡汉经济文化交流情况基本同步，从中可见唐人对西域文化的接受、改良和应用。

从总体上看，西域文明对唐代妆具发展的影响主要体现在形式借鉴和工艺支持方面，中原文化的内核基本不变。从"森木鹿"形象在妆盒和铜镜上的表现可以看到，萨珊神兽的宗教神圣意义荡然无存，而与中国神话中的麒麟、凤凰的吉祥寓意合流，西域装饰艺术在唐代只是中原艺术体系的补充元素。此外，有柄手镜存在于唐代女性的世俗生活但鲜见于墓葬用镜这一现象，也说明了西域文明并不能取代中原正统文化，接受新鲜事物和维持文化根本在唐代的中国并行不悖，体现了兼容并蓄的真正内涵。也正因为这点，唐代工匠将中亚、西亚、北印度地区器物金银嵌宝工艺风格本土化，结合传统镜式制作出螺钿、宝钿、金银背等独创工艺，并演化出方形、葵花形、菱花形等多种新镜式，形成中西合璧、灿烂夺目的唐镜文化。

第三章

——

唐代女性首饰研究

日下征良匠，宫中赠阿娇。瑞莲开二孕，琼缕织千条。

蝉翼轻轻结，花纹细细挑。舞时红袖举，纤影透龙纺。

——【唐】徐寅《银结条冠子》

诗中所描写的"冠子"是唐代流行的女性头饰，类似于帽饰，直接戴在头顶。冠子或为金银打造，錾刻雕镂，饰以瑟瑟宝石；或以漆胎和织物为底，上装饰斑斓玲珑的金银珠宝。唐代女性首饰和冠饰从规模、取材、工艺等各个方面，都有浓浓的西域风情，装饰性极强，记录了当时中西文明交融的盛况。

唐代女性首饰经过初盛唐时期对西域文明的吸纳与模仿后，在中晚唐趋于成熟。而金银嵌宝的明艳奢华仍与红妆相映，金碧辉映的西域妆饰审美取向依然主导着女性妆饰时尚，处于首饰审美的主要地位。

第一节　唐代女性首饰与西域文明

唐代女性喜着胡服，善作胡舞。西域舞乐虽经过唐玄宗的本土化改编，仍带有原来的风貌，西域金银嵌宝的金银首饰成为盛唐盛世的典型符号。初盛唐时女性崇尚高髻，宝髻流行，金碧辉映，规模可观。中晚唐时，隆重华贵的金银冠饰的流行虽不如盛唐，但精巧的金银簪钗的大量使用仍然延续着当年的时尚。盛大的冠饰、璎珞、缠臂金等首饰富丽精美，工艺精湛，无不体现了西域文明的影响力和中国文化的包容力。

一、冠饰：西亚首饰的遗存

（一）金银嵌宝的盛唐冠饰与西域首饰形式

2001年，西安理工大学曲江校区发现一批唐代墓葬，多达140多座，其中级别最高、规模最大的墓葬属于唐太祖李渊第五代后人——公主李倕。在随葬物中发现了一套精美的黄金冠饰，经中德文物复原专家的努力后，这套冠饰于2010年末在首都博物馆公开展示。此冠饰规模很大，总重800多克，虽折损不少，但仍存有370个配件❶，是迄今为止考古发现的最豪华的唐代女子冠饰（表3-1）。据墓志记载，公主薨于唐玄宗开元二十四年（公元736年），年仅25岁，这套冠饰作为随葬物，应是公主生前之物。

冠饰在出土时置于遗骸头顶，宽度比例与头部相仿，冠底的坠饰覆盖在额前，可

❶ 侯丽：《唐代公主奢华冠饰复原背后》，《中国文化报》2011年1月10日，第5版。

见这件冠饰应如帽子一般将整个头顶覆盖其中。陕西省考古研究院和德国美茵兹罗马·日耳曼中央博物馆考古专家以面部复原技术再现了当年公主头戴金冠的效果图，从图上看，金冠规模庞大，佩戴时置于头顶，在与额头交接处有垂挂着宝石珍珠流苏的嵌宝排饰如表3-1①所示。金冠造型简洁庄重，分上下两部分：上部为圆形，中间缀有一枚菱形金饰片，周围簇拥有数朵镶有绿松石的六角形金饰，有尖顶，形似佛塔；下部大致为椭圆形，上缀左右对称的金花饰如表3-1②所示。上下两部分之间斜插着一枝起固定作用的大型金钗。冠饰下部底色为黑色，与头发色彩一致，缀饰物于其上，类似于初盛唐时盛行的义髻。

如表3-1③所示，李倕公主金冠的饰片以金箔为底，在冠饰下部的中间部位有两朵金箔制成的牡丹花苞，在花心处缀有白玉六瓣小花，中间缀有珍珠。牡丹花苞的周围有细金丝连接的金质或宝石小花，会随着走动轻微颤动。左右两侧对称布置的饰片以孔雀翎毛和鸟类翅膀的形态为主，并做大面积镂空处理，显得玲珑轻盈。金箔上缀有绿松石、红宝石、琥珀、珍珠、贝母等装饰，金边勾勒，色彩明艳，富丽堂皇。虽然很多宝石已经脱落，但饰物主体部分的联珠状圆形凹陷和花蝶等图案的阴刻痕迹让今人仍能想见当年满嵌宝石的华丽光景。左右两侧挂有一大一小两组金饰片，小型饰片为左右相对的嵌有绿松石和贝母的折枝花鸟，大型饰片为每片左右对称布局的扇形折枝花蝶，下方垂挂着由珍珠、金花片、砗磲组成的短流苏，与金冠底部的排饰流苏相协调。冠饰上部的饰片主体部分为几何形格局，彼此之间呈菱形分布。珍珠嵌在饰片边缘，中间镶有以绿松石为花瓣、珍珠为花心的小花。冠饰上部的装饰形式和材质相对简洁，以金箔、绿松石和少量珍珠为主，具有显著的异域风情。

似宝相花般轻灵的饰片造型、流畅圆润的线条、富有动感的流苏和花饰，使冠饰形态稳重却不显沉闷，在端庄中透出一股流动的华彩。虽然如今现世的部分仅是考古残留物的复原，但仍可以窥见盛唐时贵族女子冠饰的华丽隆重。

表3-1　李倕公主金冠复原

①形象复原	②金冠复原	③金冠局部	

在金银器上大量镶嵌宝石是唐代工艺美术的特点，这一特点在女性的首饰上得到充分体现。金冠制作的细金工艺以及绿松石和黄金的搭配都承载着西域首饰基因。根据《中华古今注》的记载，这类冠饰在隋代已经流行："至隋帝，于江都宫水精殿令宫人戴通天百叶冠子，插瑟瑟钿朵，皆垂珠翠……其后改更实繁，不可具纪。"[1]文中的冠子是一种义髻，上插的"瑟瑟钿朵"，即用天青石、青金石、绿松石之类的西域宝石做成的饰物，与李倕公主的冠饰材质类似。美国学者谢弗明确指出，"瑟瑟"是天青石、绿松石、青金石的中文代称，是伊朗和中亚的宝石，并非中原矿产，唐人虽爱瑟瑟，但自始至终仍将其视为外来文明，唐代之后就不再沿用了。

金银嵌宝原来并不是中原妆饰文化的特色，隋唐的金镶嵌绿松石、天青石的首饰审美和中原地区追求温润简洁的审美完全相反，显然源于西域。自先秦时期开始，用金搭配绿松石、追求金碧辉映的效果是北方匈奴地区的耳饰审美喜好。《后汉书·乌桓传》中关于东汉时乌桓妇女"髻着句决，饰以金碧，犹中国有幅、步摇"的记载也证明了少数民族女性采用"句决"为底子，在上面插戴黄金与蓝绿色矿石相间的首饰。宁夏固原三营和寨北魏墓出土的金耳环上就镶嵌有成排的绿松石："根据该墓出土墓志，……原州刺史李贤，也可能是鲜卑人。"[2]（图3-1）鲜卑人对绿松石和黄金搭配的偏爱，是北方地区由来已久的游牧民族妆饰审美习俗的延续，且因为丝绸之路的关系，匈奴、嚈哒、大月氏人在文化上与中亚、印度、西亚更为接近，北朝时期北魏鲜卑贵族与嚈哒交往甚密，故而间接地接受了西方的首饰文化和审美，并在具有鲜卑血缘背景的隋唐二朝得以保留和发展。

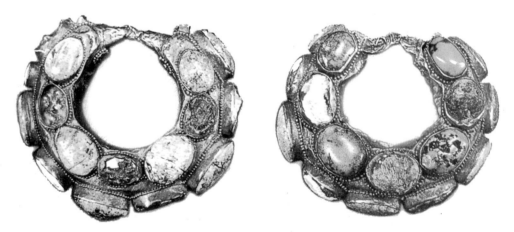

图3-1　金耳环（宁夏固原三营和寨北魏墓出土）

"胡风"在初盛唐时期的盛行与李唐王室的血缘渊源和丝绸之路贸易所带来的中西文明和文化交流有直接的关系。李唐王室源于河北赵郡李氏，处于北魏统治下的

[1] 崔豹：《中华古今注》卷中《冠子朵子扇子》，中华书局，1980，第18页。
[2] 李芽：《中国古代耳饰研究》，博士学位论文，上海戏剧学院，2013，第65页。

西北地区，长年与鲜卑族通婚，李渊的母亲独孤氏、李世民的母亲纥豆陵氏、李治的母亲长孙氏都是鲜卑贵族❶。李唐王室继承了北朝的尚武传统，在风俗服饰方面也与西域接近。在隋唐之前，朝鲜卑皇族与西域的交往就非常频繁，太武帝拓跋焘派董琬出使西域，致使龟兹、乌孙、悦般、疏勒、焉耆、车师、温盘陀、鄯善、粟特9与北魏通使往来。官方的往来带动民间的贸易，《魏书》记载"商贾交入，诸所献贸，倍多于常"❷，《洛阳伽蓝记》云定居洛阳的西域侨民"万有余家。门巷修整，阊阖填列……天下难得之货，咸悉在焉"❸。中亚的乐舞为北朝贵族所喜爱，统治者与西域民族通婚也很常见❹。来自西域的胡人因善识金玉而被统治者赏识，在中国的民间贸易中获得大利❺。在贸易和文化传播的过程中，来自中亚和西亚的西域妆饰、工艺美术也被带来中原，在北方的土地上生根发芽。孙机先生在对固原北魏漆棺画的研究中发现，孝文帝拓跋珪迁都洛阳后大力推进汉化并未能完全得到鲜卑贵族的接受，他们仍"雅爱本风，不达新式"❻，倾慕当时西域强国嚈哒的文化习俗，固原漆棺上墓主的坐姿和李贤墓中的胡瓶，皆被鉴定为嚈哒式❼。然而，平原霸主嚈哒和之后的突厥，在文化习俗方面受粟特文化影响甚深，往来使臣和贸易主体也以粟特人为主。也就是说，嚈哒和突厥的物质文明和工艺美术偏粟特式。珠宝和香药历来是中亚昭武九姓的粟特人从西向东贸易的主要内容，他们也为中国人带来了金银嵌宝首饰工艺和波斯系审美文化。

（二）步摇冠：盛唐冠饰的前身

在唐之前，镶嵌西域宝石的金首饰在北方地区就开始流行，其规模较李倕公主金冠略小。内蒙古乌兰察布市达茂旗西河子出土两套四件金步摇，一套基座呈马面形，一套则为牛面形，兽头上有角状枝子，上以细小的金环连接金叶，金叶可以活动如表3-2①所示。在兽头的表面以及枝子的主干部位，镶嵌有红绿宝石和绿松石，但大部分已经脱落❽。这两套金步摇与辽宁北票房身村前燕墓出土的步摇的形式类似，是当时

❶ 陈寅恪：《唐代政治史论述稿》，上海古籍出版社，1982，第56页。
❷ 魏收：《魏书》卷六十五《邢峦传》，中华书局，1974，第1438页。
❸ 杨炫之：《洛阳伽蓝记校注》卷三《城南·龙华寺》，吴若准 集证，中华书局，1933，第160~161页。
❹ 《隋书·音乐志》载："及（北周）天和六年（公元571），武帝罢掖庭四夷乐。其后帝娉皇后于北狄，得其所获康国、龟兹等乐，更杂以高昌之旧，并于大司乐署。"《隋书》卷十四《音乐志》，中华书局，1973，第342页。又如《旧唐书》载："周武帝聘虏女为后，西域诸国来媵，于是龟兹、疏勒、安国、康国之乐，大聚长安。"《旧唐书》卷二十九《音乐志》，中华书局，1975，第1069页。
❺ 《隋书》卷七十五《何妥传》载："何妥字栖凤，西域人也。父细脚胡，通商入蜀，随家郫县。事梁武陵王纪，主知金帛，因致巨富，号西州大贾。"《续高僧传·释道仙传》载："释道仙，一名僧仙，本康居国人，以游贾为业。梁周之际，往来吴蜀，江海上下，集积珠宝，胡其所获货货，乃满两船。"
❻ 魏收：《魏书》卷十四《东阳王丕传》，中华书局，1974。
❼ 孙机：《固原北魏漆棺画》，载《中国圣火》，辽宁教育出版社，1996。
❽ 陆思贤、陈棠栋：《达茂旗出土的古代北方民族金饰件》，《文物》1984年第1期。

流行于鲜卑统治地域的饰物，佩戴方式应该是一样的。金箔嵌宝的装饰方式有明显的西域及北亚的草原民族风格，在《晋书》中，有关于"燕代多金步摇冠"记载北方多步摇冠应是实情。

枝蔓状向上延展的步摇不仅出现在北方，在南朝画作中亦能得到佐证。顾恺之《女史箴图》中就有头顶插着两枚枝形步摇的宫中女子形象，其款式与北方出土实物类似，只是枝形更为流畅柔和，有些枝头还有栖息的小鸟形象如表3-2②所示。曹植《七启》云："戴金摇之熠耀，扬翠羽之双翘。"❶描写的应是《女史箴图》中类似的金步摇。但南朝金步摇上是否镶嵌绿松石等宝石却没有实物佐证，因此不排除与北方步摇在装饰手法上有所差异的可能。

孙机先生认为，步摇冠原是西域首饰。他列举了两个案例：一个是在前2世纪的顿河下游萨尔马泰女王墓中出土的金冠，冠上有金树和摇曳的金叶，金冠基座上镶嵌宝石的女神是典型的希腊艺术风格如表3-2④所示；另一个是1世纪前期的阿富汗北部的席巴尔甘金丘6号大月氏墓中出土的金冠如表3-2⑤所示，它与萨尔马泰女王墓出土实物类似，形制更接近于《续汉书》中所描写的"八爵九华"❷汉代步摇冠。这两具遗物体量较大，相当豪华，是类似于帽饰的大型首饰，其装饰形式和佩戴方法与流行于魏晋南北朝时期的步摇冠类似。

根据孙机先生提供的两个案例向上追溯，笔者认为现藏于大英博物馆的出土于西亚乌尔王朝时期（前2400年左右）的"王妃之墓"（大死坑）中的贵族女性金叶头饰就已经形成了步摇冠的雏形。经过文物专家的复原，呈现出完整的西亚古王朝时期的女性头饰——额前有一层密叠的金叶装饰，顶部有三束金箔制成的水仙花形饰物，在金叶的基座上和额前圆形垂饰上还镶有彩色琉璃珠如表3-2③所示。这些金叶都可以活动，顶部水仙花茎和花朵都非常薄，在额饰和顶饰之间有数条金箔相连，构成近似冠帽的形态。这具乌尔王朝头饰与中亚萨尔马泰女王墓及席巴尔干大月氏墓金冠虽然形式不同，但在装饰元素和格局上颇为相通，体现了西亚民族对黄金宝石的喜爱和自然主义首饰设计倾向。与步摇冠相配的耳环同为黄金质地，体量普遍较大，这点在乌尔王朝遗物和古代中亚的出土文物中得以验证。

根据中外出土文物所显示的信息，记载于汉代史书上的、流行于魏晋南北朝的步摇冠很可能是丝绸之路所带来的外来饰物，它发源于西亚北非，在亚历山大东征之后流传至中亚，被从东部向西迁徙的游牧民族所接受，在中亚地区形成了新的形式。后来因为丝绸之路进入中国，并和中原文化融合，逐渐演变为东汉后妃的礼冠。

---

❶ 欧阳询：《艺文类聚》，卷五十七，上海古籍出版社，1999。

❷《续汉书·舆服志》描写步摇"以黄金为山题，贯白珠与桂枝相缪，八爵九华，熊、虎、赤罴、天鹿、辟邪、南山丰大特六兽，《诗》所谓"副笄六珈"者。诸爵兽皆以翡翠为毛羽，金题，白珠珰，绕以翡翠为华云。孙机先生认为这"步摇"并不是后世有垂珠的花钗，而是基座呈金博山状的，上有枝蔓、花朵、白珠的冠饰。

西域首饰进入中原并本土化，不是突发事件。在张骞通西域之前，中国已经与西方有民间贸易联系。苏联发现的位于乌拉干河畔的巴泽雷克古墓群中在发现阿黑门王朝的绣帷的同时，还发现了整块的产于中国的丝绸和丝质服装、玉器、陶器等物，以及一枚生产于前4世纪的铜镜。此外，这批遗物中的殉葬马的马勒上缀有金叶。这种类型的装饰元素也常出现在西亚和中亚的服饰配件和首饰中，如图3-2所示的神与龙纹帽饰，出土时位于墓主头部两侧，主体下方有金链条链接钱币形和花形的金箔做成的垂饰——这种金银装饰帽子的模式体现在冠饰上则是步摇首饰或整体的步摇冠。到了魏晋时期，步摇冠甚至发展为北朝皇帝、贵族的礼冠。此类步摇冠在中国本土鲜有出土，但在日本和韩国的同时期古墓中发现不少，是在多层"出"字形冠体上缀有圆形金箔片垂饰，行动时金箔片瑟瑟摇动，粲然生光如表3-2⑥所示。

表3-2　唐以前的步摇和步摇冠

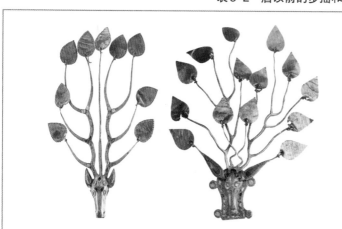

①金步摇冠饰（北朝，内蒙古西河子出土）	②《女史箴图》中戴步摇的女子（魏晋）

③乌尔第一王朝女性金叶头饰复原	④撒马尔罕女王墓步摇冠 ⑤大月氏的步摇冠	⑥"出"字形步摇冠（朝鲜庆州瑞凤冢出土）

图片来源：图①源自齐东方：《中国美术全集·金银器玻璃器》，黄山书社，2010。
　　　　　图③源自休·泰特：《7000年珠宝史》，中国友谊出版公司，2019。

图3-2 神与龙纹帽饰，置于墓主帽旁（公元25~50年，阿富汗蒂拉丘地二号墓出土）

隋唐之时，步摇冠以义髻形式出现。初盛唐时期女性发髻高耸，多用义髻，以漆木麻布为胎，黑色丝线做发，下方中空，底部用金属簪钗和发髻一起固定在头顶。唐人在义髻上妆饰插戴各种金银和珠宝首饰，装饰意味极强。吐鲁番出土的漆胎描金的义髻屡次被提及，义髻所属墓葬的年代与同时期墓室壁画、棺椁线刻中的图像资料可以彼此佐证。相比之下，李倕公主金冠的规模更大，其帽式基形及在安置于额前的排饰更接近于前朝的步摇冠。

从李倕公主的金冠可以看出，步摇冠在初盛唐时与义髻合流，保留了中亚步摇冠底部的部分垂饰，金银饰片成为义髻的装饰，草原民族的质朴粗犷被中原艺术灵动流畅所代替，只有留存在金冠饰片上的绿松石和五色宝石还在诉说着曾经的西域往事。

李倕公主金冠上西域风格的精致饰物是继魏晋南北朝之后的新发展。唐初也有类似的饰物，如咸阳贺若氏墓出土的一套银质鎏金花饰，由一系列精巧的银花片和少量玉片、珍珠构成，底托不存，没有步摇和垂饰如表3-3①所示。经过分析和排列后呈茧型，靠近底部中央有以拧丝工艺制作而成的卷草状立体装饰，尾部为呈S形的细银条，用以钩挂。贺若氏卒于隋唐之际，冠饰配件较李倕公主墓出土金冠更素朴简洁，体现了初唐和盛唐女性妆饰的两种风貌，这与从唐初到安史之乱前各阶段的墓室壁画、出土陶俑、文献记载等资料所描绘的时代审美风尚相符合。贺若氏墓出土的冠饰配件与中亚撒马尔罕女王墓出土的女性华服上的金片装饰在工艺和形状上很类似，有明显的中亚装饰风格如表3-3②所示。这类金花饰片也同样被用于中亚冠帽装饰中。

李倕公主金冠饰片既有金丝枝蔓支撑、缀着可以颤动的花叶饰品的部分，是魏晋南北朝时期步摇冠的影子，也有镶嵌珠宝、垂着串珠流苏的内容（两侧下方的饰片），是后世垂珠花钗步摇的雏形。有趣的是，两种步摇并存于冠饰上的女性形象在8世纪初的懿德太子李重润墓石椁线刻中也有体现。线刻描绘的贵妇头戴高耸的帽饰，帽上缀有宝石珠玉，两侧插有一对口衔垂珠的凤钗，摇曳生姿，比李倕金冠更有造型感和立体感（图3-3）。孙机先生在他的《步摇·步摇冠·摇叶饰片》一文中明确指出汉代步摇冠是

图3-3　李重润墓石椁线刻宫装妇女复原图（唐代）

向上延展的桂枝形态，上有白色串珠以及能够摇动的花叶❶。这种形式到了唐代慢慢消失，唐之后的"步摇"往往指的是垂珠串的花钗。由此可见，唐代是中国女性妆饰文化的转折时期，集两种类型步摇于一体的盛唐女性的冠饰，也在中国女性妆饰史上起着承上启下的作用。

表3-3　初唐·贺若氏金头饰·中亚衣饰金片

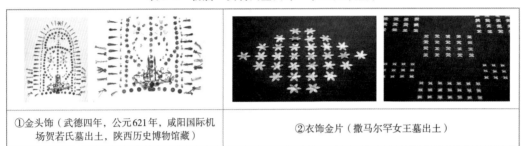

①金头饰（武德四年，公元621年，咸阳国际机场贺若氏墓出土，陕西历史博物馆藏）	②衣饰金片（撒马尔罕女王墓出土）

图片来源：图①作者拍摄于陕西省博物馆。
图②、图③源自阿富汗文物展线上资源。

李倕公主金冠，冠体模仿发型的形态，缀有繁复精美的首饰，浓艳不失干练，华贵而轻灵。绚烂高耸的冠饰所承载的浓郁的西域风格，与初盛唐时唐人仰慕"胡风"的审美心态同步。直到中晚唐，胡风减退，女性发型才逐渐由初盛唐时的高耸转向低垂慵懒的"两鬓抱面"式，高耸的冠帽式发饰也逐渐不用，簪钗花钿插戴于发间，女性的妆饰审美理念从追求奢华大气转而寻觅优雅情趣。《新唐书》所载的唐玄宗天宝初年，"妇人则簪步摇钗"时，已经显露出妆饰情趣的变化了。记载中的步摇钗可能是垂珠花钗，也可能是饰有摇曳花片的小型钗饰。除簪钗之外，花胜、花钿等插戴于额前的小型饰片也为中晚唐女性所喜爱，多种首饰组合在头上插满。如《唐语林》记载："长庆中，京城妇人首饰，有以金碧珠翠，笄栉步摇，无不具美，谓之'百不知'。"文中描写的中唐女性满头珠翠步摇，富丽不减盛唐，可以说是盛唐宝髻在中晚唐时的演变形式。其中"金碧珠翠"中应有用瑟瑟珠等西域宝石镶嵌的金饰，可见西域首饰审美对中晚唐女性的妆饰审美的影响。

（三）盛唐之后的西州汉人贵族女性冠饰

初盛唐时，西域文明全面融入唐朝社会生活，"汉""胡"属于相对的文化概念，体现在整个社会生活中。到了中晚唐，随着中原地区中西文明融合的成熟，与西北和西南地区的女性妆饰文化的差异逐渐拉大，形成了两种截然不同的妆饰审美倾向，"汉""胡"的差异体现在了地域的分布上。

从中唐开始，在山东士大夫的努力下，儒家文化的再度兴起，女德教育被再度重视，

❶ 孙机：《步摇·步摇冠·摇叶饰片》，载《中国圣火》，辽宁教育出版社，1996。

唐代女性的气质观念发生了改变。中原地区女性的妆饰日趋精致温柔，传统的玉质、贝质、骨质首饰及鲜花、像生花等也逐渐流行起来，金银发饰无论是规格还是使用量均在不同程度上有所减弱❶。

然而，隆重华丽的金冠并没有消失，唐末五代时期河西走廊地区的敦煌壁画中还常能看到头戴华丽的凤冠或桃形冠的女性形象，她们多是修建石窟的功德主，是沙州张氏和曹氏政权先后与甘州回鹘、于阗联姻的"天公主"❷。她们或是身穿翻领窄袖长裙回鹘装，两鬓抱面，眼下晕染赭色，满面贴着细碎的花靥，头戴桃形金冠，后垂红绶，耳垂珰，颈戴多层瑟瑟珠璎珞，手捧香花供品，虔诚礼佛；或是穿着中晚唐时中原女性的宽大长裙，外罩花纹绵密的大袖衫和披帛，头戴桃形凤冠，上缀瑟瑟珠玉，冠下部插戴大型垂珠步摇或四瓣花钗，两鬓抱面，额前佩戴数枚花钿、插梳，耳挂绿宝石联珠珰，妆容与着回鹘装者类似（图3-4）。

"天公主"的形象极其华丽，与同时期的中原风尚截然不同，雍容而繁缛，是盛唐装饰风尚与少数民族文化结合之后的发展。类似的形象在五代末和宋初西夏供养人的壁画中仍能看到。中晚唐时的"天公主"冠饰由盛唐的义髻式发展为金银嵌宝的整体发冠——桃形嵌彩宝金冠镂刻云纹卷草，发型仍然保留了盛唐和中唐时期"两鬓抱面"的模式，与西域首饰和服饰共同构成了别具特色的唐风形象遗存（图3-5）。高耸的金冠在晚唐五代时的西北地区重现，既是盛唐文化辐射的余波，也阐释了盛唐贵族女性华丽冠饰的来源。

中晚唐时河西走廊的"胡风"时尚与初盛唐时的状况相似，是汉胡杂居、联姻以及

图3-4　敦煌壁画"天公主"冠饰形象（晚唐五代）

图3-5　敦煌壁画中的西夏王妃冠饰

❶ 董洁：《唐代女性玉首饰》，《文博》2013年第1期。
❷ 回鹘王族直系成员皆冠"天"字，以示王权天授，可汗之女、可汗之妻都被称为"天公主"。沙州汉人政权与甘州回鹘、于阗长期通婚。谢静：《敦煌石窟中的回鹘天公主服饰研究》，《西北民族研究》2007年第3期。

中西贸易的产物。回鹘在安史之乱时帮助唐朝平乱，被唐王朝赐以李姓，回鹘可汗尊唐朝为正朔。安史之乱后唐朝国力渐弱，无力管辖原来的安西、北庭地区，国内百废待兴，西南吐蕃滋扰，出于政局稳定考虑以及在国防上对回鹘战马的需要，漠北强国回鹘的支持对唐朝来说显得尤为重要。结亲是巩固政治联盟的有效方式之一，唐王朝嫁公主与回鹘可汗有七次之多，其中三位公主是皇帝亲生女儿，这种情况是初盛唐时从未有过的，可见李唐王朝对于回鹘的重视。在贸易方面，回鹘可汗与粟特人联合，通过北方草原丝绸之路贸易获取巨额利益。官方和民间的密切来往使中晚唐时期的北方草原民族和中亚民族的民俗文化再度流入中原，掀起另一种"胡风"，回鹘髻和吐蕃妆是中晚唐时期女性胡化妆饰的代表，同时中原妆饰文化中的凤凰图腾、步摇钗等元素也融入了回鹘女性妆饰体系之中。公元840年后，回鹘没落，退居现中国西北地区，与张议潮创立的沙州政权共处通婚，形成了敦煌一带的贵族女性身穿回鹘装或回鹘、汉族混合装束的形象，这些形象成为现代学者研究晚唐五代西北地区女性妆饰和中西文化交流情况的重要依据。

五代花蕊夫人《宫词》中有"回鹘衣装回鹘马，就中偏称小腰身"的描写，证明中晚唐时期中原曾一度流行回鹘装束，但没有与具体描述佐证的图像资料。据五代中原和西州女性图像资料推测，中原女性的回鹘装束造型应没有同时期"天公主"形象上表现得那么繁冗华贵，佩戴巨大的金冠和首饰。

二、璎珞：印度颈饰的东渐

（一）五兵佩：具有小乘佛教意义的西域颈饰

五兵佩源于印度，是具有中亚游牧民族特色的西域颈饰。魏晋时期传入中国，为中国工匠所复制，其佩戴习俗和形制尚未融入汉族文化，属于舶来品范畴。

1981年内蒙古乌兰察布盟达尔罕茂明安联合旗西南西河子的一处窖藏中出土金饰五件，其中有一件金链，两端装龙头，上面缀有五枚小兵器模型和两枚小梳子模型[1]。此金链以金丝编结，长128cm，作为项链使用。两端龙头由金片卷制，龙的耳、目、口、鼻处都有一道联珠纹勾勒出轮廓，局部有小彩色玻璃片的镶嵌痕迹，现已脱落。龙角用金线密密缠绕，龙头前部有金环供扣合，佩戴时龙头置于颈后。链上的模型小而精致，为模仿生活中的器物所做如表3-4①所示。

据孙机先生鉴定，这种集斯基泰、波斯、古希腊、印度风格于一身的项链，即是文献上所说之"五兵佩"[2]。上面的斧、盾、戟形的坠饰与小乘佛教的护法之物类似，在小乘佛教礼佛的装饰物和项链等饰品中都可以找到类似的形象——因为在小

[1] 陆思贤、陈棠栋：《达茂旗出土的古代北方民族金饰件》，《文物》1984年第1期。
[2] 孙机：《五兵佩》，载《中国圣火》，辽宁教育出版社，1996，第107~117页。

乘佛教的理念中，代表宗教意义的符号被用在饰品上会使佩戴者感到自己能因此受到佛法的保护。三宝标是常见的古印度佛教雕刻符号，由"W"形和"O"形组成，"W"是三叉戟和金刚杵的简化符号，被印度佛教徒视为三宝的象征。这件五兵佩应是中国工匠的仿制品，他们不了解印度宗教饰品的内涵，误将三宝标当作寻常的装饰品，用与三宝标类似的"W"形梳子造型代替三宝标装饰在五兵佩上。由此可见，魏晋时期的五兵佩与中国妆饰习俗并未融合，其原有的宗教意义也被大幅削弱了。

  类似的链状饰品在苏联切尔尼戈夫也有出土，链身也是金丝编结而成，两头装有龙头状搭扣。其年代大大晚于五兵佩，是古代欧洲饰品传统的延续如表3-4②所示。亚历山大大帝身故后，众将争权，帝国分裂。伊朗、中亚和北印度都曾一度有希腊人建立的王国，文化方面虽受当地影响，但仍保留了不少希腊文化习俗。伊朗高原和中亚地区是丝绸之路的枢纽，也是文明的十字路口，在民族融合的过程中将希腊的部分民俗文化和传统文明融入波斯文明中。这种以龙头为扣，金丝编结的项链是中亚斯基泰人的首饰形式，它结合了古代波斯阿契美尼德王朝首饰两端饰以兽头的式样和古希腊首饰以金丝编结的工艺，缀以印度佛教的装饰符号，在魏晋时通过北方的草原丝绸之路进入中国，出现在佛教造像和女性妆饰中。到了唐代，斯基泰式的颈饰并未绝迹，咸阳窑店出土的唐代鎏金龙首项链与魏晋时的五兵佩的链身类似，佩戴时龙首扣合置于胸前，链上缀的兵器模型已经不见，也不再具备印度小乘佛教的象征意义，成为一种纯粹的颈饰。

表3-4 西晋五兵佩和切尔尼戈夫鎏金项链

| ①五兵佩（西晋，内蒙古达茂旗出土） | ②鎏金项链（切尔尼戈夫出土） |

图片来源：图②源自孙机：《中国圣火》，辽宁教育出版社，1996。

第三章　唐代女性首饰研究

虽然魏晋南北朝时的五兵佩造型与北印度的佛教相关颈饰有所区别，但它作为女性首饰的出现与当时佛教东传密切相关。佛教在3世纪传入中国后，人们首先接受到的关于佛教的概念还停留在寺庙和图像上。南梁慧皎在《高僧传·晋长安竺昙摩罗刹》中记载云："晋武之世，寺庙图像，虽崇京邑，而《方等》深经，蕴在葱外。"可见魏晋时期，人们对佛法理论还不熟悉，但对佛教的崇敬心情已然全面普及，寺庙佛像等有形的东西更容易被大众所感知、所接受。在这样的情况下，出于懵懂的宗教崇拜和猎奇心理，在南北朝的女性首饰上就出现了关于佛教的符号，将外来妆饰元素融入日常首饰中一度成为时尚。《宋书·五行志》说："晋惠帝元康中，妇人之饰有五兵佩，又以金、银、玳瑁之属，为斧、钺、戈、戟以当笄。"其中作为笄的斧、钺等首饰款式也是沿袭了北印度佛教法器的形象，玳瑁则是自汉以来中国女性的传统首饰材料，可见南北朝时世人对外来事物持好奇和欢迎的态度，西域的首饰文明和中国本土的妆饰习俗得以初步融合。在这种风潮下，五兵佩作为女性的颈饰自然不足为奇了。

（二）璎珞：印度首饰与隋唐大乘佛教造像

到了隋唐，天下一统，丝绸之路贸易日益顺畅，中西文明交流也更为深入。隋唐交替时，玄奘法师西行求法，数年后满载而归，唐太宗特设译场，开风气之先。之后高宗、玄宗、代宗朝均有设大译场，请义净、金刚智等高僧升座，广引教法，深阐教义，大乘佛教大兴，伴随造像入华的印度首饰文化也开始深入社会，为大众所熟识和接受。在此背景下，原属于小乘佛教的五兵佩失去了依托的土壤，取而代之的是大乘佛教造像中的璎珞的风行和演变，成为唐代女性首饰中具有中西文明特色和佛教装饰意味的内容之一。

"璎珞"一词梵语意为"珍珠等串成的首饰"。根据印度教圣经《梨俱吠陀》的观念，用璎珞装饰具有美化身体、净化身心的意义。在1世纪印度佛教造像兴盛之前，印度教的药叉和药叉女的形象上就有大量的珠玉串联装饰，一般集中在颈胸和胯部。大乘佛经中璎珞也具有庄严美好的寓意，以至于后来成为佛像和佛教建筑重要的装饰元素之一。《妙法莲华经·观世音菩萨普门品》末尾，无尽意菩萨闻世尊说观世音菩萨功德已，"即解颈众宝珠璎珞，价值百千两金"，供养观世音菩萨。在《无量寿经》所描写的西方极乐世界的宝树上也有无数明珠璎珞悬垂，皆由众宝所成，放无量光明，展现出一派神圣、庄严、美好的佛国意象。

无处不在的璎珞是印度世俗社会首饰佩戴习俗的现实反映。印度王公贵人日常佩戴的"由珠玉或花等编缀成之饰物，可挂在头、颈、胸或手脚等部位"❶的也是璎珞。

❶ 慈怡：《佛光大词典》，台湾文献出版社，1995，第913页。

图3-6　昆仑奴俑颈上项圈状饰物（陕西历史博物馆藏）

玄奘法师在《大唐西域记》卷二中记述印度人的形象时，说印度男女都头戴花鬘冠，身佩璎珞。《无量寿经集解》云："常在颈者曰璎，在身者曰珞。"说明璎珞以颈饰为主干，其余手饰、足饰、腰饰等亦都属于"璎珞"的范畴。

璎珞在印度是象征身份地位的首饰。在《中亚文明史第2卷：定居与游牧文明的发展：前700年至250年》一书中，雅诺什·哈玛尔塔在谈到犍陀罗艺术中的珠宝首饰时说："犍陀罗珠宝展示了各种不同的风格与技术。雕塑上的珠宝揭示了贵霜人个人装饰的风尚……首饰的华美程度取决于佩戴者的身份地位。菩萨、国王、王后、贵族出身的男子和妇女以及诸神，始终佩戴大量珠宝首饰。平民则只有少量首饰，或者全然没有。"❶《妙法莲华经》中提到一位大富长者时，也描写其"以真珠璎珞，价值千万，庄严其身……种种严饰，威德特尊"，可见世俗人佩戴的豪华璎珞可以作为其身份地位的符号。印度的首饰佩戴风俗随着佛教传遍亚洲各国，唐代诃陵、室利佛逝、骠国等南海诸国崇信佛教，其昆仑籍乐师也佩戴花鬘璎珞，手足环钏。唐代墓葬中出土的昆仑奴俑上也常见有项圈饰物——虽然昆仑奴的地位低下，日常佩戴的璎珞十分简略，但还是可以看到璎珞这一印度首饰通过佛教的传播渗入亚洲各国世俗社会的普遍现象（图3-6）。

璎珞进入中国时，首先体现在佛教造像上。随着唐代大乘佛教的兴盛，佛像妆饰日趋华贵，魏晋时期佛菩萨像"褒衣博带""秀骨清相"的犍陀罗希腊式风格被类似印度教神祇的形象所代替（密宗有浓厚的印度教意味，玄奘法师求学时，那烂陀寺已经密教化了），菩萨丰额广颐，肌体健美，赤裸上身，璎珞覆体，呈现出中国人的体态特征与印度化的服饰装扮并存合流的总体倾向。

璎珞在印度作为人神共用的首饰由来已久，在宗教造像方面先体现在印度教神像上，然后再延伸至佛教造像。印度古代雕塑上一长一短的项链组合成的璎珞款式为印度教女性神祇所佩戴。如表3-5①所示，在前3世纪的执拂药叉女胸前就有三股珠链组成的璎珞，一股为短项链，围绕在锁骨上；另两股为长项链，垂挂至肚脐上方。长项链的中央串有圆柱状雕花坠子，它的重量使长项链保持稳定的V字形，线条在双乳之间聚拢，形成X形效果，衬托出药叉女的丰满体态。到了1世纪佛像初现时，璎珞已然成为男性菩萨的饰物。从表3-5②可见，在印度早期佛教雕塑中菩萨像的璎珞较为

---

❶ 雅诺什·哈马尔塔：《中亚文明史第2卷：定居与游牧文明的发展：前700年至250年》，徐文堪、芮传明 译，中国对外翻译出版公司，2002，第293页。

简略，大致集中在颈部和胸前，为一个项圈状的宽项链和一条V字形的长项链的组合，个别V字形项链的末端有一个长条形雕花坠子。这种璎珞款式在犍陀罗和南印度的菩萨像和飞天形象上可以找到，而佛像上却没有。1~2世纪时，璎珞在弥勒菩萨像上体现得较为明显，与经中兜率天弥勒净土中的形容一致。

表3-5　印度佛教造像中的璎珞

①执拂药叉女像（前3世纪，巴托拉博物馆藏）	②弥勒思维立像（2世纪，犍陀罗出土）

　　唐代佛像继承了印度造像的这一特点，璎珞在形式上得到进一步改善，体现为垂挂于锁骨和胸部之间的项圈形式，变得更为精巧。如表3-6①所示，项圈上装饰有弧形和线形垂挂的珠串，珠串之间有各种花饰汇总固定，将古印度造像圆形短项链和V形长项链的特征集为一体，又似是魏晋南北朝时五兵佩上坠饰的延续，显得华丽而婉约，形成了唐代佛像璎珞的基本形态。发展到后来，在项圈的基础上，再加上一层念珠形项链，如印度雕像上的"V"字形项链，长度到脐下乃至膝下如表3-6②所示，这是古印度佛像璎珞款式在中国的发展。

　　"璎珞被身"式的款式更为华贵，菩萨像上的璎珞是一套连在一起的配饰，从颈肩一直垂挂至脚踝上方，这是中古时代中国佛教造像的重要特征，更接近于佛经中浪漫的描述。如表3-6③④所示，"V"字形项链由一层增至两层，以第一层的坠饰为中心，向上连接脖颈处的短璎珞，向下垂有两条珠串，连接第二层长项链，肌理走向呈"X"形。"X"形珠串在脐部汇总，然后左右转向身后连接枢纽。整套璎珞的各连接处饰以大小形状不同的花朵、花形法轮和如意造型。第二层长项链底部坠饰上垂有粗细不同的线形珠串，华丽无比。更华丽的璎珞甚至将项圈从单股增至双股，珠串呈网状分布，层次更为丰富。纷繁的璎珞结合菩萨丰腴健美的形体和简洁的衣裙，使唐代佛像造型简约华美，集异域风情与中原妆饰审美于一身，具有特别的魅力，成为唐代西域文明本土化的典型代表。

表3-6　唐代佛教造像上的璎珞

短璎珞		长璎珞	
①白檀十一面观音立像（8～9世纪，日本奈良国立博物馆藏）	②铜十一面观音立像（五代，苏州博物馆藏）	③石雕菩萨立像（唐代，美国纽约私人收藏）	④白檀十一面观音立像（唐代，日本东京国立博物馆藏）

值得注意的是，唐代佛教造像中，最有代表性的菩萨形象为弥勒菩萨和观世音菩萨的天人相，这二位菩萨都是净土信仰的代表，在唐代具有极大的影响力，集中体现了"璎珞覆体"的造像风格。弥勒信仰主要集中在武周时期，武则天自称为弥勒菩萨转世，促进了弥勒净土信仰的普及，印度造像中佩戴璎珞的弥勒像也由此为唐人所熟知，其形象被赋予了强烈的女性化特征，璎珞的形式也变得更为华贵丰富。观世音菩萨的影响力最大，她是阿弥陀佛的左胁持菩萨，与娑婆世界缘分很深。在大乘经义中，信奉观世音菩萨不仅能现世消灾祈福，且能命终往生西方极乐世界。唐代菩萨造像上圆润美丽的花朵和珠玉等女性化符号正是二位大菩萨所代表的大慈大悲精神内涵的形式表现，而串联这些符号的载体恰恰是华丽的多层璎珞。净土信仰的兴盛使观世音菩萨和弥勒菩萨的形象大量出现，终唐一世都为世人所推崇。在造像艺术和信仰文化的耳濡目染下，在盛行于初盛唐的禅宗"佛性平等"思想的影响下，以及政治的推动下，唐代的女性崇信佛教，视璎珞为至善至美的佛国象征，以此庄严自身，寄托虔诚，乃至蔚然成风。

（三）隋唐璎珞：从神界走向世俗

大乘佛教的璎珞早在南北朝时期就已经进入世俗生活，相对小乘佛教的五兵佩入华在时间上距离不大。《梁书·西北诸戎传》中描写高昌服饰时记载其"女子头发辫而不垂，着锦缬璎珞环钏"。高昌也崇佛，佩戴璎珞环钏的习俗与从西而来的佛教有关。《周书·异域传》补充说高昌妇人的造型"略同华夏"，男子则"从胡法"❶——言下之意，当时的妇女佩戴璎珞环钏的情况和中原地区很接近，可见璎珞在北周时期已经在中原流行了。

到了隋唐时期，璎珞逐渐成为中国首饰的一部分，唐代女性在不同的场合佩戴璎珞，只是款式远不如佛像上的浪漫华丽，往往体现为妆饰颈胸的多层项链或款式考究的单层项链，其中最有代表性的是1957年西安市西郊出土的隋李静训墓中的钻石项链如表3-7①所示。它具有浓厚的波斯风格，由28个镶有小珍珠的球形金链珠组成，以金线穿起，尾端装有扣纽，扣上镶有刻着大角鹿纹的蓝宝石，非常精巧。项链下端，有一段以三个圆形和两个边线内凹的四边形零件组成的坠子，两侧的圆形和四边形零件的金质底托上镶有成色优良的青金石，中间的大圆金饰上镶有一块纯净晶莹的鸡血石，四周围绕镶嵌有24颗珍珠。在它的正下方，垂挂着一颗镶有金边的水滴形玉石，呈半透明状。整条璎珞层次丰富，主次分明，即使埋没千年，仍晶莹璀璨如初。黄金镶嵌有色宝石，尤其是镶嵌青金石、蓝宝石、红宝石的做法显然来自西域，大角鹿纹更是中亚和波斯工艺美术中的常见纹样。这种西方的首饰样式和佩戴习俗从隋代起就传至中国，为贵族女性所喜爱，唐代女性坦胸的服装样式使颈饰更有了展现的空间。

唐墓中出土的华贵的多层项链的实物并不多，但在传奇故事和图像资料中，唐代女性装扮中不乏璎珞——这既是其信仰的体现，也是其身份的象征。尤其是在晚唐五代时期的敦煌壁画中，多层项链是具有汉族和回鹘双重血统的"天公主"的必备饰品如表3-7②③所示，她们同时佩戴多层由瑟瑟等各色宝石串成的软璎珞，使之覆盖整个胸部上方，繁缛华丽。这是盛唐颈饰穿戴风俗的延续，晚唐五代西州天公主所佩戴的颈饰款式趋于繁复，形式也更贴近西域原有的民俗。壁画中的项链以金色与天青色矿物颜料描绘，并杂以少许白色、红色圆珠形装饰，显现出以瑟瑟珠为主、配以杂宝和黄金的豪华颈饰的形象。美国学者谢弗认为，"瑟瑟"指产自中亚巴达克山的"天青石"，是一种被广泛运用的萨珊波斯宝石，是中亚诸国和北印度地区人们钟爱的首饰宝石，在东罗马也被大量运用在建筑上❷。"瑟瑟"是古代丝绸之路上的贸易品，在唐朝时是非常贵重的馈赠物，也是唐朝、吐蕃、回鹘、南诏妇女喜欢的首饰用宝石。《五代史》卷七十四云："（吐蕃）妇人辫发，戴瑟瑟珠，云珠之好者，一珠易一良马。"可见其珍贵。唐朝本土本不产瑟瑟，瑟瑟对于唐人来说，纯属是充满异国风情的外来物品。自古游牧民族首饰喜以黄金搭配绿松石、蓝松石、天青石及其他有色宝石，金碧辉煌，与中土典雅温润的崇玉文化截然不同，唐代女性首饰中大量引入瑟瑟等外来宝石的现象显然与李唐王朝的少数民族血统及当时所崇尚的"胡风"有关。因此，在晚

---

❶ 余太山：《两汉魏晋南北朝正史西域传所见西域诸国的社会生活》，《西域研究》2002年第1期。
❷ 谢弗：《唐代的外来文明》，吴玉贵 译，陕西师范大学出版社，2005，第291~295页。

唐五代时期，中原儒家文化大兴，女性的妆扮回归典雅的同时，迁徙至甘肃沙州胡汉杂居地区，与中原文化一度联系较少的沙州贵族女性大量服用繁复华丽的首饰，并佩戴多层项链的情况，充分地表明这种华丽颈饰的外来属性及其曾经在中原的兴盛程度。此外，晚唐五代敦煌壁画中的"天公主"作为虔诚礼佛的供养人身份出现，或捧香炉，或持香花，或双手合十，她们隆重的妆扮与大乘经典中"庄严自身""庄严佛土"不相背离，与中晚唐代奢华无度的供佛风气一致，其中集佛教的象征物与世俗首饰于一身的"璎珞"在少数民族环绕的沙州地区的汉族贵妇盛装中则得以充分展现。

在中晚唐的敦煌壁画中常见有女性佩戴璎珞的图像，但在初唐和盛唐的女俑和图像中则较少见到璎珞作为日常饰物的存在。据文献记载，盛唐时期的璎珞是作为舞服的一部分出现的。如表3-7④所示的一尊盛唐女舞俑，她的颈部就有一条珠宝项链，是盛唐女性佩戴颈饰的真实情况的体现。此外，陕西省考古研究院的张建林先生曾撰文说，在盛唐李倕公主墓中公主胸口部位发现珍珠串成的璎珞，珍珠网状串联，网眼之中有四瓣花钿垂饰。由于此璎珞很少公开展示，图像资料甚少，但信息来源应是可靠的。公主所着的豪华璎珞与佛像的璎珞形象在制作手法上颇为类似，即以珠玉结合圆形花朵呈网状串联而成，入殓时穿着璎珞，可见此类饰品在服饰礼仪中与正装匹配。盛唐公主生活奢侈，衣饰华丽，行为不拘，在正式场合献舞并不鲜见。如两《唐书》中所记载的太平公主十四岁时身着男装在高宗、武后面前起舞；又如郑万钧《代国公主（玄宗之妹）碑》中所提到的武后宴于明堂时，"公主年四岁，与寿昌公主对舞《西凉》"以助兴；赫赫有名的太平公主在侄女安乐公主的婚礼上，与驸马武攸暨"偶舞"一曲；安乐公主更是中亚传来的胡旋舞的爱好者，武三思曾以娴熟的胡旋舞技让公主芳心大悦。贵族女性正装舞蹈的行为有着明显的游牧民族豪放洒脱的特征，体现出李

表3-7 唐代璎珞和佩戴璎珞的唐代女性

①钻石项链（隋代，李静训墓出土）	②回鹘天公主像·敦煌榆林窟16窟壁画	③敦煌莫高窟61窟供养人壁画	④佩戴项链的舞女陶俑（陕西西安唐墓出土）

图片来源：周汛、高春明：《中国历代妇女妆饰》，学林出版社，1997。

唐王朝统治阶级的喜好，对一时的世风产生了极大的影响。盛唐时期著名的《霓裳羽衣舞》是风流天子唐明皇的力作，舞者身上也佩戴有华丽的璎珞，与道家传说中的羽衣结合，营造出了一派神仙世界的意象，这在唐代诗歌中得以生动体现。

如朱揆在《钗小志》中记载舞伎佩璎珞起舞的盛况："上皇令宫伎佩七宝璎珞，舞霓裳羽衣曲，曲终，珠翠可扫。"

又如郑嵎的在《津阳门诗》"马知舞彻下床榻"一句后自注曰："上始以诞圣日为千秋节，每大酺会，必于勤政楼下使华夷纵观。有公孙大娘舞剑，当时号为雄妙……又令宫伎梳九骑仙髻，衣孔雀翠衣，佩七宝璎珞，为霓裳羽衣之类。"可见《霓裳羽衣舞》舞者佩戴的璎珞不仅体现为项链状颈饰，还延伸至身体其他部位，与印度"被身覆体"的璎珞意义更为接近。这种大型舞蹈演出舞服上的璎珞与"俗衣服"相对，被视为一种与生活有一定距离的饰物。

白居易《霓裳羽衣歌和微之》诗云："我昔元和侍宪皇，曾陪内宴宴昭阳。千歌百舞不可数，就中最爱霓裳舞。舞时寒食春风天，玉钩栏下香案前。案前舞者颜如玉，不着人家俗衣服。虹裳霞帔步摇冠，钿璎累累佩珊珊。娉婷似不任罗绮，顾听乐悬行复止。"虽然记载《霓裳羽衣曲》的图像资料很少，但从诗意中，我们可以窥得：盛唐舞女所佩璎珞应如佛教造像一般繁缛华丽，并不是简单的颈饰，而是一种系于腰、手足、颈部、头上的整体妆饰的总称，其性质与《无量寿经集解》中所说的"常在颈者曰璎，在身者曰珞"的意义一致。此外，盛行于唐代社会的西域胡舞"胡旋舞""柘枝舞"的舞服上，有"带垂钿胯花腰重""垂带覆纤腰"的繁复腰饰出现在集各部乐舞之长的《霓裳羽衣舞》的舞服上，也是受佛教造型和西域乐舞形象共同影响的结果。诗歌描述中所用的"七宝璎珞"的名称，说明舞服璎珞是用象征着佛教七宝的珠玉宝石（或其代替品）制作而成，璀璨生光，无比豪华，有着印度佛教文化中璎珞能"净化身心""庄严身体"的吉祥寓意，这样的饰品用在道教乐舞上，是唐代释道相融的情形所导致的中国本土首饰文化与印度首饰文化合流的初期体现。

魏晋之前，中原女性很少佩戴颈饰。魏晋时，源于印度小乘佛教的五兵佩传入中原，称为中国女性的颈饰，为隋唐璎珞的流行埋下了伏笔。盛唐时期，大乘佛教所带来的璎珞的艺术形式在佛像上得到发展和成熟，佛像上的璎珞因为宗教意义和特殊形式，使它与唐代的世俗生活有一段距离，多体现在具有浪漫神话色彩和异域文化色彩的乐舞上。到了中晚唐时期，世俗女性佩戴璎珞的现象增多，璎珞逐渐由神圣的祭坛走入世俗人家，成为吉祥美丽的象征。它的形式经过简化，成为唐代女性的日常首饰以及后世项圈式颈饰的渊源，这在崇尚佛教、胡汉共存的西北地区尤为明显。璎珞的世俗化，也是唐代社会从"胡化盛行"到"化胡为汉"的文化变迁的写照，这种西域首饰与来自西域的佛教文化一起，融入了中国文化的体系之中。

三、条脱和臂钏：地中海和北印度首饰的本土化

（一）唐代臂饰的地中海文明基因

白居易《盐商妇》诗云："盐商妇，多金帛，不事田农与蚕绩……绿鬟富去金钗多，皓腕肥来银钏窄。"一个扬州的小家碧玉，自从嫁与盐商后，养尊处优，喝奴叱婢，金钗无数，身体发福，原来宽松的银钏也显得紧窄了。

诗中的银钏是戴在手腕上的金属饰物，也有戴在上臂的。唐代丝织业发达，女性服装的面料薄而透，即使穿上几层纱也能看见身上明显的斑痣，因此戴在上臂的环钏有了装饰的意义。在唐代，"钏"与"环"的概念界限一度并不清晰，在名称上彼此通用。到了后世，"环"和"钏"才有明确区别，"环"指的是镯子形状的饰物，"钏"指的是弹簧状的"条脱"。

"环"可以用金、银、玉、琥珀、玛瑙等材质制作，也能与金属材质相配制成。而"钏"具有伸缩性，只能用金属制作。如唐太宗妃徐惠《赋得北方有佳人》诗"腕摇金钏响，步转玉环鸣"句描写的金质臂饰可能是条脱，也可能是戴在同一手腕上的多层金镯，而《新唐书》中记载的"世俗尚以琉璃为钗钏"琉璃钏，则应是环或镶有大量琉璃装饰的钏。

条脱是用捶扁的金银条旋转而成的套镯，少则三圈左右，多则十圈以上，两端以与镯身相同的金属细丝缠绕固定，可以左右滑动以调节大小松紧。金银等贵金属良好的延展性使得条脱环的大小和彼此之间的间隙可以随意调节，使之与手臂相称。唐代不乏女性佩戴条脱的图像资料，如唐代阎立本的传世画作《步辇图》中，抬辇宫人的手腕上就有层叠状的条脱，既用来装饰，也可以束袖如表3-8①所示。这种从小臂至腕部的金条脱在周昉《簪花仕女图》中的贵妇手上也有出现。考古发现唐宋元明的墓葬中都有不少条脱实物，说明唐代的条脱到了元明依然流行。如江苏扬州唐墓出土的银条脱，约有9层，一端有银丝固定在钏体上，一端已断如表3-8③所示。湖北黄石凤凰山南宋吕氏墓出土的金条脱相对完整，约有十层，呈螺旋状，尾部收细，缠有扁状细金条如表3-8④所示。这种饰品在1985年出土的明代王伯禄墓中也有发现，形制类似，约有九层，金条的边缘有细细的凹槽，尾部缠绕的金丝更细，形制类似前代。孙机先生根据考古资料归纳后发现，除了唐、宋古墓中发现的条脱多为银质外，元、明墓葬中的条脱实物大多为金质，都可圈十层以上，拉直可达2m。有些为素面，有些条脱上有錾刻或浮雕图案❶。从以上资料可见，条脱较之金银镯用料更多，代价昂贵，工艺精细，佩戴这样的饰物不仅能凸显女性的美丽，更是财力和地位的象征，白居易在言及

---

❶ 孙机：《缠臂金》，《中国文物报》，2001年第7期。

盐商妇家的富庶时特意提到的"银钏"，可能就是条脱。

"条脱"一词在唐之前就有，如魏晋时期繁钦的《定情诗》中就有"何以致契阔，绕腕双跳脱"，指代明显。但到了唐代，似乎"条脱"一词的概念不为唐人所熟知，如同"钏"和"环"在名称上的通用一样。宋代计有功《唐诗纪事》中载，唐文宗在问臣下"轻衫衬跳脱"中的"跳脱"是何物时，大家茫然无言以对。文宗只能解释说："即金之腕钏也。"可见唐代臂饰定名并不清晰。

除了弹簧状臂饰"条脱"外，1984年和1989年在四川什邡和广汉的唐墓中 先后出土了两件长条状金饰，长度在101～157cm，表面錾刻有卷草间十二生肖图案，金条两端有金丝缠绕的套环，似是用于连接，这两件金饰曾一度被认为是与唐人圆领袍相配的金腰带。孙机先生根据其尺寸和结构推测，认为这种饰物是文献记载中的"缠臂金"，属于臂钏类。如果孙先生的推论成立，那唐代女性的臂饰不止现成的环钏，还有这种造型更自由的薄金条，这也使"缠臂金"这一名称的指代更为模糊。《新五代史·慕容彦超传》有："乳母于泥中得金缠臂献彦超。"所言"金缠臂"是指条脱，还是缠臂金条，抑或是组合在一起的金镯不得而知。宋代苏轼《寒具》诗云："夜来春睡浓于酒，压褊佳人缠臂金。"缠臂金条和散碎的金镯不会被"压褊"，诗中的"缠臂金"应是指"条脱"或"金钏"。这么看来，"缠臂金"一词到了宋代，和条脱、环镯的指代概念仍不清晰。

被我国古代称为"条脱"的弹簧状饰品，除了戴在手腕上外，更被戴在上臂上。在敦煌壁画中，不乏身着西域衣裙、上臂缠有条脱的天人形象，其腕部则戴着装有金铃的手镯如表3-8②所示。带有金铃的镯饰在西亚常见，现今的阿拉伯妇女仍佩戴着这样的饰物，在走路时，可以发出清脆的声响。《古兰经》中告诫妇女：女子步履要稳重轻盈，不能让脚上的装饰发出声响。可见在默罕默德时期，西亚的女性已经在四肢上佩戴带有金属饰物的镯子了。此外，中亚胡旋舞、柘枝舞服的帽上金铃和胯上花腰在唐诗中屡被提及，应也是垂挂金属配件，舞之能响的装饰。由此可见，首饰和服饰上挂有金属配件是西亚、中亚地区的西域民族妆饰的习俗，这与西域民族崇尚金银器物和彩色宝石的审美喜好一致。在敦煌壁画上与条脱相搭配的手镯显然是西域的首饰，那戴在上臂的条脱也属于西域民族的妆饰习俗——因为在隋唐之前中原地区宽袍大袖的服饰体系中，在上臂佩戴饰物是没有妆饰价值的。隋唐女性在上臂佩戴臂环、条脱的妆饰方式，显然是西域文明影响的结果，是当时中原人热衷"胡风"的体现之一。

条脱状饰物在国外发现不少，时间都较魏晋更早，名称也不统一，在形制上与中国略有不同，是截面为圆形的金条而非扁平的金带。如表3-8⑤所示的列宁格勒国立博物馆藏的条脱状饰物翻译后的名称为"轮环金手镯"，是将横截面为圆形的金条盘成螺旋状，多达八层，两头为长脚内曲的麋鹿造型，并没有金丝缠绕固定，在佩戴时靠金属的弹性调节大小。这件饰物出土于沃罗格达的嘉里诺夫斯基古墓群，是前1世纪的作品，属于当时处于今南俄罗斯地区的撒马提安游牧民族。山羊、麋鹿之类的动物形象是的中亚和北方草原民族工艺美术的典型符号，尤其是大角山羊，在中亚和西亚伊朗高原艺术中经常出现。大英博物馆也藏有弹簧状臂饰，与我国出土的条脱和列宁格勒轮环金手镯十分相似，是属于从罗马迁徙至不列颠岛的塞尔特人的。赛尔特人的轮环手镯更为素朴，以两条细金条绞拧而成，尾部翘起焊有圆珠，似是用于勾连如表3-8⑥所示。金属手镯是赛尔特人喜爱的首饰，除了封闭式圆环状手镯外，赛尔特人还喜欢佩戴开合式手镯，即一条细圆柱状金条弯曲成环，根据佩戴部位手臂的粗细调节，类似于什邡、广汉出土的"缠臂金"，只是在长度上要短得多。赛尔特人于前2世纪到前1世纪散居于欧洲各个角落，西至不列颠南部，东至黑海沿岸，与欧洲、北非、西亚地区各民族接触频繁，部分融入希腊和罗马帝国，文化融合跨度很大。不列颠出土的赛尔特人轮环手镯的年代约在前7世纪至前1世纪之间，比中亚一带出土的饰物要早，应是希腊首饰文明西传的产品，与东传的中亚条脱有类似的渊源。中亚地区处于文明的十字路口，先后被波斯阿契美尼德王朝、巴克特里亚希腊王国、安息王朝占领，战争和丝绸之路贸易所带来的民俗、种族、文化的频繁交流和融合，使中亚地区的首饰文化具有明显的欧洲、西亚风格，这点在上述中亚和欧洲的轮状金手镯上可以看到端倪。这两件饰品形式类似，只是在装饰风格上具有出土地区的民族特色，记载了文化在传播过程中的形式演变。

表3-8　条脱

		③银条脱（唐代、扬州出土） ④金条脱（湖北黄石凤凰山南宋吕氏墓出土）	⑤轮环金手镯，直径6.8cm（前1世纪末，列宁格勒博物馆藏） ⑥赛尔特人金臂饰（前7世纪～前1世纪，大英博物馆藏）
①《步辇图》中戴条脱的宫女	②吉祥惠女裸体图中戴条脱的天女（克孜尔石窟第84窟）		

图片来源：图①源自刘文西：《中国历代仕女画谱》，三秦出版社，2014。
　　　　　图②源自阮容春：《丝绸之路与石窟艺术》，辽宁美术出版社，2014。
　　　　　图③、图④源自李芽：《中国古代首饰史》，江苏凤凰文艺出版社，2020。
　　　　　图⑤源自日本讲谈社：《世界博物馆13：列宁格国立博物馆》，台湾出版家文化事业有限公司，1984。
　　　　　图⑥源自休·泰特：《7000年珠宝史》，中国友谊出版社公司，2019。

将西方1世纪前的轮状手镯与出现于魏晋南北朝、流行于唐代和后世的条脱相比较后不难推测出，条脱是源于希腊系首饰文明的臂饰，通过丝绸之路传入中国。到了中国后，镯身由原来的圆柱状变成扁平条状，以符合中国人的习惯。根据相关书籍介绍，"条脱"又称"条达"，属于外来译音，与缠臂金条一样，本非中原之物❶。魏晋时传入的此类首饰种类还不多，"条脱"的指代还算明确，到了唐代，在西域文明大量入华的背景下，臂饰的名称和实物之间的指代关系秩序一时未能形成，《唐诗纪事》中所载的唐人熟悉腕钏、不知"条脱"的情形，也是可以理解的了。

（二）唐代臂饰的北印度文明基因

唐人戴在臂上的饰物还有成组的金镯。如表3-9①所示，吉林榆树老河深古墓出土的一套多枚手镯连为一体的臂饰，手镯皆为开口式，可以根据手臂粗细调节。此套臂饰层数很多，大小不同，显然是根据手臂的粗细变化打造的，可以覆盖一大段手臂。在手臂上佩戴大量手镯的妆饰习俗显然不属于中原文化，敦煌壁画和中亚图像资料中所展现的波斯系妆饰习俗中，虽也喜爱佩戴多层手镯，但如此繁复的妆饰并不多见。而在印度早期文明中则有类似的图像，如表3-9②所示的印度国立博物馆收藏的舞女俑的左手上臂上就带有大量的臂饰，与老河深古墓出土的情形类似。这尊舞女俑是印度河文明的古物之一，她属于雅利安人入侵之前的印度土著——达罗毗荼族。雅利安人入侵后达罗毗荼人被迫南迁，但仍保留了本族的文化传统。因此，达罗毗荼族在妆饰方面也相对独立，与雅利安人统治区的印度妆饰有所不同。老河深古墓中由多枚手镯组合而成的臂饰很有可能来自印度的妆饰文明，在形式上和风俗上都属于外来事物，为当时中原崇尚"胡风"的风俗所包容。

唐人的臂钏也与宗教信仰有关，形式上与同时期的西方钏饰颇有相似之处。在陕西扶风法门寺地宫出土的中晚唐器物中，有一件鎏金带钏面三股杵纹银钏，钏面椭圆，纵径5.3cm，横径4.6cm，顶面饰吉母金刚杵，外绕一圈莲花瓣，底缘有一圈流云纹，钏截面呈"W"形，表面錾刻有卷草纹，内壁光素如表3-9③所示。这件钏饰外径达10.8cm，应是戴在上臂的臂饰，顶面上的佛教符号暗示了这枚臂钏的宗教意义。类似的钏饰在西亚也有发现。叙利亚博物馆藏有一件11世纪西亚产金手镯，顶面以花丝、捶揲、焊珠等工艺制作出精美的装饰，在中央和上下左右的边缘处镶有宝石（现已脱落），装饰格局与法门寺鎏金银钏顶面的金刚杵类似。此金镯可以开合，内中空，装饰有浮雕花纹，内径有铭文。铭文大意为："无限的力量、永远的喜悦、不断的成功""给持有者真诚虔敬的祝福、完全的恩宠"等❷如表3-9④所示。此金手

---

❶ 周汛、高春明：《中国传统服饰形制史》，南天书局有限公司，1998，第258页。

❷ 铭文译文出于图释。

表3-9　臂环

①多枚手镯合为一体的臂饰（吉林榆树老河深古墓出土）	③鎏金带钏面三股杵纹银钏（法门寺地宫出土，法门寺博物馆藏）
	 ④拉卡出土金手镯 （11～12世纪，西亚，叙利亚博物馆藏）  ⑤金镶玉臂环 （何家村窖藏出土，陕西历史博物馆藏） 
②戴多层臂环的古印度舞女（印度国立博物馆藏）	⑥合十礼拜的菩萨 （笈多时代，哈丁库残片，印度国家博物馆藏）

图片来源：图①源自周汛、高春明：《中国历代妇女妆饰》，学林出版社，1997。

图②源自日本讲谈社：《世界博物馆3：印度国立博物馆》，台湾出版家文化事业有限公司，1984。

图③源自法门寺地宫博物馆线上资源，"隋唐五代十国部分"。

图⑤源自陕西历史博物馆：《陕西历史博物馆文物精华版》，陕西旅游出版社，2005。

图④、图⑥源自日本讲谈社：《世界博物馆18：叙利亚国立博物馆》，台湾出版家文化事业有限公司，1984。

镯的工艺在阿拉伯人统治伊朗高原之前就已经存在，高浮雕和金银嵌宝装饰是典型的萨珊波斯和东罗马帝国工艺美术特征，而在首饰上錾刻铭文则是阿拉伯工艺美术特色，将文字和花草纹样共同组成图案装饰则是伊斯兰教艺术的特征，铭文的内容和装饰形式显然也与伊斯兰教信仰有关。虽然叙利亚博物馆藏的这枚金镯年代晚于唐代，但将手镯与宗教文献相联系的形式在唐代墓葬中有实物发现。1944年，四川大学原址一座晚唐墓葬中出土的一枚空心银镯中就藏有一张极薄的咒印本，印有六臂菩萨像和用梵文书写的密宗咒文。类似的咒本在斯坦因从敦煌盗走的遗物中也有发现，那是宋代经咒本，上有"若有人持此神咒者，所在得胜，若有能书写带在头者，若在臂者，是人能成一切善事，最胜清净，为诸天龙王之拥护，又为诸佛菩萨之所忆念"之语。从中可见，在密宗流行的中晚唐，唐人将密宗经典中的训诲在现实生活中付诸实践，手镯也超越了单纯的妆饰功能而成为护身法物 ❶，可见宗教文化赋予了唐代首饰更为丰富的形式和内涵，以及中西文明交融生动地体现在首饰中。

法门寺地宫的鎏金臂钏与叙利亚博物馆藏手镯形式类似，相较之下，法门寺遗物钏面上的平錾工艺更符合唐代工艺美术特征，是中国本土的产品。在初唐进入中国的西域金银器上，常有高浮雕装饰，这种装饰形式在初盛唐的铜镜上也有体现。盛唐之后，平錾因更符合东方工艺美学，被广泛运用在中国本土制造的金银器中，配合少量的高浮雕使用。法门寺遗物钏面上的平錾工艺与同时期的金银器工艺是一致的，金银器工艺美学在中晚唐的成熟拉开了中西首饰制作风格的差异。这枚鎏金臂钏是西域首饰传入中国后的本土化作品，说明在它之前早已流行了一段时间。此外，中国工匠在制作臂钏这一具有西域特色的新型首饰时，还将西域首饰结构与中国传统"环"镯相结合。如陕西西安何家村窖藏出土的金镶玉臂环，直径较大，显然是一枚臂饰。镯身分为三段，每段两头都有金花铰链相连，便于开合，温润华贵，是唐代中西装饰风俗融合的产物如表3-9⑤所示。

关于法门寺地宫出土的鎏金银钏和叙利亚博物馆藏金手镯的来源，我们可以在笈多时代的印度壁画中见到。如表3-9⑥所示，菩萨上臂就带着有钏面的金镯，与前文所述的案例中的实物十分相似。笈多王朝（AC320—540）是继贵霜大月氏王国之后的摩揭陀政权，崇尚佛法，这一时期的佛像造像艺术独具特色。北印度是佛法东传的必经之路，菩萨身上的臂钏反映了当时北印度地区与佛教相关的妆饰文化，可以说是法门寺臂钏形式的直接来源。然而，在伊朗高原上，萨珊时期波斯的国教为琐罗亚斯德教，同时基督教与摩尼教并存，并没有佛教。大食取代萨珊波斯后，伊斯兰教占据主导地位，甚至覆盖了中亚地区，强迫河间地区原来信奉祆教、佛教的中亚民族改宗伊斯兰教。因此，叙利亚博物馆的金手镯显然不会是佛教文化影响的结果。

北印度的首饰文明是唐代臂钏的渊源所在，但北印度和伊朗的臂钏应该来源于

❶ 黄能馥、陈娟娟：《中国服装史》，中国旅游出版社，1995，第189页。

希腊首饰文化。虽然现在关于圆顶臂钏最直观的图像资料来自笈多时代的印度佛教壁画，但从历史的角度看，这种臂钏的产生和流行较笈多时代更早。公元前185年，印度孔雀王朝被巽伽王朝取代后，佛教徒被驱赶，佛教向旁遮普地区和印度北部发展，并竭力发展当时统治北印度的希腊人信教。在巴克特里亚希腊王国的弥兰王的保护下，旁遮普和犍陀罗地区成为佛教中心，一直延续到后来的贵霜时代（中亚大月氏政权）摩揭陀笈多（印度政权）统治时期。巴克特里亚王国又称大夏，是亚历山大东征后继赛琉古帝国之后在中亚和北印度地区建立的希腊人政权。巴克特里亚的艺术建立在中亚和伊朗艺术的基础上，吸收了印度、希腊和中国的艺术养分。在巴克特里亚统治时期，中亚、北印度的艺术以西亚和中亚艺术为主，佛教雕塑具有明显的希腊特征。佛教本无造像，在1世纪时，受希腊多神教偶像崇拜习俗的影响开始有了造像，开创了犍陀罗佛教艺术在贵霜时代的辉煌时期。可见与西亚文化融合的希腊文化在中亚和北印度地区的影响之深。贵霜、笈多在此基础上继续发展，传承了希腊、伊朗、中亚文化的特色，形成了我们现在看到的北印度文化。而希腊文化的另一支则留在了伊朗高原上，在萨珊波斯之后被阿拉伯人继承。笈多时代菩萨像上的钏饰款式即是古代希腊和西亚首饰的演变形式，后来随着佛教传到了中国并被延续下来。中国的遗物与西亚惊人相似，甚至都刻有各自宗教的铭文，就是由于此二者均源于希腊文化。

唐代女性的臂饰是唐代妆饰文化的特殊妆饰形式，具有鲜明的西域首饰文化特色，是典型的西域文明入华后在中国本土化发展的妆饰文化，其源头为地中海沿岸的希腊文化圈。在唐之后，中原文化再次兴起，女性的服饰发生了新的变化，胡服不再流行，臂饰在唐代辉煌一时后，很快退出历史舞台，只留下条脱和手镯延续后世。

第二节　唐代首饰金银工艺中的西域工艺遗存

两汉时期，中原地区在崇玉文化影响下，女性的饰物往往直接以玉、琉璃、帛、木、玳瑁等温润典雅的材质制作，金银处于附属装饰地位。随着丝绸之路贸易的兴盛，到了魏晋时金银饰物逐渐增多，西域的首饰产品和金银工艺进入中原，为中原地区崇尚、吸纳和模仿。到了隋唐，金银嵌宝首饰占主流地位。除了金银的化学稳定性和其本身的贵金属价值外，金银饰物光芒璀璨，延展性强，无论是单独制作还是与宝石搭配制作都十分华贵精致，符合在六朝时北朝游牧民族审美和隋唐时胡汉杂居、文化相融的社会环境所导致的时代审美变化。

唐代金银首饰的发展演变曲线与金银器的发展曲线类似。初唐时期，金银器物进口占一部分，另一部分是中国工匠对西方器物的模仿，在器形、图案、制作工艺等方面仍保持着西方器物的风格面貌。初唐时金银首饰的款式虽然并未完全沿用六朝时期和西方同时期产品，但在大小和佩戴方式等方面与西域同类首饰类似。到了盛唐，唐代的金银器工艺发展迅速，也逐渐形成了自己的风格，女性的金银首饰趋于多样化，工艺更为细腻，卷曲纤细的唐草与灵动的写实花鸟成为首饰装饰的主题，纤薄玲珑、镶嵌宝石的首饰为女性所钟爱，细金工艺运用广泛。中晚唐时期，社会风气更趋于奢靡，金银器的制作中心转向南方淮扬之地，南方金银器以轻薄、精巧、产量高、形式美取胜，以至于朝廷虽有金银作坊院和文思院，但还常向淮南道、江南道、岭南道索取金银妆奁和生活器物。此外，沿海贸易的发达使来自西亚的珍宝和黄金大量流入中国，民间女性获得华丽的金银饰物的途径变得更多，使得使用金银器物、佩戴金银首饰在中晚唐时蔚然成风。中晚唐时女性佩戴的金银首饰小巧精致，尤爱戴花钿、花胜、插梳等饰物。花钿、花胜由薄薄的花片演变为镂空的折枝花，与中晚唐南方金花银器上流行的世俗纹样同步。金梳仍是女性的心爱之物，梳齿细密，高高的梳背上雕镂精美的图案，妆饰价值远高于使用价值。在中晚唐的遗物上，还可以看到初盛唐时流行的西域元素。

齐东方先生在总结唐代金银器发展时认为，金银器在隋和唐初受西方影响较大，8世纪中叶基本完成了中国化进程，开始独立发展❶。盛唐时，官府招纳"技能工巧"者，金银工匠属于"细镂之工"，被予以集中培养，四年学习之后要通过严格的考核选拔才可以成为正式工匠。当时全国巧匠云集两京，集中制造金银器物，推动了唐代中国金银器工艺的发展。此外，国际化的环境、优良的生产条件，使工匠的创造力和制造水平得到最大程度的发挥，西方金银工艺为唐朝的工匠充分地学习和吸收，造就了中国工艺美术体系中辉煌的一页。盛唐时最优良的金银首饰大都供给两京的皇族贵胄使用，体量大，用料足，款式豪华，工艺精湛，有大量的珠宝镶嵌。中晚唐时，唐朝国力远不如从前，官府将金银制造和开采的部分权力下放地方，使南方金银手工业的规模迅速扩大。兼之安史之乱后，不少金银工匠失散民间，云集江淮，父子相授，导致中晚唐时南方金银器无论从样式还是工艺方面都超过了北方。女性金银首饰轻薄精美，款式小巧，珠宝镶嵌形式多样，其中不乏琉璃钗钏，工艺繁简根据价格而定❷，适合社会各阶层女性需要，具有明显的商业特征。

唐代女性首饰的工艺大致为捶揲、花丝、钑镂、錾刻、金银珠焊缀、镶嵌、熔铸等。除熔铸外，其他都属于"细金工"，这些工艺往往组合使用，使唐代女性首饰具有

---

❶ 齐东方：《隋唐考古》，文物出版社，2002，第174页。

❷ 同❶第180页。浙江长兴县下莘桥银器窖藏有25件素面银钗，仅是双股银条，有16件华美的凤钗，顶端装饰镂空凤凰缠枝花。出土首饰重复不配套，显然用作商业用途。而且没有高级奢华的首饰器物，可能是与官营相区别的私营作坊的产品。可见中晚唐时期民间金银手工业发达，金银饰品流行普及。

细腻优美的艺术表现力。唐代首饰金银工艺的来源于西亚、中亚一带，实物相较，不难看出共同点。但经过唐代工匠的研究和发展，唐代女性的金银首饰更符合中原文化追求的优雅的审美趣味，从形式上较西方之物更平面化，具有灵动细腻的美感。

一、捶揲·花丝

  捶揲是唐代女性金银首饰的主要工艺，金银细条、珠宝镶嵌大都在薄薄的金银片上进行，李倕公主金冠饰片就是如此。用于首饰制作的金银片更薄，需要将已经捶打成片的金银用皮革和纸张夹住反复捶打加工成极薄的金银箔片，然后再进行錾刻、透雕等进一步加工。捶揲工艺很早之前就存在于西亚首饰之中，如在巴泽雷克古墓中就发现有前1世纪的金叶马饰等，萨珊波斯贵族的服饰上也缀满金叶。步摇冠传入中国后，首饰捶揲工艺也随之入华。何家村窖藏出土的麸金极薄，可供食用，可见唐代金箔加工工艺之高超。隔着纸和皮革捶打金箔的工艺在元代宋应星的《天工开物》和明代方以智《物理小识》中都有提及，其描述差异不大，说明在唐代这种工艺已然纯熟。

  中国的花丝工艺则最早始于西汉，比西方要晚得多。魏晋之后，花丝工艺被广泛运用，成为中国首饰制作的主要细金工艺。花丝工艺的内容大致为金银熔炼、拔丝、编盘、局部焊接。金银有良好的化学稳定性和延展性，一克纯金拉出的金丝可达342

图3-7　金丝涡纹玛瑙项链
（前2世纪，叙利亚博物馆藏）

图3-8　希奥多西亚耳环（前4世纪，列宁格勒国立博物馆藏）

米，可以制作极精细的编织首饰❶。然而，金银制成的细丝极易断裂，制作花丝工艺首饰有极高的技术要求，优秀的作品不能看出编织痕迹。将贵金属拉成细丝进行编盘的工艺早在前2世纪的西亚就已经出现，叙利亚博物馆藏有一件将细金丝卷成双涡纹并配以金黄的玛瑙和蓝色的琉璃制成的项链，细腻均匀，具有很高的工艺水平（图3-7）。在列宁格勒国立博物馆，也藏有一件出土于黑海北岸古希腊殖民地城市——希奥多西亚的一座古墓的前4世纪后半叶的耳环（图3-8）。这件耳环很大，由金箔片和花丝工艺制成，精美绝伦。

隋唐之际，中国的花丝工艺已经非常纯熟了。隋代李静训墓出土的蛾儿扑花钗就是一件花丝工艺杰作如表3-10①所示。花钗底部为三股钗，上有半圆球体状的花饰，金蛾稳稳地停在花丛顶上。小花由极薄的金箔和银箔制成，中间有孔，将金丝和着米珠穿入后拧丝固定并焊接在底座上，可以微微颤动，较枝形步摇簪更为精巧。花顶以花丝工艺编结出一只蛾子，金丝极细，有粗细变化，略粗的勾勒外形，最细的制作纹理，描绘出蛾翅纤微的纹路，精致无比。蛾身亦以金丝编结成立体的柱形，可存放香料，头部为球体，间歇穿插小料珠装饰，纹理清晰。这件金银花钗长8cm，高11cm，是一件小型首饰，细节完美无缺。

花丝工艺往往与捶揲工艺组合运用。如表3-10②所示，陕西省郭家滩出土一对金凤饰，底为金箔片，剪成凤凰形态，尾部和足部錾镂处理，高6.8cm，呈展翅状。凤身以系小辫丝勾勒出凤凰羽毛的形状走向，焊接在金箔上。凤凰头顶、足部、尾部有小孔，供固定，可能是义髻、冠饰上的金饰片。

花丝可以直接贴合在金箔上，也可以编结成立体的造型与金箔组合。捶揲工艺使唐代女性的首饰形体更为轻薄，花丝工艺则赋予金银饰品感人的细节魅力。唐人苏鹗在《杜阳杂编》中记曰："宝历二年，浙东国贡舞女二人，一曰飞燕，一曰轻凤……带轻金之冠……轻金冠以金丝结之，为鸾鹤之状，仍饰以五彩细珠，玲珑相续，可高一尺，秤之无三二钱。上更琢玉芙蓉以为顶。"❷结合现有的实例来看，文中所言"以金丝结之""高一尺，秤之无三二钱"的冠饰应是以花丝工艺制成。

二、錾刻·钑镂

錾刻工艺十分复杂，工具很多。大致有平錾和凸錾两种。平錾是在金银的表面用錾刀刻出阴纹的技法，在初盛唐时期"满地装"式的金银器物上常见，尤其是在女性妆盒之类的小型器物上，能表现出细腻的图案线条。平錾除了有独立的表现力外，还会结合钑镂、熔铸等工艺，在首饰上作局部表面装饰。如3-10③所示的甘肃省庆阳

---

❶ 杨小林：《花丝工艺中的编织技术》，《中国文物科学研究》2006年第4期。
❷ 苏鹗：《杜阳杂编》，载《丛书集成初编》第2835册，中华书局，1985。

市博物馆藏的唐代银凤，就是在捶揲而成的凤形银片上用平錾的手法刻出细节肌理。但因银片纤薄，平錾的刻痕表现力有限，远看效果较为平面。凸錾又称为浮雕錾，在较薄的金银器体的正反面进行局部刻画敲打，使之具有轻微的浮雕效果。凸錾讲究"起位"，即确定图案与金银表面最大的垂直距离[1]，"起位"越高，立体感越强。由于平錾的精细程度和纤柔表现力终不如凸錾，所以唐代女性首饰的立体感多依靠凸錾来表现。

唐人将"钑""镂"连用，指的是在金银器上雕刻和镂空的工艺，在唐代女性首饰制作中十分常用。"镂"也与錾刻有关，是将錾刻和雕刻的纹样中不需要的地方去除，凸显所要表现的图案，使首饰器物更为轻灵精致，有"透气"的视觉观感。

从李倕公主金冠饰片上可以了解到，唐代女性金银饰品具有轻、薄、透的特点，中晚唐的首饰尤是如此。在花钿、花胜、梳背的制作中，錾刻、钑镂常搭配使用。如表3–10④⑤所示的金花饰和鎏金银簪，就大量用到了钑镂和錾刻工艺，使饰物的图案线条显得非常纤柔。与金花饰类似，银簪以平錾法在簪头底部、簪头中央的花鸟上刻出花萼纹理和花瓣、鸟羽的肌理效果，并在局部结合花丝工艺，制作出轻微的立体感，十分精致。中唐诗人罗虬《比红儿诗》云："妆成浑欲认前朝，金凤双钗逐步摇。"诗中的金凤钗应是玲珑的。钑镂和錾刻工艺结合的金银首饰在中晚唐墓葬中常有发现，合肥西郊南唐墓出土的"四蝶银步摇钗"更是轻薄如纸。

最精美的唐代首饰錾刻钑镂工艺范例是表3–10⑥所示的扬州三元里窖藏出土的金錾花栉。这件金栉高12.5cm，宽14.5cm，栉体极薄，梳背很高，精美绝伦。梳背用薄金片捶揲而成，分为三层。内层为以凸錾和镂空工艺制成的飞天像和卷草纹；中间一层镂空成极细的网状，每根线条还以凸錾制成截面为V形的立体状；外层为S形卷草连接的美化图案，梅花以凸錾描绘肌理，卷草极细。在每层之间，以较钝的錾刀刻画出双线联珠纹，从中依稀可见初盛唐的西方艺术在中晚唐时期的演变，充分体现了西域工艺在唐代精细化的发展事实。

三、金珠焊缀·镶嵌

金珠焊缀工艺在汉代就已经出现，是从地中海沿岸经丝绸之路传至中国的细金工艺，在古希腊和古罗马的遗物上常见，非常精致华丽。金珠焊缀工艺在唐代的宝钿镜、金首饰上得到广泛运用，是具有鲜明的唐代工艺美术特色的细金工艺。金珠制作是将金银薄片剪成丝，切成段后，熔聚成粒。小颗粒相对浑圆，大颗粒则需要碾研。还有种方法是将金银丝的一端烧热，使金银融化，以吹管吹端点，金银珠自然落下。金银

[1] 孔艳菊：《金银器的錾刻与花丝——以故宫文物修复为例》，《紫禁城》2009年第9期。

珠制成后焊接在首饰上，形成蹙金效果❶。

唐代金银首饰的底板一般为捶撰后剪成图案的金箔，以花丝工艺用金银细丝或细金银片垂直焊接在金箔上，勾勒出内部细节形状。唐代女性的首饰图案一般为写实风格的花鸟和卷草纹，以"满地装"的形式布满底板。在盛唐的小型金银器上，常以"鱼子地"錾刻来区分装饰图案底图的空间关系，形成精细有序的视觉效果，这种装饰模式体现在首饰和小型镜上则是金珠焊缀工艺。"鱼子地"錾刻装饰工艺流行于盛唐时期，成本非常高，到了中晚唐时期，以南方为主的金银器上鲜有"鱼子地"装饰，焊有小金珠的宝钿镜也与之同步地消失了。但女性的首饰因为体量小巧，且属于以精致取胜的奢侈品，因此金珠焊缀工艺仍被大量沿用在首饰上，尤其在金银插梳上体现得最为明显。温庭筠《鸿胪寺有开元中锡宴堂楼台池沼雅为胜绝荒凉遗址仅有存者偶成四十韵》诗中"艳带画银络，宝梳金钿筐"句，以及白居易《和梦游春诗一百韵》中"裙腰银线压，梳掌金筐蹙"句中所描写的"金钿筐""金筐蹙"都指的是中晚唐女性的金丝筐边、金珠焊缀的梳子，和服装上的"银线""银络"彼此辉映，体现出富丽明艳的妆饰意象。

首饰上的金珠是用焊接的方式装饰在底板上的。金珠焊接的工艺非常精细，略大的金珠用白芨类的黏合剂粘在底板上，小如粟粒的金珠则以焊药密密点在焊接部位，形成"鱼子地"的细密装饰。方以智《物理小识》中言及焊药时曰："汗药，以硼砂合铜为之，若以胡桐泪合银，坚如石。今玉石刀柄之类，汗药加银一分其中，则永坚不脱。试以圆盒口点汗药于一隅，其药自走，周而环之，亦一奇也。""汗药"即"焊药"也，银器焊接主要以硼砂为辅助物。谢弗说，能使银合得"坚如石"的"胡桐泪"是一种杨树的树脂，中国西北、"甘肃、哈密及突厥斯坦和伊朗各地是唐朝使用的胡桐树脂的来源地……被珠宝工匠，尤其是隶属于宫廷的珠宝匠作为一种焊接金银器的焊剂来使用"❷。如果胡桐泪确实源于西亚伊朗高原和中亚及北方草原地区，那用它来焊接金银器装饰物很有可能是随着金银器的传播进入中原的西方工艺，毕竟在汉之前西方的金银器和金银首饰工艺已经很发达了。

在唐代的首饰上，金珠焊缀和镶嵌是常有的组合。工匠往往以细密的金珠为图案的底，在图案的部分焊接金丝筐，筐内镶嵌各色宝石、琉璃，为纹样着色。由前文的李倕公主金冠饰片可以看到，红宝石、绿松石、琥珀等西域宝石是唐代女性首饰上常用的宝石，能营造出金碧辉映的效果，与西域民族和草原游牧民族的审美十分接近。亚述帝国编年史记载，各色宝石是阿拉比亚各部族向亚述王进贡的主要物品❸，说明西

❶ 齐东方：《唐代金银器研究》，中国社会科学出版社，1999，第184页。
❷ 谢弗：《唐代的外来文明》，吴玉贵 译，陕西师范大学出版社，2005，第243页。
❸ 希提：《阿拉伯通史》，马坚 译，商务印书馆，1979，第41页。

亚地区在亚述时期已经非常喜爱宝石装饰了。《隋书·西域传》亦载，萨珊波斯地区多"真珠、颇黎、兽魄、珊瑚、琉璃、玛瑙、水精、瑟瑟"。谢弗在他的《唐代的外来文明》中明确指出这类宝石产自中亚和西亚。此外，唐代的史书和民间文学中都多次提及大量的西方珠宝商人在两京、江淮、岭南地区活动的情况，其中多为"波斯胡"。香药和珠宝是粟特、波斯、大食商人来华经商的主要商品，在唐人传奇中有大量的胡人"重宝轻身"及"胡人识宝"的故事，可见在唐人的概念中，胡人与珠宝是划等号的。现代考古发现，"在长安西市南大街中部街南出土大量骨制装饰品、珍珠、玛瑙、水晶装饰品及金饰品，似为附有加工作坊的珠宝商行遗址"❶，可以与文献中的描述相印证，可见唐代女性首饰嵌宝的审美习俗和工艺应是源于当时中外贸易交流频繁的社会因素。

以宝石镶嵌在金筐内形成图案的做法璀璨富丽，与古埃及金银饰品的工艺和明清时期流行的珐琅工艺十分相近，与中原崇尚温润内敛的传统文化精神截然不同，显然是来自西方。唐初女性的金首饰中就有这种工艺形式。如表3-10⑦所示，初唐武德年间入葬的贺若氏墓中就有一枚双鹊戏荷纹金梳背，由金珠焊缀、花丝、镶嵌工艺组成。梳背很小，长5cm，宽仅1.5cm，分内外两层。外层为一圈镶宝石的联珠纹，联珠纹边缘的双金线边框里嵌有整齐的小金珠，如同联珠纹；内圈正面为双鹊戏荷图案，反面为荷花双梅图案，图案之外镶嵌有粟粒一般的小金珠。荷花、梅花、双鹊，以及外层联珠纹的金筐内本镶有宝石，现已脱落，只留下黏合的痕迹。可见当年这件梳背应是金碧辉煌，杂宝相间，精致无比。

由于初唐时期中国本土的金银器在纹饰、工艺、器形等方面还处于对西域金银器物的复制模仿阶段❷，尚未形成自己的风格，精美的贺若氏梳背是用西方金银首饰的工艺根据中国首饰款式制作而成的本土产品。无独有偶，在列宁格勒国立博物馆藏有一件中亚4～5世纪的匈奴鬓饰，如表3-10⑧所示，鬓饰中央的"生命之树"和两边对称的大角山羊图案就是以金珠焊缀的工艺制成，与平滑的底板对比鲜明。可见金珠焊缀的工艺是中亚和北方草原民族从希腊时期承袭而来的重要金银首饰装饰工艺，只是中亚民族喜将金珠焊缀作为图案的装饰，唐朝工匠则将金珠作为底板装饰。宝石镶嵌则更多源于西亚的萨珊波斯和拜占庭的装饰习俗，与金珠焊缀一起，在唐朝女性的首饰上达到了统一。贺若氏金梳背与李倕公主金冠饰片嵌宝工艺类似，只是李倕金冠上没有金珠焊缀装饰。可见金珠焊缀是制作小型首饰的细金工艺，宝石镶嵌则相对普遍。镶嵌宝石和金珠的梳子样式延续至中晚唐时期，温庭筠"宝梳金钿筐"即是明证。

❶ 中国社会科学院考古研究所西安唐城工作队：《唐长安城西市遗址发掘》，《考古》1961年第5期。
❷ 孙机：《建国以来西方古器物在我国的发现与研究》，《文物》1999年第10期。齐东方：《隋唐考古》，文物出版社，2002，第22页。

表3-10　唐代女性金银首饰工艺

捶揲·花丝	
①蛾儿扑花（隋代，李静训墓出土，中国国家博物馆藏）	②金凤（唐代，西安郭家村出土，西安文物保护考古所藏）
錾刻·钑镂	
③银凤（唐代，甘肃省庆阳市博物馆藏）	④金花饰（唐代，西安市文物局藏）
⑤鎏金银簪（唐代，西安市文物局藏）	⑥金錾花栉（唐代，扬州三元里窖藏出土，镇江博物馆藏）
金银珠焊缀·镶嵌	
⑦双鹊戏珠荷纹金梳背 （贺若氏墓出土，陕西省考古研究院藏）	⑧生命之树鬓角垂饰 （4~5世纪前半叶，匈奴，列宁格勒国立博物馆藏）
熔铸	
⑨斯基泰动物纹金牌饰 （中亚，前4世纪~4世纪，俄罗斯埃尔米塔什博物馆藏）	⑩双龙戏珠金手镯 （咸阳市文物保护中心藏）

图片来源：图①~图⑦、图⑨源自齐东方：《中国美术全集·金银器玻璃器》，黄山书社，2010。

图⑧源自日本讲谈社：《世界博物馆13：列宁格国立博物馆》，台湾出版家文化事业有限公司，1984。

图⑩源自罗世平：《波斯和伊斯兰美术》，中国人民大学出版社，2010。

唐代的宝石镶嵌工艺以包边镶和冷镶为主，宝石根据图案形状的需要进行打磨，表面多为弧形，不规整的形状与底托的结合不紧密，非常容易脱落。即使到了明代，传统金银嵌宝工艺应用量极大，但宝石与底托的关系依旧不牢固，无法与几百年后的西方几何形镶嵌相比。

四、熔铸

熔铸在唐代女性金银饰品中运用较少，但还是有部分首饰用熔铸手法制作出高浮雕效果，具有草原民族粗犷的风格。

相对于铜，金银在液态时流动性佳、冷凝时间长，用熔铸工艺能制作出相对精细的作品。古代草原民族喜用金银作为生活用品、装饰品和首饰，一方面出于审美喜好，另一方面出于携带方便。因此，我国和国外出土的中亚、北亚的牌饰、颈饰、挂饰中有不少实心产品，均以熔铸制作出粗犷的高浮雕形状，再结合镂空、平錾和珠宝镶嵌等装饰手段，使之精致化。如表3-10⑨所示的属于前4世纪~4世纪的中亚斯基泰民族动物纹金牌饰，宽15cm，长8.7cm，以铸造和透雕的方法制作，牌饰的水滴形纹样（生命之树的叶子）和动物的眼睛、耳朵、足部镶嵌有打磨过的有色宝石，是比较精致的熔铸饰物。

在南北朝和隋唐交替时期，中国的金银首饰还处于模仿西方首饰时期。如表3-10⑩所示的咸阳初唐时期墓葬出土的双龙戏珠金手镯也是一件熔铸制造的饰物。手镯直径6.5cm，通过两个活轴连为一体，可以开合，与李静训墓出土的金手镯在功能上一致。纹饰为高浮雕式的二龙戏珠形象，轴上的金珠正好连成二龙戏珠，构思巧妙。在阿富汗席巴尔甘黄金冢的公元前遗物中，龙头相对的镯子别具特色，其中有一对黄金嵌宝龙头手镯（图3-9），镯体镶嵌水滴状绿松石，眼部镶嵌石榴石和绿松石，龙嘴相对，没有环轴机关，龙口处即是豁口，可以开合，在工艺上不如"二龙戏珠"金镯生动，但这两件文物都是以熔铸工艺制成。生动的浮雕装饰工艺在希腊、中亚作品中常见，咸阳唐墓的金镯与更早的西域遗物相似。在初盛唐时期，唐人崇尚西域民族的生活方式，生活中也使用西域有指垫的

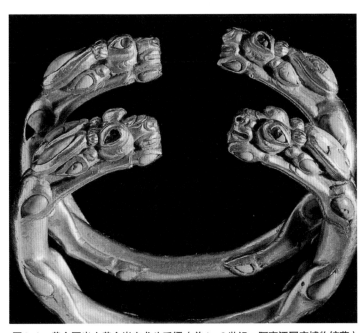

图3-9 黄金冢出土黄金嵌宝龙头手镯（前1~2世纪，阿富汗国家博物馆藏）

带把杯、胡瓶等物，在杯上和瓶颈、瓶腹部位也常有高浮雕的人物形象，具有明显的西亚和希腊装饰风格。同时期的女性金首饰也有模仿西域首饰的内容。隋代李静训墓出土的手镯形式简单，特征不明显，但那著名的钻石项链显然是件西方的舶来品，如同固原李贤墓出土的玻璃器和胡瓶一样，反映了北朝和隋唐时期中外贸易往来和金银器工艺与使用风俗在中原土地上的传播情况。

熔铸的工艺在女性首饰中的运用从盛唐时期开始逐渐淡出，中晚唐时很少使用。出于东方审美中图像表达平面化的传统，中国女性首饰的审美取于也趋于平面化和精致化，高浮雕的首饰熔铸工艺不再为世人所崇尚，但熔铸工艺也是唐代女性首饰工艺史中一个重要的转折点。

结论

唐代女性的首饰中大量出现大规模的金银嵌宝发饰、颈饰，这是前代步摇冠、五兵佩等西域首饰的遗存，也是唐人的创作。金碧辉映的华贵风格具有显著的西域及北方游牧民族首饰审美意趣，至中晚唐不衰，在中国首饰史上起到承上启下的作用。

唐代女性尤重臂饰，前朝少有。条脱、多重手镯、臂钏等首饰形式在西亚、中亚、北印度，乃至欧洲最西部都能看到形态类似的实物，彼此之间有很多细节十分相像，可见唐代女性的臂饰与希腊文明延伸出的西亚、中亚、北印度等文明有着直接的关系。唐代之后，臂饰以腕饰为主，形式上亦无太多新意，这与西域文明在中国从盛行到衰退的演化曲线基本上是一致的。

唐代金银首饰的形式发展与工艺发展同步，也与金银器发展同步。隋唐的金银首饰工艺延续和发展了汉至魏晋南北朝的细金工艺，这些工艺都源于西域。

第四章

——

唐代女性香身研究

温翠芳教授认为，香药在唐代中西贸易中扮演着"软通货"的角色，粟特、大食、波斯和南海诸国的商人将大量来自西域的香药换取了唐朝巧夺天工的丝绸，唐人对西域香药的钟爱和生活中大量香药的消费与西方对中国丝绸的强烈需求别无二致❶。有鉴于此，香身是唐代女性妆饰生活中非常重要的部分。西域香药和西域药典的输入，大大丰富了唐代医学体系，出现了大量关于女性保健和香身的内容，影响和推进了唐代女性香身习俗的发展，香身成为唐代女性保养身体、展现个性魅力、传情达意的载体，赋予了女性美在视觉之外更深层的心灵内涵。

　　香身方法的多样化、焚香习俗的风行，对奢华生活的追求，以及外来宗教习俗与中原文化的融合等，使佩香和焚香的器物在唐代也有了新的发展，其中机括精巧、兼具佩香、焚香和取暖功能的金属香囊最具特色，为唐代女性所喜爱。现存实物证明，继汉代之后，香炉在唐代的发展更为多样化，写实的审美取向和佛教艺术的融入使香炉造型更具女性化特点，来自西域的长柄香炉使唐代女性的生活更添旖旎浪漫的色彩。香身器具的变化不仅是唐代女性妆饰生活变革的折射，也是中古时期中西文明交流的反映。

第一节　西域香药与唐代女性香生活

真珠小娘下清廓，洛苑香风飞绰绰。

寒鬓斜钗玉燕光，高楼唱月敲悬珰。

兰风桂露洒幽翠，红弦袅云咽深思。

花袍白马不归来，浓蛾叠柳香唇醉。

金鹅屏风蜀山梦，鸾裙凤带行烟重。

八骢笼晃脸差移，日丝繁散曛罗洞。

市南曲陌无秋凉，楚腰卫鬓四时芳。

玉喉窱窱排空光，牵云曳雪留陆郎。

——【唐】李贺《洛姝真珠》

　　洛阳美女真珠姑娘一出场就带着一袭香风。作为女性香囊里料的"兰风桂露"，指的是古时名贵的香料——佩兰和桂，象征着超凡脱俗的美德。美人到处，

❶ 温翠芳：《唐代的外来香药研究》，博士学位论文，陕西师范大学，2006。

风露含香，不着一字，已得风流。李贺一生未婚，但对爱情从未停止过幻想和渴望，真珠小娘的美丽和心事都由"香"来表达，美人的香气是诗人对缺失的爱情的幻想性满足。"香风""香唇""香露"等指的既涵盖嗅觉所能感知到的女性体香和脂粉香的意义，更是一种通感复合意象，成为使人愉悦的气味和事物的总称。在唐诗中，花草树木、风光霁月等审美对象，只要能与心境相合，则都有香气。年轻美丽的女性的体香和脂粉香，以及女性本身所具备的美感，更是唐代诗人吟咏、想象、迷恋和膜拜的对象。他们将自己感兴趣的与女性相关的事物都冠以"香"的名称，面颊称为"香腮"，口唇称为"香唇"，头发称为"香丝"❶，流汗称为"香汗"，精魂称为"香魂"，心境称为"芳心"，名字称为"芳名"，年龄称为"芳龄"，贵妇淑媛所乘车马名为"宝马香车"，对女子的爱怜称为"怜香惜玉"……连美人的尸骨，经由文人墨客的感性想象，也会被称为"香骨"❷。凡此种种，都喻示着女性和芳香有着天然的联系，"香"的气味和其美好的气质的寓意也成为对女性容止的要求之一。

香，在传统文化中，亦是仙佛国度的象征，喻示着君子美好的德行。汉代王逸在《离骚》序中说："善鸟香草，以配忠贞；恶禽臭物，以比谗佞；灵修美人，以媲于君。""香草"与"美人"，如同"忠贞"与"贤良"，"忠臣"与"贤君"，自然而然地结成紧密的联系，有"内外兼修"之义，美德俊才之士若具有超凡出众的相貌，则是人们心中最理想的状态。出于这样的期许，名贵的香料也因此成为美丽人物的形容词。魏晋时的潘安小字檀奴，因风姿俊美，才赋过人，他的名字成为美男子的代名词，后世文学中"潘郎""檀郎"这个称号也被赋予了如意美郎君的意义。"檀郎何事偏无赖，不看芙蓉却看侬！"在明代沈野的《采莲曲》中的娇嗔女子眼里，她的"檀郎"如同高贵的檀香一般让她深爱不舍。在中国文化意蕴中，香既是女子的闺中密友，也是男子的风雅妆饰，不仅是外在氛围的营造者，更是内在精神的理想外化。因此，香药在唐人生活中广为蔓延，为社会各阶层的人士所喜爱。

唐人对香药的喜爱正是出于对高雅的现实世界更理想化的追求，希求借着香气所营造的超凡脱俗的氛围提升自身的内在灵性和外在魅力，让感官享受的美感得以扩大。香药在唐代，已经成为一种精神的寄托和品位的象征。由于中国本土所产的香药种类和数量有限，从西域诸国进口成为唐代社会获取香药的重要来源。唐代的皇室和官僚家庭对于从西域输入的香药十分痴迷，除了香药本身的魅力和效用之外，"西域而来"这个概念本身就是一种"诗和远方"的浪漫存在。

从实际上看，唐代女性的生活中充满了香气，无论是修行女性、名门淑媛，还

❶ 李贺：《美人梳头歌》诗云："一编香丝云撒地，玉钗落处无声腻。"
❷ 李贺：《官街鼓》诗云："汉城黄柳映新帘，柏陵飞燕埋香骨。"

是嫔妃宫人、青楼艳妓，都是香料的主要消费者。她们熏衣、焚香、制作香囊，甚至服用香料以促成从体味中发出"天香"，以愉悦自己，吸引异性。她们在房间内日夜点香，床帐和乘舆四周都挂上香囊，居住的房子也以沉香木、花椒、芸辉等香材制造粉饰，香气四溢。连棋子之类的游艺器物❶以及书写所用的笔墨❷，都以紫檀木、瑞龙脑、麝香等外来香药掺入其中。同时，香药也被引入饮食之中，如以龙脑香沫拌入的"清风饭"，以鸡舌香腌制的肉片，以郁金香和黍米酿制的米酒等。生活中无处不在的用香习惯让唐代女性对西域的香药和传统的香料非常熟悉，甚至可以自行配制。

自古以来，中国女性的化妆品和护肤品中都不乏香料的成分，具有保健和美容的双重作用。到了唐代，大量珍贵的西域香药被引入化妆品配方中，香气更为酷烈，其中不少被进一步引入中华医典，融入女性的化妆品中。因其功效各不相同，消费者可以根据各自的体质需要选择产品。唐代女性行住坐卧都有香相伴，即使身在寺庙也不例外。诗僧寒山在《无题》诗中就描绘过一群艳妆染香的女性游览城隍庙的情形，此中香气是脂粉香还是熏衣香已不可辨，留给观者的是一种整体的意象和女性的象征符号。诗云："侬家暂下山，入到城隍里。逢见一群女，端正容貌美。头戴蜀样花，燕脂涂粉腻。金钏镂银朵，罗衣绯红紫。朱颜类神仙，香带氛氲气。时人皆顾盼，痴爱染心意……"

古代中国用香之风渐起始于东汉，兴盛则在隋唐。宋代陈敬在《香谱》中引《香品举要》云："香最多品类出交、广、崖州及海南诸国，然秦汉以前未闻，惟称兰蕙椒桂而已。至汉武奢广，尚书郎奏事者始有含鸡舌香，其他皆未闻。迨晋武时外国亦贡异香，炀帝除夜火山烧沉香、甲煎，不计数，海南诸香毕至矣。唐明皇君臣多有沉、檀、脑、麝为亭阁，何多也！后周显德间，昆明国又献蔷薇水矣。昔所未有，今皆有焉。"

在晋武之世，中国人通过外国进贡的诸种香药了解到异域香药体系的庞大，领略到它们的魅力。隋炀帝时香料消费额巨大，炀帝烧"甲煎香"不计其数，引领了社会的风尚，带动了海上贸易中的香料贸易。这种情况在唐代更加繁盛，其中常用的香药如檀香来自印度，沉香、龙脑多来自南海，麝香来自阗和波斯，"甲煎香"是一种异域传入的合成香方，是用各种香药结合花果的灰合腊制成，是制造女性化妆品的辅助原料。五代后周时昆明国献的蔷薇水应来自阿拉伯地区，是以叙利亚大马士革玫瑰所蒸

---

❶ "开成中，贵家以紫檀心瑞龙脑为棋子。"参见陈梦雷：《古今图书集成·草木典》卷三一七《香部·香部纪事一》，中华书局，1986。
❷ "（欧阳通）常自矜能书，必以象牙、犀角为笔管，狸毛为心，覆以秋兔毫，松烟为墨，末以麝香。"参见张鷟：《朝野全载》卷三，中华书局，1979，第67页。

馏而成的精油副产品，唐时这种蔷薇水已经通过海上贸易作为进口奢侈品输入中国。柳宗元在读韩愈寄来的诗作时，要"先以蔷薇露盥手，薰玉蕤香，后发读"[1]，表示对韩愈的看重。蔷薇水也可以喷洒在衣物上、滴于浴水中使用。

关于唐代的外来香料，据谢弗根据古典文献统计，主要有沉香、榄香、紫藤香、樟脑、苏合香、乳香、没药、安息香、爪哇香、丁香、广藿香、茉莉油、玫瑰香水、青木香、郁金香、阿末香、降真香等多种[2]。关于它们的产地和性能，谢弗在书中有较为详细的记载。到了宋代，陈敬《陈氏香谱》中所列香料80余种，其中来自域外的香料占三分之二。唐代西域香料大量入华所导致的香料消费风气，以及用香技术和医药的成熟和发展，对后世的影响是很大的。

第二节　西域文明影响下的唐代香身法

用香妆饰身体是唐代女性日常美容保健的重要内容之一，其中香汤盥沐、香粉傅身、香泽涂发为日常保养。香药不仅使身染香气，配方中的药用功效还能起到调养身体的作用。熏衣在唐代得到进一步发展，男女以熏衣为风流时尚。除了外在的修饰，唐代女性还注重体香的培育，追求天然去雕饰的嗅觉美感。全方位的香身需求使传统香身法已经无法满足唐代女性的需要，大量的西域香药和西域医典中的用香知识融入唐代医学，制作成妆品香方进入唐人生活的各个层面。

一、盥沐

唐人浴身洗发皆用西域香药参与的配方，除了卫生保健的需要外，还与西域宗教和民俗有关。女性出于爱美之心，在浴后所傅香粉中加入朱砂，增加艳色，将化妆与美容合二为一。

（一）唐人盥沐用香习俗

先秦时期，古人就开始以香汤来沐浴身体了。《楚辞·九歌》中就有"浴兰汤兮沐芳，华采衣兮若英"的诗句，是将兰草等植物与热水共煮成带有香气的洗澡水，故有"兰汤"的美名。

汉代《大戴礼》云"午日以兰汤沐浴"。即在端午时以佩兰投于洗澡水中沐浴，能洁身香体，祛除不祥。《荆楚岁时记》亦曰："五月五日，谓之浴兰节。"《赵飞燕外传》

---

[1] 李贽:《云仙杂记》卷六，北京商务印书馆，1959。
[2] 谢弗:《唐代外来文明》，吴玉贵 译，陕西师范大学出版社，2005，第208~231页。

中则记载后妃使用的高级香汤："后浴五蕴七香汤，踞通香沉水坐，燎降神百蕴香；婕好浴豆蔻汤，傅露华百英粉。"❶汉灵帝夏日避暑，以西域贡献的香料做成"香汤"，供自己和宫人沐浴："初平三年，游于西园。起裸游馆千间……西域所献茵墀香，煮以为汤，宫人以之浴浣毕，使以余汁入渠，名曰流香渠。"❷种种记载可见，"香汤沐浴"是宫廷奢侈的生活方式。

魏晋南北朝用香之风大盛，贵族洗浴必用香汤。在此基础上，还发展出其他的美容品，都以多种香料配制而成，配方的主体是来自西域的香料。《傅芳略记》记载："（周光禄诸妓）掠鬓用郁金油，傅面用龙消粉，染衣以沉香水。月终，人赏金凤凰一双。"❸

到了唐代，沐浴是唐人享受生活的一项重要内容。骊山华清宫的温泉世人皆知，考古发现的盛唐时莲花汤和海棠汤的遗迹仍能管窥当初的奢华风范，可见唐代对沐浴的重视。唐代温泉沐浴主要是为了疗疾健体，是北朝沐浴观念的延续❹。北齐刘逖《浴温汤泉诗》云："骊岫犹怀土，新丰尚有家。紫苔生石岸，黄沫拥金沙。振衣殊未已，翻能停使车。"❺诗中所说就是唐代的骊山温泉。"神井堪消疹，温泉足荡邪"所指即是洗浴的保健功能。

除此之外，佛教东传后，经典中关于沐浴功德的内容被延续到人们的生活方式中。安世高译《佛说温室洗浴众僧经》云："澡浴之法，当用七物除去七病，得七福报。何谓七物？一者然火，二者净水，三者澡豆，四者酥膏，五者淳灰，六者杨枝，七者内衣。此是澡浴之法。何谓除去七病？一者四大安隐，二者除风病，三者除湿痹，四者除寒冰，五者除热气，六者除垢秽，七者身体轻便，眼目精明，是为除去众僧七病。如是供养，便得七福。何谓七福？一者四大无病，所生常安，勇武丁健，众所敬仰，二者所生清净，面目端正，尘水不著，为人所敬。三者身体常香，衣服洁净，见者欢喜，莫不恭敬。四者肌体润泽，威光德人，莫不敬叹，独步无双。五者多饶人从，拂拭尘垢，自然受福，常识宿命。六者口齿香好，方白齐平，所说教令，莫不肃用。七者所生之处，自然衣裳，光饰珍宝，见者悚息。"❻经中所云既是僧众洗浴功德，也是适合俗世的养生之法。佛教的普及使澡浴的风俗自北朝风行，传至隋唐。

唐代密宗传入，佛经中关于沐浴的内容还提供了药方，显然是受印度教的影

---

❶ 陈元龙：《格致镜原》卷五十七，上海古籍出版社，1992，第151页。
❷ 王嘉：《拾遗一记》卷六《后汉》，《汉魏六朝笔记小说大观》，上海古籍出版社，1999，第532页。
❸ 陈梦雷：《古今图书集成·草木典》卷三一七《香部·香部纪事一》，中华书局，1986。
❹ 陈寅恪云："温汤疗疾之风气，本盛于北朝贵族间，唐世温泉宫之建置，不过承袭北朝习俗之一而已。"参见陈寅恪：《元白诗笺证稿》，上海古籍出版社，1982，第21页。
❺ 逯钦立：《先秦汉魏两晋南北朝诗》下，中华书局，1983，第2272页。
❻《大正藏》卷十六。

响，很可能就是印度澡浴香方。敦煌所出 P.3230 号《金光明最胜王经》卷七大辩才天女品，提到以香汤浴清净身体以消除不幸，配方所用香药有舒经通络、化瘀解毒的功效，是密宗秘制香药之方。略谓："常取香药三十二味，所谓昌蒲、牛黄、苜蓿香、麝香、雄黄、合昏树、白及、芎藭、苟杞根、松脂、桂皮、香附子、<u>沉香</u>、<u>旃檀</u>、<u>零陵香</u>、丁子、<u>郁金</u>、<u>婆律膏</u>、苇香、竹黄、细豆蔻、<u>甘松</u>、藿香、苇根香、吐脂、艾纳、<u>安息香</u>、芥子、马芹、龙花鬖、白胶、<u>青木</u>皆等分。"这32味香料中的旃檀、青木、沉香、甘松香等，都产自印度，都是从西域运来中国的昂贵香药。檀香、乳头香和郁金香是敦煌寺院配香的常用原料，这种来自印度和西亚的香药在民间也非常普及❶。佛经中的香方的出现，说明唐代的大乘佛教与世俗生活的紧密联系。

中晚唐海上香料贸易的主要中介商是大食人，他们除了转手经营波斯湾到中国南海的香药外，对西亚本土芳香植物的培育也十分重视，阿拉伯人销到唐朝的供沐浴香身用的香品如蔷薇水、茉莉油等都是当时昂贵的舶来品。据希提的《阿拉伯通史》载："用蔷薇、睡莲、橙子花、紫花地丁等香花制造香水或香油，在大马士革、设拉子、朱尔和其他城市，是一种兴旺的工业。法里斯的朱尔或非鲁兹阿巴德，以特产红蔷薇香水著名于世。朱尔出产的蔷薇水，大量出口，远销到东方的中国和西方的马格里布。法里斯的赋税，包括红蔷薇香精三万瓶，每年押送到巴格达去。沙普尔及其河谷，出产十种天下闻名的香油或香精，是从紫花地丁、睡莲、水仙、枣椰花、鸢尾、白百合、桃金娘、香薄荷、柠檬、橙子等的花朵提炼的。由紫花地丁提炼的香油，在伊斯兰世界是最普及的。"❷如文中所述，唐人熟悉的蔷薇水就是来自阿拉伯地区的产品，通过直接或转手贸易，以及朝贡等渠道进入中国。蔷薇水一般用琉璃瓶装贮，被视为奢侈品，用来喷洒衣物或日常盥沐。更有甚者，后唐龙辉殿设香池，名曰"灵芳园"，以沉香为山阜，蔷薇水和苏合油为江池，穷极奢侈❸。唐至五代时期的蔷薇水也是从大食原装进口的舶来品，它的制作方法到北宋才传入中国。据蔡絛《铁围山丛谈》卷五记载，蔷薇水是"蒸气成水，则屡采屡蒸，积而为香，此所以不败"，并且香味浓烈，虽贮于琉璃容器中，仍能香气透彻，闻数十步。宋代没有那么多蔷薇花，就只广州用茉莉花为原料，仿照大食蒸馏蔷薇水的方法制作，成品虽然不如大食原装品，但仍足以袭人鼻观。可以说，唐代盥沐用香无论从原料工艺，还是用香习惯都与西域文明密不可分。

❶ 姜伯勤：《敦煌吐鲁番文书与丝绸之路》，文物出版社，1994，第131页。
❷ 希提：《阿拉伯通史》马坚 译，商务印书馆，1979，第412页。
❸ 陶谷：《清异录》卷下，人民文学出版社，1982，第58页。

（二）西域香药与唐代香粉方

> 碧桐阴尽隔帘栊，扇拂金鹅玉簟烘。
>
> 扑粉更添香体滑，解衣唯见下裳红。
>
> ——【唐】韩偓《昼寝》

李贺《夜饮朝眠曲》诗云："玉转湿丝牵晓水，热粉生香琅玕紫。"中的"热粉生香"就是女性化妆所用之香粉。唐代女性面妆傅粉甚白，服装样式也以袒胸为多，为了让面部和身体的颜色能接合自然，必须在身上也扑上香粉。香粉不仅香气袭人，也带有颜色，韩偓诗中"解衣唯见下裳红"所云即融入朱砂粉的香身粉。白居易《缭绫》诗"昭阳舞人恩正深，春衣一对值千金。汗沾粉污不再著，曳土踏泥无惜心"中也提到女性全身扑粉的情况。在炎炎夏日，香粉常作为女性的爽身粉，沐浴之后扑上"傅身香粉"，为身体熏香增色。白居易《江南喜逢萧九彻因话长安旧游戏赠五十韵》诗"拂胸轻粉絮，暖手小香囊"即是胸扑香粉的情况。张泌《妆楼记》载："徐州张尚书妓女多涉猎，人有借其书者，往往粉指痕并印青编"可见女性在手上也有着细细的香粉。

在唐之前，女性已经有在身上扑香粉的香身习惯。北魏贾思勰在《齐民要术》中介绍了"作香粉法"："唯多着丁香于粉盒中，自然芬馥。"是在粉盒中放入芬芳的丁香花，以熏香的方式让粉沾上香气。至于此"丁香"是南北朝时西域进口的鸡舌香的别称，还是中国土产的紫丁香，这点在书中并未介绍清楚，但考虑到西域鸡舌香的香气浓烈，被用作熏粉的香料可能性更大。

涂敷香粉在唐代得以沿袭，工艺更为精细。《千金翼方》记载"香粉方"❶中融入大量西域香药成分，非常馥郁（表4-1）。在以下香方中，西域香药部分均以下划线标识。

表4-1 千金翼方·熏香浥香方

配方	剂量
白附子、茯苓、白术、白芷、白敛、<u>白檀</u>	各1两
<u>沉香</u>、青木香、鸡舌香、零陵香、<u>丁香</u>、<u>藿香</u>	各2两
麝香	1分
粉英	6升
制作方法	各细捣，筛绢下，以取色青黑者，乃粗捣，纱下，贮粉囊中，置大盒子内，以粉覆之，密闭七日后取之，粉香至盛而色白。如本欲为香粉者，不问香之白黑悉以和粉。粉虽香而色至黑，必须分别用之，不可悉和之。粉囊以熟帛双缏作之

❶ 孙思邈：《千金翼方》卷五《妇人一·熏衣混衣香第六》，上海古籍出版社，1999，第165页。

具体操作是将配方香料捣成青黑的粉末，将香料粉覆盖在内藏粉英的绢袋上，贮藏于盒子中密封。七日后取出，香料粉的香气已熏染到粉英里，使粉英又白又香，可以使用了。但要注意的是，绢袋要有两层，以避免黑色香料粉末混于粉英中影响香粉色泽。

唐代王焘《外台秘要》中，有"辟温粉"方，即"辟温病，粉身散方"，因该方仅有香料名和做法，却没有具体剂量，因录原文于下："川芎、苍术、白芷、藁本、零陵香各等分。右五味，捣筛为散，和米粉、粉身。若欲多时，加药，增粉，用之。"方中明确指出香粉为傅身所用，主体为质地温和的米粉，非着色力强的铅粉。唐代女性日常生活中的扑身香粉多为护肤保养品，彩妆品的意义则放在第二位。此香粉方可以香身，也可以"辟温病"，是汉代传下的草药粉方，魏晋时男子亦傅粉施朱，一样可以起到医疗作用。

宋代洪刍在《香谱》中亦记录了一则香粉方，也是以米粉作为主要原料的扑身香粉方："英粉（另研）、青木香、麻黄根、附子（炮）、甘松、藿香、零陵香各等分。右件除英粉外，同捣，罗为末，以生绢袋盛。浴罢，傅身。"北宋距唐不远，此方内有多种香气浓郁的西域香料，与唐代孙思邈和王焘的香粉方从配制上颇有相似之处，可能是唐代延续下来的香粉方。所用的粉是被称为"英粉"或"粉英"的米粉[1]。

香粉芳香娇艳，上等的扑身香粉是唐代宫廷女性喜爱的奢侈品。据《开元天宝遗事》卷四载："贵妃每至夏月……每有汗出，红腻而多香，或拭之于巾帕之上，其色如桃红也。"杨贵妃所用的就是加入朱砂等色素的香身粉。王建《宫词》亦云："舞来汗湿罗衣彻，楼上人扶下玉梯。归到院中重洗面，金花盆里泼银泥。"香粉合汗，其状如泥，唐代宫廷女性不仅在这方面用量很大，频率亦很高。值得一提的是，唐代女性有睡前化妆的习惯，敷面香粉多为白色，也有调入朱砂的红粉。睡前的妆粉丰盈多香，有护肤美容的作用，可以说是一种香身粉。

（三）西域香药与唐代美发香发方

> 自伯之东，首如飞蓬。岂无膏沐，谁适为容？
>
> ——《诗经·卫风·伯兮》

朱熹注曰："膏，所以泽发者。"[2]东汉王逸注《楚辞·大招》中"粉白黛黑，施芳泽只"句曰："言美女又工妆饰，傅着脂粉，面白如玉，黛画眉，鬓黑而光净，又施芳

---

[1] 贾思勰：《齐民要术》中有明确定义："米心所成，是以光润也。"
[2] 朱熹：《诗集传》卷三，中华书局，1958，第40页。

泽，其芳香郁渥也。"王夫之《楚辞通释》亦曰："芳泽，香膏，以涂发。"说明"芳泽"这一名称在历代妆饰中所指的大略是同一种事物。这种名为"芳泽"的头油在马王堆三号汉墓中有实物发现，在"锥画双层六子奁"下层中有两个小圆盒，遗策记曰"圆付篓二，盛兰膏"，其中的一个小圆盒中确实有黑色的酱状物，和遗策所记相同，是目前所发现最早的头油实物❶。

拥有一头美丽的秀发是美女的标志之一。唐代女性在日常保养中，非常注重盥沐之后的养发，在医书中不乏美发方。涂抹头发的膏泽又称为"兰泽"，庾信《镜赋》中有"泽渍香兰"之句，简单的做法是将香料浸入油中，让油膏具有香气，涂抹在头发上，能润泽头发、改善发质、治疗头皮炎症。唐代的美发方在传统基础上综合各种西域香药，香气较传统佩兰之属更为浓郁，对发质和头皮的疗效也更佳。做法沿袭晋代，在"渍"的基础上增加了一道"煎"的工序，即以热力催化，使香料与膏腊渗透更为紧密，涂抹头发能增发亮色，按摩头皮能去屑生发。

来自中亚的甘松香不仅有疗臭香体的奇效，在美发方中也能发挥重要作用。它可以治疗头皮瘙痒、脱发、头皮屑等问题，并促进头发再生，使头发重新焕发动人光彩。梵文医典《医理精华》第二章"药物的类别"中记载，甘松香能祛风止痒："甘松香、青木香、豆蔻等药主治脓包、止痒、解毒、祛风、去痰。"但在《医理精华》和《鲍威尔写本》中都未见甘松香相关的美发方，而这种美发方在中医药典中却不乏实例。这说明甘松香被纳入美发方是中医在借鉴印度传入的药理后独立发展的结果，也说明西域香药参与制成的香方在唐代女性日常美发中有广泛的实践基础❷。

早在东晋，葛洪的《肘后备急方》卷六就有加入甘松香的渍煎美发膏方的记载，其名曰"传用方：头不光泽，腊泽饰发方"❸，用之能增香润发（表4-2）。

表4-2　肘后备急方·传用方：头不光泽，腊泽饰发方

配方	剂量	辅助内容
青木香、白芷、零陵香、甘松香、泽兰	各1分	酒、腊、胡粉、胭脂
制作方法	用绵裹，酒渍再宿。内油里煎，再宿。加腊泽，斟量硬软，即火急煎，着少许胡粉、胭脂讫，又缓火煎令粘极，去滓作梃	
用　　法	以饰发，神良	

唐代王焘的医学著作《外台秘要》卷三十二有加入甘松香的"千金疗脉极虚寒，

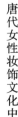

❶ 湖南省博物馆、湖南省文物考古研究所：《长沙马王堆二、三号汉墓（第一卷）：田野考古发掘报告》，文物出版社，2004，第148页。
❷ 温翠芳：《唐代外来香药研究》，博士学位论文，陕西师范大学，2006。
❸ 葛洪：《肘后备急方》，人民卫生出版社，1963，第204页。

发堕落、安发润方"之"又生发膏方",更是一种治疗头皮问题的膏方（表4-3）。

表4-3　外台秘要·千金疗脉极虚寒，发堕落、安发润方·又生发膏方

配方	剂量
胡麻油	1升
雁脂	1合
丁子香、甘松香	各0.5两
吴藿香、细辛椒、泽兰、白芷、牡荆子、苜蓿香、大麻子	各2两
芍药、防风、莽草、杏仁	各3两（去皮）
竹叶	切5合
制作方法	（配方）切，以酢渍一宿。煎之以微火，三上三下，白芷色黄膏成。去滓
用　　法	以涂发及顶，尤妙

此外王焘在《外台秘要》卷三十二"头发秃落方一十九首"中的"近效韦慈氏疗头风发落，并眼暗方"中亦用甘松香。此方须长期使用，除了润发生发外，以此膏按摩鬓角还能明目醒脑（表4-4）。

表4-4　外台秘要·头发秃落方一十九首·近效韦慈氏疗头风发落并眼暗方

配方	剂量	辅助内容	剂量
蔓荆实	3两（研）	乌麻油	1升
桑上寄生、桑根白皮、白芷	各2两		
甘松香、零陵香	各1两		
马鬐膏、韭根	3合	枣根汁	适量
甘冬根白皮汁	3升		
松叶	切2合5粒		
制作方法	细切诸药，内枣根汁中渍一宿。数数搅令调湿匝已后，且内油脂中缓火煎之，勿令火热，三五日候枣汁竭，白芷色黄，膏成去滓；其药浸经宿，临时以绵宽裹煎之，膏成去滓，绵滤，以新瓷瓶盛		
用　　法	每日揩摩鬓发及梳洗。稠浊者即先用却，不堪久停。特勿近手糜坏也		

《外台秘要》卷十六也有一例用甘松香治疗头风导致头部搔痒和头皮屑的方子，通过滋养头发根部让头发更黑亮健康（表4-5）。

表4-5　外台秘要·疗头风，头中痒，搔之白屑起，五香膏方

配方	剂量	辅助内容	剂量
藿香、甘松香、甲香炙，鸡舌香、附子（炮）、续断乌喙炮	各5分	猪膏	4升
泽兰、防风、细辛、白术各4分，白芷、松叶、莽草	各7分		
柏叶	8分（炙）		
大皂荚	2寸炙		
甘草	3分炙		
制作方法	（配方）口父咀，绵裹，以苦酒二升渍一宿。用膏煎之，取附子黄为度。去滓		
用　　法	准前沐头了，将膏敷用。手措头皮，令膏翕翕着皮，非唯白屑差，亦能长发、光黑滋润		

《外台秘要》卷三十二"头风白屑兼生发方八首"中有两首使用了甘松香（表4-6）。

表4-6　外台秘要美发方两则

①头风白屑兼生发方八首·崔氏松脂膏，疗头风鼻塞、头旋发落、复生长发去白屑方			
配方	剂量	辅助内容	剂量
松脂、白芷	各4两	苦酒	2.5升
天雄、莽草、踯躅花	各1两		
蘼芜、独活、乌头、辛夷人、甘松香、零陵香、香附子、藿香、甘菊花	各2两		
蜀椒、芍药、沉香、牛膝、青木香	各3两	麻油	9升
松叶	（切）1升		
杏仁	4两（去皮碎）		
制作方法	（配方）切，以苦酒二升半渍一宿，用生麻油九升，微火煎，令酒气尽不咤，去滓		
用　　法	以摩顶上，发根下一摩之。每摩时，初夜卧，摩时不用当风。昼日依常检校，东西不废，以差为度		
②头风白屑兼生发方八首·莲子草膏，疗头风、白屑、长发令黑方			
配方	剂量	辅助内容	剂量
莲子草汁	2升	猪鬃脂、马鬐	1升
松叶、青桐白皮	各4两	膏、蔓青子油	
枣根白皮	3两	熊脂	2升
防风、芍药、白芷、辛夷人、藁本、沉香、秦艽、□陆根、犀角屑、青竹皮、细辛、杜若、蔓荆子	各2两	生地黄汁	5升
零陵香、甘松香、白术、天雄、柏白皮、枫香	各1两	生麻油	4升
制作方法	细切，以莲子草汁并生地黄汁浸药再宿。如无莲子草汁，如地黄汁五小升浸药。于微火上内油脂等和煎九上九下，以白芷色黄膏成，布绞去滓		
用　　法	欲涂头，先以好泔沐发后，以敷头发。摩至肌，又洗发。取枣根白皮锉一升，以水三升煮，取一升去滓，以沐头发，涂膏验		

表4-6②"莲子草膏方"可能是中印医学交流的结果。据《外台秘要》卷三十一

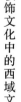

唐代女性妆饰文化中的西域文明

载，印度药方中就有用莲子草汁治疗头风，使头发由白变黑的内容，曰："近效莲子草膏，疗一切风，耳聋眼暗，生发变白，坚齿延年，本是婆罗门方。"唐人根据药理和自身情况，参考印度药典的内容，创造了生发香泽。

二、熏衣被

魏晋南北朝时，西方的香药就开始大量传入中国，世人皆以衣袖熏香为时尚。唐代沿袭此风，随着丝绸之路贸易的兴盛，熏衣的风气胜于前朝，香方的内容和工艺都得到了很大的发展，西域香药及其用法在其中起到关键的作用。

（一）熏衣被习俗在唐代的流行

熏衣之尚由来已久，从汉朝时，熏衣入朝就成为高级官员的礼仪。《初学记》卷十一载："尚书郎入直台，廨中给女侍史二人，皆选端正妖丽，执香炉、香囊、烧薰、护衣服。"[1]《汉官仪》亦载："尚书郎人直台中，给女侍史二人，皆选端正，指使从直，女侍史执香炉烧熏以从入台中，给使护衣。"在长沙马王堆汉墓中所发现的辛追竹薰笼，上有竹篾编制、加以细绢的网罩，可以将炉中散逸出来的香烟过滤，可以用于室内焚香，也可以覆盖衣物熏香[2]。

东汉时，熏香之风尤盛，熏香并不是女子的专利，三国时曹操谋士荀彧就好熏香。《襄阳记》载："荀令君至人家，坐处三日香"，可见男子熏香所用香料的香气酷烈，"留香荀令"也成为美男子的代名词之一。

魏晋南北朝时，南朝贵族男子熏衣化妆超越礼仪的意义，接近于妖艳。《颜氏家训·勉学篇》载："梁朝全盛之时，贵游子弟……无不熏衣剃面，傅粉施朱。"晋代太子纳妃时，所伴随的熏衣、熏被的薰笼根据礼制有具体的数目，据《东宫旧事》记载："太子纳妃，有漆画手巾薰笼二，条大被薰笼三，衣薰笼三。"[3]说明在魏晋南北朝时，熏衣被是上层社会奢侈生活的一部分。

随着陆上和海上丝绸之路开通，很多香料从西域南海而来，为上流社会所珍爱，甚至成为身份高贵，家境殷实的象征。梁武帝《河中之水》诗云："卢家兰室桂为梁，中有郁金苏合香。头上金钗十二行，足下丝履五文章。"其中郁金香和苏合香都是外来香料，它和卢家"桂为梁"的居室、莫愁头上十二行金钗、脚下丝履相对，显示了莫愁夫家的富足。南梁刘孝威《赋得香出衣》诗云："香出衣，步近气逾飞。博山登高用邺锦，含情动靥比洛妃。香缨麝带缝金缕，琼花玉胜缀珠徽。苏合故年微恨歇，都

---

❶《初学记》卷十一《职官部上》"侍郎郎中员外郎第八"下引应劭《汉官仪》。

❷ 陈东杰、李芽：《从马王堆一号汉墓出土香料与香具探析汉代用香习俗》，《南都学坛·人文社会科学学报》2009年第1期。

❸ 李昉 等：《太平御览》卷七一一《服用部一十三·火笼》，中华书局，1960。

梁路远恐非新。"❶诗中所咏的是一位香衣华服的美人，其中就提到来自小亚细亚的苏合香，以及佩戴在身上的出自于阗国的麝香，异域的香料与道家的传说一起，形成了神秘美丽的意象。南朝沈约《咏竹火笼诗》云："结根终南下，防露复披云。虽为九华扇，聊可涤炎氛……覆持鸳鸯被，百和吐氛氲……"❷"百和"即范晔所说的由西域香料参与调配的"合香方"的一种，南朝时贵族用来熏闺中被褥。此外，王筠《行路难》诗"情人逐情虽可恨，复畏边远乏衣裳。已缲一茧催衣缕，复捣百和裛衣香"❸中也提到"百合香"，其中"裛衣香"也是一种名贵的合成香方，可惜魏晋时"裛衣香"的具体内容并没有流传下来。

西域的制香技术和西域香料一起输入中国，"合香方"的盛行是魏晋南北朝时熏香材料进步的标志之一。《南史》中，范晔的"合香方"就是由十几种香料制成，可见香料制作技术已经十分完善，在社会中的应用也非常广泛。由于消费过大，曹操发布《魏武令》禁止烧香熏衣❹，但禁令在实际执行中则收效甚微。

唐代熏衣被已经普及社会各个阶层，无论男女，都以名香熏衣，流风所及，若衣不熏香，则被讥为"以礼法自持"❺。这种生活习俗和时世风尚在唐诗中多有体现。卢照邻《长安古意》诗"双燕双飞绕画梁，罗帷翠被郁金香"是以名贵的郁金香熏被；白居易的《早夏晓兴赠梦得》诗"背壁灯残经宿焰，开箱衣带隔年香"是指贮藏衣服的箱子里也放有防虫除菌的熏香药物；五代词人顾敻《荷叶杯》诗"弱柳好花尽拆，晴陌，陌上少年郎，满身兰麝扑人香。狂摩狂，狂摩狂"——年轻男子年少轻狂，以兰麝熏衣，继承魏晋遗风；章孝标的《少年行》诗"平明小猎出中军，异国名香满袖熏"中侠少熏香；刘禹锡《魏宫词》中描写宫中美人寂寞而富足的生活"添炉欲爇熏衣麝，忆得分时不忍烧"；元稹《白衣裳》诗"藕丝衫子柳花裙，空着沉香慢火熏"说的是女子衣裙用沉香慢慢熏染，香气弥漫；白居易《石楠树》诗"伞盖低垂金翡翠，薰笼乱搭绣衣裳"描绘的是富贵人家日常熏香的生活场景。凡此种种，唐诗中关于美人侠少焚香熏衣被的案例可以说举不胜举，共同构成了唐代社会香风笼罩，富贵逼人的风流意象。

唐代熏衣被还是炫耀财富的行为，是唐人热衷于熏衣被的重要原因之一。《太平广记》卷二三七记载，唐朝宰相元载早年贫寒，曾一度为妻王氏族人所轻视。元载发迹后，王家人纷纷前来归附，王氏恶其势利，故意摆开大排场熏衣："（王韫秀）因天晴之景，以青丝紫绦四十条，各长三十丈，皆施罗纨绮绣之饰，每条绦下，排金银炉

❶ 陈梦雷：《古今图书集成·草木典》卷三一七《香部·艺文二》，中华书局，1986，第67839页。
❷ 逯钦立：《先秦汉魏晋南北朝诗》（中）《梁诗》卷六《沈约》，中华书局，1998，第1642页。
❸ 逯钦立：《先秦汉魏晋南北朝诗》（下）·梁诗卷二十四《王筠》，中华书局，1998，第2011页。
❹ 原文大致为："昔天下初定，吾便禁家内不得香薰……令复禁，不得烧香！其以香藏衣着身，亦不得！"
❺ 《旧唐书》卷一六五《柳公绰传》子仲郢附。

二十枚，皆焚异香，香至其服。"这样的熏衣排场，非权贵不能做到。唐代达官贵人家中无不蓄养众多姬妾，如司徒李愿席上有家妓百余人，皆绝艺殊色；长安富户孙逢年家中姬妾曳绮罗者二百余人❶，《昆仑奴》中记载大历年间一品勋臣家养有十院歌姬等，这样庞大的人群，仅日常熏衣被方面的用度也是巨大的，这促进了唐代香方的发展和熏衣风气的普及。

西域香料香气酷烈，是唐代贵族妇女熏衣的首选。《酉阳杂俎》中有一则佚事记载杨贵妃用交趾国（今越南）瑞龙脑香熏染领巾，香气随风染到周边人的幞头上，竟多年不散，特殊的香气成了唐玄宗睹物思人的因由："天宝末，交趾贡龙脑，如蝉、蚕形。波斯言老龙脑树节方有，禁中呼为瑞龙脑。上唯赐贵妃十枚，香气彻十余步。上夏日尝与亲王棋……贵妃立于局前观之……时风吹贵妃领巾于贺怀智巾上……贺怀智归，觉满身香气非常，乃卸幞头，贮于锦囊中。及上皇复宫阙，追思贵妃不已，怀智乃进所贮蹼头，具奏它日事。上皇发囊，泣曰：'此瑞龙脑香也。'"❷交趾国献的瑞龙脑自是龙脑中之上品，这未必是交趾国产，但应与海上丝绸之路贸易有直接的关系。波斯和阿拉伯商人带着西方的香药经海路去往中国时，沿途也会有频繁的交易活动，龙脑香也正是其中的一项珍贵香药，随着西域商船被带到唐朝。刘禹锡《同乐天和微之深春二十首》诗句"炉添龙脑灶，绶结虎头花"，李贺《春怀引》诗句"宝枕垂云选春梦，钿合碧寒龙脑冻"就是描绘唐人在日常生活中用薰笼焚西域舶来的龙脑为衣带熏香的场景，阵阵香风中弥漫异国的神秘美好的意象，成全了唐代文人雅士风雅时髦的生活方式。

唐人除了衣服带香外，被褥、挂帐都要熏香，整个生活空间内都飘散着香味，所用香料多为兰麝、苏合之属。白居易《和春深二十首》诗"何处春深好，春深妓女家……兰麝熏行被，金铜钉坐车"，指的是车中使用的被褥熏有兰麝；崔国辅《古意》诗"玉笼熏绣裳，著罢眠洞房。不能春风里，吹却兰麝香"，则是指情人幽会时室内焚香，兰麝满室；阎德隐《薛王花烛行》诗"合欢锦带蒲萄花，连理香裙石榴色。金炉半夜起氤氲，翡翠被重苏合熏"以苏合香熏被，生活风情与熏衣同。

唐人熏衣被除了用大香炉，还用被称为"被中香炉"的金属香囊熏被，日常或置于衣袖内，或挂于腰际。章孝标《少年行》诗中"异国名香满袖薰"之句，很有可能是袖中藏有小巧的金属香囊。在乘舆之中，床帐四周，还有身上，挂上织物制作的香囊，同样能起到安神香身的作用。

向上追溯，熏被的奢侈之风早在汉朝就已经有典型的记载。《西京杂记》记载：赵合德所在的昭阳殿"玉几玉床，白象牙簟，绿熊席。席毛长二尺余，人眠而拥毛自蔽，

❶ 李贽：《云仙杂记》卷八，商务印书馆，1959。
❷ 段成式：《酉阳杂俎》前集卷一《忠志》。

望之不能见，坐则没膝其中。杂熏诸香，一坐此席，余香百日不歇"❶。其中"余香百日不歇"自是人身染熊席所熏之香气。

虽然在文献中常见男子熏香事迹以体现人物风度的风雅，但从另一个角度说明，男子熏衣并不如女子频繁，正因为这样，所以才记载史册。

（二）西域香药与唐人熏衣被方

唐人熏衣被方在药典中甚多，大致分为湿香方和干香方，不少以西域香药为主。

1. 湿香方

唐代熏衣被多用合成湿方香料。在制作时，必须粗细燥湿合度，才能做成香丸，达到理想的熏衣效果❷。

东晋葛洪《肘后备急方》所记载的"六味熏衣香方"已经与唐代湿香方类似，制作考究。原文云："沉香一片、麝香一两、苏合香(蜜涂、微火炙少令变色)、白胶香一两、捣沉香令破如大豆粒，丁香一两，亦别捣令作三两段，捣余香讫蜜和为灶烧之。若薰衣著半两许，又藿香一两佳。"❸

《备急千金要方》卷六"七窍病"部分记载的"熏衣香方"就有五种❹，都属于湿香方，试整理如下（表4-7）。

表4-7　备急千金要方熏衣湿香方5则

编号	香料		剂量（两/铢）	辅助材料	剂量
①	鸡骨煎香、零陵香、丁香、青桂皮、青木香、枫香、郁金香		各3两	蜜	2.5升
	薰陆香、甲香、苏合香、甘松香		各2两	肥枣	40枚
	雀头香、藿香、白檀香、安息香、艾纳香		各1两		
	沉水香		5两		
	麝香		0.5两		
	制作方法	末之，蜜二升半煮肥枣四十枚，令烂熟，以手痛搦，令烂如粥，以生布绞去滓，用和香干湿如撩麦，捣五百杵，成丸，密封七日乃用之			
	用　　法	以微火烧之，以盆水内笼下，以杀火气不尔，必有焦气也			
②	沉香、煎香		各5两	麝香末	0.5两
	雀头香、藿香、丁子香		各1	蜜	适量
	制作方法	（香料）治下筛，内麝香末半两，以粗罗。临熏衣时，蜜和用			

❶ 向新阳、刘克任：《西京杂记校注》卷一《飞燕昭仪赠遗之侈》，上海古籍出版社，1991，第62页。
❷ 孙思邈：《千金翼方》卷五，《妇人·熏衣泡衣香第六》朱邦贤、陈文国 校注，上海古籍出版社，1999，第164页。原文为："燥湿必须调适，不得过度。太燥则难丸，太湿则难烧；湿则香气不发，燥则烟多，烟多则惟有焦臭，无复芬芳。是故香复须粗细燥湿合度，蜜与香相称，火又须微，使香与绿烟而共尽。"
❸ 葛洪：《肘后备急方》，人民卫生出版社，1963。
❹ 孙思邈：《备急千金要方》卷六上《七窍病上·口病第三》，人民卫生出版社，1982，第116页。

唐代女性妆饰文化中的西域文明

编号	香料		剂量（两/铢）	辅助材料	剂量
③		沉香	2斤7两9铢	蜜	适量
		甘松、檀香、雀头香、甲香、丁香、零陵香	各3两9铢		
		鸡骨、煎香、麝香	2两9铢		
		薰陆香	3两6铢		
	用　法	欲用以蜜和			
④		沉香	3两	蜜	适量
		零陵香、煎香、麝香	各1.5两		
		甲香	3铢		
		薰陆香、甘松香	各6铢		
		檀香	3铢		
		藿香	0.5两		
		丁子香	适量		
	用　法	（香料）粗下筛，蜜和，用熏衣瓶盛，埋之久窨佳			
⑤ （名百和香通道俗用者方）		沉水香	5两	酒	适量
		甲香、丁子香、鸡骨香、兜娄婆香	各3两	白蜜	
		薰陆香、白檀香、熟捷香、炭末	各2两		
		零陵香、藿香、青桂皮、白渐香(柴也)、青木香、甘松香	各1两		
		雀头香、苏合香、安息香、賡香、燕香	各0.5两		
	用　法	（香料）末之，酒洒令软，再宿酒气歇，以白蜜和，内瓷器中。蜡纸封。勿令泄，冬月开取用大佳			

此外，王焘《外台秘要》卷三十二所载湿香方[1]为（表4-8）。

表4-8　外台秘要熏衣湿香方两则

编号	香料		剂量（两/铢）	辅助	剂量
①		苏合香、白檀香、甘松香	1两	蜜	适量
		沉香	9两		
		丁香、薰陆香	1两2铢	酒	适量
		麝香、甲香	2两		
	制作方法	捣香：沉香、白檀香、麝香和捣；甲香酒洗准前，与丁香、苏和香、薰陆香和捣；甘松香别捣用瓶盛，埋地底二十日，（香料）蜜和出丸以熏衣			

---

[1] 王焘：《外台秘要》卷三十二《薰衣湿香方五首》，北京图书馆出版社，2006。

编号	香料		剂量（两/铢）	辅助	剂量
②	<u>麝香、白檀香</u>		1两	蜜	适量
	丁香		1.5两		
	<u>甲香、苏合香</u>		2两	酒	适量
	栈香		5两		
	<u>沉水香</u>		1斤		
	制作方法	沉水香锉酒渍一宿，甲香酒洗；麝香、丁香、白檀香别研 捣如小豆大小相和，以细罗罗麝香，内中令调，以蜜器盛，封三日用之，七日更佳			
	用　　法	欲熏衣……上笼频烧三两大佳。火炷笼下，安水一碗，烧讫止衣于大箱中裛之。经三两宿后，复上所经过处，去后扰得。三日以来香气不歇			

上述西域香药为主的熏衣香方都为湿方，是唐人熏衣常用香方。为了保持湿香丸内湿燥的平衡，都需要用蜜和成丸药，防止熏衣时产生焦气，并且香料或香丸在初步制作后要贮藏一段时间方可使用。

从上表可见，配制熏衣和香方的香料大部分为西域香料。檀香、白檀香来自印度；藿香、甲香、丁香（鸡舌香）来自南海，是西域商人香料贸易中的常见商品；薰陆香（乳香）、苏合香来自大秦和波斯地区；青木香、甘松香则来自中亚克什米尔地区；麝香来自波斯和于阗，以于阗为佳。以上的香方虽然不过是唐代熏衣方中的一小部分，但还是可以看出，在唐代熏衣被的香方主体为西域香药，它们彼此的合成方法也应是西域商人和在华西域人所带来的异域文明。

据宋代洪刍《香谱》记载，为了保证香气持久，熏衣的方法也须非常考究。先要在香炉承盘中倒上热水，衣物被熏湿后，在汤炉中加香饼子，再覆以香灰或银碟，摊衣物于熏笼上熏烘至干，最后折叠整齐，贮藏至少一夜后再穿，衣上香气馥郁，可数日不散❶。这种做法应是沿袭了唐代的熏香方法。

2. 干香方

湿香方制作要求高，工序讲究，且需要一段时间的贮藏才能使用，对温度、熏香器物都有要求。相比之下，干香方则要便捷得多。干香方是将香料混合后，用丝绵包裹或做成香袋，放于衣箱中熏衣。这种熏衣的方法在医书中被称为"裛衣香方"，白居易《裴常侍以题蔷薇架十八韵见示因广为三十韵以和之》诗云："烂若丛然火，殷于叶得霜。胭脂含脸笑，苏合裛衣香。""裛衣香方"在魏晋时期已经出现在贵族的生活中，但当时的配方没有传世。唐代却不乏这种熏衣干香方的配方，其中也用到了很多西域香药。在此撷取孙思邈的《备急千金要方》和《千金翼方》，以及王焘《外台秘要》的部分干香方，列表如下（表4-9）。

唐代女性妆饰文化中的西域文明

❶ 洪刍：《香谱》卷下《香之法·薰香法》，中华书局，1985。

表4-9 干香方6则

编号	香料		剂量
①	零陵香		2两
	藿香、甘松香、苜蓿香、白檀香、沉水香、煎香		各1两
	麝香		0.5两
	制作方法	（香料）合捣后，加麝香粗筛，用如前法（丝绵包裹入衣箱）	
②	丁子香		1两
	苜蓿香		2两
	甘松香、茅香		3两
	藿香、零陵香、泽兰叶		各4两
	制作方法	（香料）各捣，加泽兰叶，粗下用之，极美	
③	藿香		4两
	丁香		7枚
	甘松香、康香、沉香、煎香		适量
	制作方法	（香料）粗筛，和为干香以裹衣，大佳	
④	麝香		0.5两
	丁香、甘松香、藿香、青木香、艾纳香、鸡舌香、雀脑香		各1两
	白檀香		3两
	沉香、苜蓿香		各5两
	零陵香		10两
	制作方法	（香料）各捣，令如黍粟麸糠等物，令细末，乃和令相得。凡诸草香，不但须新，及时乃佳。若欲少作者，准此为大率也	
	用　法	若置衣箱中，必须绵裹之，不得用纸。秋冬犹著，盛热暑之时令香速浥	
⑤	麝香、白檀、沉香		各0.5两
	丁香		1两
	零陵香		5两
	甘松香		7两
	藿香		8两
	制作方法	先捣丁香令碎，次捣甘松香，合捣讫，乃和麝香，合和浥衣	
⑥	泽兰香、甘松香、麝香		各2两
	沉香、檀香		各4两
	苜蓿香		5两
	零陵香、丁香		各6两
	制作方法	粗捣	
	用　法	绢袋盛，衣箱中贮之	

资料来源：①～③出自孙思邈：《备急千金要方》卷六上《七窍病·口病第三》上《裹衣香方》。人民卫生出版社，1982，第117页；④、⑤出自孙思邈：《千金翼方》卷五《妇人一·熏衣浥衣香第六》上海古籍出版社，1999，第164页；⑥出自王焘：《外台秘要》卷三十二《衣裹干香方五首》，北京图书馆出版社，2006。

由表4-9可见，干香方无须加蜜中和，工序简单，即将香料捣好后放入丝绵包裹，置于衣箱之中，即可起到熏衣的作用。关于熏衣干香方的记载很多，在此无法全部罗列，但从制作方式来看，基本如上表所述。这种简单实用的做法，适合普通人家自行配制使用，工艺的简洁也促进了唐代熏衣染香的社会风气的发展。

三、含服

唐人有含鸡舌香祛除口气的习惯，女性香体内服之法更为丰富。

（一）唐人含服香药习俗

古人以口含香料来清新口气，作为对他人的尊重。含香的记载最早见于应劭《汉官仪》"侍中刁存，年老口臭，上出鸡舌香使含之"，可以说是最早的香口剂。汉代的鸡舌香是早期进入中国的西域香药。

唐人也用鸡舌香香口，成为在朝廷任职的礼制。杜佑《通典》载："尚书郎口含鸡舌香，以其奏事答对，欲使气息芬芳也。"所以尚书省被称作"含香署"。李贺《酒罢张大彻索诗》诗云："长鬣张郎三十八，天遣裁诗花作骨……太行青草上白衫，匣中章奏密如蚕。金门石阁知卿有，豸角鸡香早晚含。"中"豸角鸡香早晚含"就是指尚书省繁忙的日常工作。刘禹锡《早春对雪奉澧州元郎中》诗"新恩共理犬牙地，昨日同含鸡舌香"和凝《宫词百首》诗"明庭转制浑无事，朝下空馀鸡舌香"其中所提到的含香也是指在朝中共事的意思。

当然，含鸡舌香使口气清香并不是朝中官员的专利，它因香口功效显著而普及，因此成为政府官员的工作礼仪。文献中虽然没有特意提到女性含鸡舌香，但从古人含服鸡舌香的历史和风俗来看，应不是男性的专利。

根据谢弗的研究，唐代的鸡舌香从印度尼西亚进口，这种树种已经传入了南海诸国。鸡舌香不仅用来香口，还用来腌制肉片❶，并且对于喝醉酒的人也有帮助"饮酒者嚼鸡舌香则量广。浸半天，回则不醉"❷。可以说，鸡舌香在唐代宫廷和民间的用途都很广泛，是人们所熟悉的香料。

除了鸡舌香外，甘松香也是唐人熟悉的用于香口香体的含服香剂。阿拉伯人伊本·巴伊塔尔在他的《药草志》中记载，把叙利亚甘松茅"放到口中咀嚼片刻，便有一股宜人的味道"❸。孙思邈在医书中也提到甘松香的香口功效，能治疗口臭和身臭。人们可以通过含服、咽汁的方式来调节内分泌和口腔内部的卫生。

---

❶ 谢弗：《唐代的外来文明》，吴玉贵 译，陕西师范大学出版社，2005，第227页。
❷ 同❶，引《云仙杂记》卷三。
❸ 费琅：《阿拉伯波斯突厥人东方文献辑注》，耿昇、穆根来 译，中华书局，1989，第300页。

饮用香茶在唐代十分流行，能生津止渴、滋补身体、改善口气、调理体香。用于烹制香茶的香料大多为西域香料，如旃檀、沉香、甘松香等。杜宝《大业拾遗录》曰："薄禅师甚妙医术，作五香，第一沉香饮，次丁香饮，次檀香饮，次泽兰饮，次甘松饮，皆别有法。以香为法，以香为主，更加别药，有味而止渴，兼于补益。"❶皮日休《孤园寺》诗云："磬韵醒闲心，茶香凝皓齿。巾之劫贝布，馔以栴檀饵。数刻得清净，终身欲依止。"这种香茶和香饮不仅能香体，还能"疗渴"，这来源于印度医学。《鲍威尔写本》第二残卷《精髓集》第十四章"童子方"曰："石榴籽、旃檀香、莲花须、长胡椒、石蜜和蜜，制成的药水，主治病态干渴。"可以说唐代香饮无论药理还是风俗都来源于西域，是糖尿病人和普通人的保健饮料。香饮流行后，泽兰等中国土产香料也被添加入香饮之中。

　　女子身体散发香气，是一种特有的魅力，其中天生的体香被称为"天香"，是香身的最高境界，常与"国色"搭配，是对女性美貌的最高褒扬之一。清代李渔在《闲情偶寄》卷三《声容部·熏陶》中对此有精辟的分析："名花美女，气味相同，有国色必有天香。天香结自胞胎，非自熏染，佳人身上实实在在有此一种，非饰美之词也。此种香气，亦有姿貌不甚娇艳，而能偶擅其奇者。"拥有由内而外的体香，确实是美女姿色的一大优势，是历代美女的追求。

　　真正具有"天香"的女性不多，但可以通过后天的保养和妆饰来达到类似天香的效果。服用香食和药物使身体散发香气较熏衣沐浴更为上乘，这是唐代女性努力追求的香身方式，因此内服香药的方子被纳入医书，在香身的同时具有保健作用。晋代葛洪《肘后备急方》就载有内服的香体方❷，在唐代的《千金翼方》等医书中也不乏女性内服"香体方"。唐代女性，尤其是靠姿色生存的女性非常注重并擅长使用香体方香身，以增加自己的外貌资本。《太平广记》就载有内服香药香体的例子：元载妾薛瑶英的母亲赵娟曾是岐王爱妾，在女儿幼时喂食香药，使其肌肤生香。薛瑶英因其母亲的栽培，而"攻诗书，善歌舞，仙姿玉质，肌香体轻，虽旋波摇光、飞燕、绿珠，不能过也"❸，从而深得元载宠爱。又《开元天宝遗事》载，"都中名姬楚莲香者……每出处之间，则蜂蝶相随，盖慕其香也。"❹这位美女的香气因是内外兼美的。

　　关于内服香药，还有用于闺房情事的功效，这与香料在一般药物中的地位是一致的。《开元天宝遗事》载："明皇正宠妃子，不视朝政，安禄山初承圣眷，因进助情花

❶ 李昉 等：《太平御览》，中华书局，1960，第4348页。
❷ 葛洪：《肘后备急方》卷六《令人香方》："白芷、薰草、杜若、杜衡、藁本（分等），蜜为匀，但旦服三丸，暮服四丸，二十日足下悉香，云大神验"。
❸ 李昉 等：《太平广记》，中华书局，1961，第1823页。
❹ 王仁裕 撰《开元天宝遗事》，曾贻芬 点校，2006，第13页。

香百粒，大小如梗米，而色红。每当寝处之际，则含香一粒，助情发兴，筋力不倦。帝秘之曰：'此亦汉之慎恤胶也。'"❶当然，这种香药为男子所用，与女性香身无关，只是作为含服的香料个例介绍。

（二）西域香药与唐代疗口臭方

在唐代的医书中，专有含有鸡舌香的含服药方。在《外台秘要》卷二十二"牙齿疼风虫俱疗方五首"中的"广济疗牙齿疼痛，风虫俱差方"中，就含有五两鸡舌香，配合零陵香和其他药材，以腊为引做成药丸，含服治口臭（表4-10）。

表4-10 外台秘要·广济疗牙齿疼痛，风虫俱差方

配方		剂量	辅助材料	剂量
独活、防风		各4两	烊腊	少许
芎藭、细辛、当归、鸡舌香、零陵香		各5两		
沉香、升麻		8分		
黄芩		10分		
甘草		6分（炙）		
制作方法	右十一味捣筛，和烊腊丸，如小豆，以薄绵裹当症上			
用　　法	含有汁，咽亦无妨。口臭气尤妙			

甘松香也有除臭香口的功效。甘松香来自中亚康国和西亚的叙利亚❷。劳费尔指出甘松香在梵语里为"nalada"，即《一切经音义》中的"那罗陀"，其花香妙，佩之如人持花供养❸。玄奘法师在印度学习佛法的"那烂陀"寺这一名称，也从"那罗陀"而来，说明甘松香在印度的历史很悠久，不仅仅是一种香料，更被赋予了一层神圣的宗教意义。印度北部的犍陀罗地区是古代丝绸之路上著名的香药市场，来自西亚、北方草原、中亚、中国、印度的香药多汇集于此，印度人认识和使用甘松香历史悠久。在唐朝的传世医方中，甘松香常和印度的檀香、白檀香、豆蔻等香药配合使用，与梵文医典渊源很深。

关于加入甘松香的香口香体方，如《备急千金要方》卷六上的"五香丸治口及身臭，令香、止烦、散气方"中就有半两甘松香。此方以蜜和成丸药，含服治口臭。据医书描述，其效果不仅能治口臭，还能香体，说坚持使用到第十日能"把他人手亦香"。若注意饮食，不着葱、蒜、洋葱等"五辛"，屁亦不臭，可谓神奇（表4-11）。

❶ 王仁裕 撰《开元天宝遗事》，曾贻芬 点校，2006，第21页。
❷ 温翠芳：《唐代的外来香药研究》，博士学位论文，陕西师范大学，2006，第52~54页。
❸ 劳费尔：《中国伊朗编》，林筠因 译，商务印书馆，2001，第39~40页。

表4-11 备急千金要方·五香丸治口及身臭，令香、止烦、散气方

配方	剂量	辅助材料
豆蔻、丁香、藿香、零陵香、青木香、白芷、桂心	各1两	蜜
香附子	2两	
甘松香、当归	各0.5两	
槟榔	2枚	
制作方法	末之，蜜和丸	
用 法	常含一丸如大豆，咽汁。日三夜一，亦可常含、咽汁。五日口香，十日体香，二七日衣被香，三七日下风人闻香，四七日洗手水落地香，五七日把他手亦香，慎五辛、下气去臭	

又如《备急千金要方》卷六上"甲煎唇脂，治唇裂、口臭方"中有甘松香五两，和酒水、麻油煎之贮藏，可能是一种饮料配方（表4-12）。

表4-12 备急千金要方·甲煎唇脂，治唇裂、口臭方

配方	剂量	辅助材料	剂量
甘松香	5两	乌麻油	1斗5升
艾纳香、苜蓿香、茅香	各1两	酒	2升
茯苓	3两	水	6升
零陵香	4两		
制作方法	先以麻捣泥，泥两口好瓷瓶，容一斗已上，各厚半寸，暴令干；（再将6味配方）先以酒、水五升相和作汤，洗香令净。切之，又以酒水各一升浸一宿。明旦内于一斗五升乌麻油中，微火煎之。三上三下，去滓，内上件一口瓶中，令少许不满，然后取		

再如《千金翼方》卷五"'十香圆'令人身体百处皆香方"，中有甘松香1两，配合白檀、青木、沉香、零陵等西域香料，和蜜成丸，用于含服，能令人四肢百骸皆香，故被医家称为"十香圆"，即圆满、圆通之意（表4-13）。

表4-13 千金翼方·"十香圆"令人身体百处皆香方

配方	剂量	辅助材料
沉香、麝香、白檀香、青木香、零陵香、白芷、甘松香、藿香、细辛、芎䓖、槟榔、豆蔻	各1两	蜜
香附子	0.5两	
丁香	3分	
制作方法	捣筛为末，炼蜜和，绵裹如梧子大	
用 法	日夕含之，咽津味尽	

豆蔻、龙脑、槟榔是印度人用来清新口气的香药，是古印度的卫生习俗，这种习俗也在唐朝流行。在佛经中，不乏用豆蔻来消除口气的内容。如《大日经疏演奥钞》

第十二云："口含白豆蔻，嚼龙脑香，令口气香。"《南海寄归内法传》卷一亦记载了僧人在施主家中用完斋饭之后以槟榔、豆蔻、丁香、龙脑等西域香料清洁口腔的事："众僧亦既食了，盥洗漱又毕……次行槟榔豆蔻，糅以丁香龙脑，咀嚼能令口香，亦乃消食去癃。"

此外，来自印度的药物"阿魏"也对口臭有好疗效。苏恭的《新修本草》曰："阿魏生西番及昆仑……体性极臭，而能止臭，亦为奇物也。又婆罗门云：……常食用之，云去臭气。"❶在印度人的饭食中，阿魏确实是常见的调味品。孙思邈对阿魏的功效也给予充分肯定，在《千金翼方》卷二中亦云："（阿魏）味辛、平、无毒，主杀诸小虫、去炙气、破症积、下恶气、除邪鬼蛊毒，生西蕃及昆仑。"

阿魏疗口臭主要是因为它的杀菌功能，可以治愈牙病，杀灭口中致臭的细菌。《千金翼方》卷二十一"万病"云："饮食杂秽，虫生至多。食人五藏骨髓皮肉筋节，久久坏散，名曰癞风。是故论曰，若欲疗之，先服阿魏雷散出虫。看其形状青黄赤白黑，然后与药疗，千万无有不差。"在这样的药理基础上，《千金翼方》中的"阿魏雷丸散方"将阿魏和其他香药结合，以达到杀菌除臭的效果（表4-14）。

表4-14　千金翼方·阿魏雷丸散方

配方		剂量	辅助材料	剂量
阿魏、紫雷丸、雄黄、紫石英		各3分	清酒	2合
牛黄		5分		
牛砂、滑石、石胆、丹砂、葫芦、白敛、犀角		各0.5两		
紫铆		1两		
斑猫去足翅，芫青去足翅		各40枚		
制作方法	与清酒捣筛为散			
用　　法	空腹服壹钱匕，和药饮尽。大饥即食小豆羹饮为良，莫多食。但食半腹许即止，若食多饱，则虫出即迟			

这种散方可以和酒、药共饮，也可以在吃饭时和羹饮共食，可以说是一种药膳。目的是逼出体内的虫，杀灭致口臭的细菌。

第三节　西域文明影响下的唐代女性佩香与焚香

随身佩带香囊以及室内焚香是唐代女性日常妆饰的重要内容。西域文明赋予了佩

❶ 苏敬 等：《新修本草》，尚志钧 辑校，安徽科学技术出版社，1981，第245页。

香和焚香更丰富的内涵，集风雅、保健、驱邪、诗意于一身，精致的香囊和美丽的香炉让佩香和焚香本身具有明显的女性化色彩。

一、佩香

佩香是唐代女性服饰的一部分，也起到香身的妆饰作用。新奇的西域香药丰富了女性佩香的内涵，成为驱邪避害、夸耀奢侈的象征。唐代女性佩香的载体除了传统的布制香囊外，源于南北朝时期的金属香囊在唐代也十分风行，影响了后世的佩香风气。数枚实物的现世向今人展现了唐代女性佩香的文化习俗，以及宋代金属香囊的传承因缘。

（一）唐代女性佩香

唐代女性的佩香是对传统的沿袭。早在先秦时代，古人佩香已成风俗礼制。《山海经·西山经》云："（浮山）有草焉，名曰薰草，麻叶而方茎，赤华而黑实，臭如蘼芜，佩之可以已疠。"❶说的是佩香的卫生防病功能；《楚辞·离骚》中常以香比喻君子美德，有"扈江离与辟芷兮，纫秋兰以为佩""制芰荷以为衣兮，集芙蓉以为裳""被薛荔兮带女萝……被石兰兮带杜衡"等名句，赋予佩香正直端洁的人文意义，具有浪漫主义色彩。

古人佩香是出于礼制的需要，主要为佩戴香囊。所佩香囊，名曰"容臭"。《礼记·内则》记载："男女未冠笄者，鸡初鸣，咸盥、漱、栉、縰、拂髦、总角、衿缨，皆佩容臭。"郑玄注曰："容臭，香物也，以缨佩之，为迫尊者，给小使也。"大意为未成年人在去拜见父母长辈时，佩带丝绦所系香囊，表示恭敬之心。古人从小佩带香囊，不仅是出于礼仪所需，也有与香为伴、陶冶自身修养的意义。古代的香料都入药，有保健卫生、防病治病的功能，能增强人体抵抗力，根据未成年人的体质配备适合的香料盛储于香囊中，有利于他们健康成长。女子出嫁时，也要佩戴香囊，《礼记·曲礼》载："女子许嫁，缨，非有大故，不入其门。"❷"缨"即佩香囊，承载着娘家亲人对女儿婚姻幸福的祝愿。

在秦汉之际，佩香仅限于中国本土的香料如蕙、兰、桂、茅之属，到了魏晋，西域香料大量入华，成为贵族阶级珍爱的奢侈品。单方香料演变为合成香方，香身方式也多样化起来。身上佩戴的香囊里的香料自然也随之变化。然而，魏晋南北朝时的西域香料是王公贵族的奢侈品，新的用香习俗在民间并未普及，兼之南北方分裂，战乱不断，也影响和制约了香文化的发展，民间女子所佩者以盛放传统本土香料的香囊为多。在此背景下，香文化流行范围仅限于贵族阶层，但为隋唐香文化的兴盛奠定了基础。

唐代女性佩香非常普遍，不仅在身上佩香，还在车上、乘舆上、床帐上挂有香囊，

---

❶ 刘向：《山海经》卷二《西山经》，上海古籍出版社，1983，第26页。
❷ 戴德、戴圣：《礼记·曲礼》上，中华书局，2001。

行住皆有香囊相伴。除了香囊之外，披巾、歌巾等服饰附件上也以郁金香等西域名香熏之，穿在身上和佩香囊有类似效果。如上文所述杨贵妃所佩领巾熏有交趾进贡的瑞龙脑香，"香气彻十余步"，落于乐工贺怀智幞头上，多年之后拿出，依然香气馥郁❶。

除了单纯的香身目的，佩香还有驱邪的作用。上文所述，先秦人佩香是为了卫生考虑，防止邪气入体。所谓"邪气"，多指在特定时代背景下的医术和认识不能驾驭的病因。西域香料进入中国后，远方来的香料往往经过唐人的想象和商人的渲染，具有类似巫术的神秘性能，虽然确实能推动医药学发展，但其功能难免被夸大。如来自西亚的紫藤香，据唐代波斯裔药物学家李珣记载："（紫藤）其香似苏方木。烧之，初不甚香，得诸香和之甚美。"❷紫藤香又名"降真香"，为道观所常用，可以焚烧驱邪："烧之，辟天行时气，宅舍怪异；小儿带之，辟邪恶气。"❸唐代女性入道者甚多，宫人歌妓入道出家者不在少数，在出家前即有香身习惯。出家后须与世俗生活保持一定距离，檀香、降真香等宗教用香是最适合的香料，以此佩戴或熏衣能产生一种超尘出世的道家气质，赋予风流女冠独特的魅力。又如安息香，它原产于伊朗高原，后来多从北印度的犍陀罗香料市场集中贩运至中土，被称为"返魂胶"，段成式在《酉阳杂俎》中称安息香树为"辟邪树"❹。安息香在唐代的药物学中，主治"心腹恶气鬼疰"，"妇人夜梦与鬼交，同臭黄烧薰，丹穴永断"❺，可以说是一种妇科相关的香药。由此可见，这些西域来华的香料往往具有神秘色彩，在这样的理念下，香料作为驱邪物的使用会根据需要以不同的方式出现在唐代女性的生活中，佩香正是其中最直接的一种。

关于唐代女性所佩香囊中的驱邪香，《杜阳杂编》中记载：同昌公主乘坐的七宝步辇上"四面缀五色香囊，囊中贮辟寒香、辟邪香、瑞麟香、金凤香，此香异国所献也。仍杂以龙脑金屑，每一出游，则芬馥满路。"❻其中辟寒、辟邪香是外国进贡之物，属于皇室享用的名贵奢侈品，香气浓郁的龙脑香也是来自西域南海的价格高昂的香料。同昌公主是唐懿宗最为重视的女儿，她的日常用度规格很高，佩香也不例外。对唐代女性而言，佩香不仅是卫生和美丽的需要，更是一种身份地位的象征。在《外台秘要》卷十三中，亦记载一种名为"吃力迦丸"的外来香丸配方，它是一种用"沉香、青木香、丁子香、安息香、白檀香、薰陆香、苏合香、龙脑香"等多种西域香料制成的合成香丸，将它贮在袋中佩在胸前也有驱邪禳灾的功能。

虽然香料和合成香方"驱邪禳灾"的定义值得商榷，但可以肯定的是，这些合成

❶ 段成式：《酉阳杂俎》卷一，上海古籍出版社，2000。
❷ 李时珍：《本草纲目》卷三十四，引李珣《海药本草》，引李珣：《海药本草》，中医古籍出版社，2007。
❸ 同❷。
❹ 段成式：《酉阳杂俎》卷十八，上海古籍出版社，2000。
❺ 李时珍：《本草纲目》卷三十四，引李珣：《海药本草》，中医古籍出版社，2007。
❻《杜阳杂编》卷下，上海古籍出版社，2000。

香方不仅芳香四溢，对身体健康也有帮助。人类的身体健康状况一部分在于肌体功能的完善与否，另一部分在于心理是否健康，中医学很早就注意到心理健康与身体情况的关系，佩戴者若相信所佩戴的香料有驱鬼祛邪的功能，这本身就是一种极佳的心理暗示，有助于香方的疗效。

（二）香囊：唐代女性佩香器物

> 两君相见望贤顿，君臣鼓舞皆歔欷。
> 宫中亲呼高骠骑，潜令改葬杨真妃。
> 花肤雪艳不复见，空有香囊和泪滋。
> 銮舆却入华清宫，满山红实垂相思。
> ——【唐】郑嵎《津阳门诗》

关于唐玄宗和杨贵妃爱情悲剧和马嵬之变的文学作品有不少，除了白居易的《长恨歌》外，郑嵎的《津阳门诗》和李商隐的《马嵬》也是其中的名篇。《津阳门诗》借助津阳门到华清宫在安史之乱后的物象变异，通过对景象的烘托和体验来记述这段历史[1]。诗中描写唐明皇在回到长安后，思念贵妃，肃宗下令为杨贵妃迁坟。使者到马嵬坡一看，尸体不存，香囊仍在，只能带着香囊回报朝廷。这段故事在《明皇杂录》和《旧唐书》中都有提及，香囊因为它所具有的"定情之物"的含义和作为杨贵妃贴身之物的属性而出现在文献中。关于杨贵妃死时所佩香囊，学术界普遍认为那是金属香囊，但也有认为是佩挂于胸口的紫绣香囊，其中装有冰麝。虽然贵妃香囊具体为何物已不可考，但可以肯定的是，香囊是唐代女性随身携带的熏香工具，大致为传统布制香包和金属制的小型焚香器两种，根据需要和喜好选择佩戴，其中金属香囊尤其为唐代上层社会所喜爱。

1. 布制香囊

早在先秦时代，人们就在日常生活中系挂香囊。汉代马王堆女尸辛追的双手中，就各握有一只香囊，内盛风干的香草，墓内箱奁中还有四枚香囊，内里盛有茅香、花椒和辛夷[2]。在汉代宫廷中，尚书郎要"怀香袖兰"侍奉天子，是为礼仪。东晋名将谢玄"少好佩紫罗香囊"，既是习惯，也是风雅。魏繁钦《定情》诗："何以致叩叩，香囊系肘后。"就是指将情人赠送的定情香囊系在肘部，藏于大袖中，袖动香送，含蓄温

---

❶ 王定璋：《谈〈津阳门诗〉及其他》，《文史杂志》1990年第3期。
❷ 湖南省博物馆、中国科学院考古研究所：《长沙马王堆一号汉墓》，文物出版社，1973，第56页。

柔。此外，也有将香囊佩戴在胸前和腰间作为装饰的。佩戴在外的香囊，可能比戴在肘后的香囊在形式工艺上更为美观考究。到了唐代，人们依旧沿袭了在身上佩戴布制香囊的传统，唐之后也是如此。

　　唐人不仅佩戴香囊，在卧室里和乘舆中也垂挂香囊，这是唐人日常生活中常见的熏香方式。王琚《美女篇》诗云："屈曲屏风绕象床，葳蕤翠帐缀香囊。"《太平广记》载唐懿宗爱女同昌公主："丞七宝步辇，四角缀五色锦香囊，囊中贮辟邪香、瑞麟香、金凤香，此皆异国献香，仍杂以龙脑金屑。"❶这种在行住空间内悬挂香囊的习俗早在汉代就已经存在了，只是香囊形态和内中的材料因为时代的不同有所变化。汉末叙事诗《孔雀东南飞》中刘兰芝与焦仲卿离异时，就在婆家留下衣物给新人，其中就有"红罗覆斗帐，四角垂香囊"，与唐人在床帐中置香囊的做法一致。再向上追溯到西汉，长沙马王堆汉墓中的箱笼中发现的香囊尺寸最小的也有32.5cm，应是挂于帷帐之中的香囊，内中的香料还仅限于中国土产的茅香、桂和佩兰之属❷。

　　在室内挂香囊的习俗让世俗生活充满美好的感受，以至于唐代达官贵人贪恋这样的感受，希望在生命的彼岸仍能继续。如于鹄《古挽歌》诗云："送哭谁家车，灵幡紫带长。青童抱何物，明月与香囊。"其中的香囊就是丧仪所用明器。除了享受的愿望之外，特定的香料有防腐防蛀、祛湿禳灾的实用功能和文化寓意。如马王堆汉墓中发现的香囊里有茅香根茎，它的功效之一就是驱虫防蛀，可见在唐以前就有香囊盛香料作为明器的习俗。唐代明器中有大量的香囊，达官贵人的陪葬香囊都用珍贵的西域香料制作，造成社会资源的巨大浪费，造成很不好的社会影响。唐朝末年，卢文纪在《请禁丧制逾式奏》中禀明这种奢靡情况，请皇帝下诏要求三品以上官员丧礼中"并不得使绫罗锦绣泥银帖金彩画及结鸟兽香囊等物"，明确指出香囊不得作为明器陪葬❸。总之，香囊在唐人生活中被广泛使用，承载着礼仪、风雅、保健等各种功能，既是生活的良伴，也是精神的寄托。

　　古代女子常亲手缝制香囊，赠送心爱之人作为定情之物，内中香料多为精心选制，珍贵的西域香料是贵族女子的首选。《晋书·贾午传》记述了贾充之女贾午与韩寿私通款曲，贾午送韩寿香囊，内有御赐贾家的西域香料。到了唐代，香囊仍是男女爱情的承载者。如孙光宪《遐方怨》诗云："红绶带，锦香囊，为表花前意，殷勤赠玉郎。"如韩翃《送崔秀才赴上元兼省叔父》诗云："行乐远夸红布旆，风流近赌紫香囊。"如庄南杰《阳春曲》诗云："紫锦红囊香满风，金鸾玉轸摇丁冬。"如李瑞《春游乐》诗云："游童苏合带，倡女蒲葵扇。"又如李叔卿《江南曲》诗云："郁家子弟谢家郎，乌

❶ 李昉 等：《太平广记》卷二三七《奢侈二·同昌公主》，齐鲁书社，1981，第1826页。
❷ 陈东杰、李芽：《从马王堆一号汉墓出土香料与香具探析汉代用香习俗》，《南都学坛·人文社会科学学报》
　　2009年第1期。
❸ 董浩 等：《全唐文》卷八五五，中华书局，1993，第3979页。

唐代女性妆饰文化中的西域文明

巾白袷紫香囊。"再如沈愚《追和杨眉庵次韵李义山无题诗》诗云："香囊玉佩劳相赠，绣幄银屏惜共留……多才苦被春情恼，镜里潘郎雪满头。"用锦绣绫罗制成的香囊一针一线均寄托着痴情女子的情思，赠送伊人，让情人见物如见人。香气显风雅，香囊美仪容，且系情人所赠，个中风流情趣，自不待言。

佛教寺院也是香料的消费大户。香囊中夹带符咒可以辟邪禳灾，这种佛教观念在世俗生活中非常流行。玄奘在《大般若波罗蜜多经》卷五一〇中记载："若善男子善女子等，怖畏怨家恶兽灾横，厌祷疾疫毒药咒等，应书般若波罗蜜多大神咒王，随多少分香囊盛贮，置宝筒中恒随逐身，供养恭敬尊重鉴赞叹，诸怖畏是皆自消除。"唐代佛教信众甚多，趋利避害是人的本能，唐人在随身香囊中置符咒祈求吉祥，使香囊的使用率大大提高。

2.金属香囊

白居易《江南喜逢萧九彻因话长安旧游戏赠五十韵》诗云："鬓动悬蝉翼，钗垂小凤行。拂胸轻粉絮，暖手小香囊。"王建《秋夜曲·之一》亦云："香囊火死香气少，向帷合眼何时晓。"诗中所提的香囊有暖手的功能，香气的散发靠火焚烧产生，可见这种香囊应是小巧的金属焚香器。白居易诗中的香囊携带者是位妙龄女子，这种被称为香囊的金属焚香器应是小巧精致、适合女性佩带的。

《旧唐书》记载，马嵬之变后，唐玄宗回到长安，日夜思念贵妃，后遣人前往事发之地为贵妃迁坟。使者挖开贵妃墓一看："初瘗时以紫褥裹之，肌肤已坏，而香囊仍在。"取回香囊交予玄宗，玄宗睹物思人，老泪纵横。郑嵎《津阳门》诗亦云："花肤雪艳不复见，空有香囊和泪滋。"说的正是这段往事。

学者们普遍认为，其中未随贵妃尸身腐烂的香囊应不会是布制香囊，而是金属制作的焚香器。关于这点，尚刚先生曾在他的专著《隋唐五代工艺美术史》中提出异议，认为从贵妃身死到唐玄宗迁坟，不过是一年半的时间，若是布制香囊上有蹙金绣，也未必会腐坏[1]。然而，从法门寺地宫出土的蹙金绣半臂的性质来看，蹙金绣是施于丝绸等织物上的刺绣工艺，虽然细密，但仍是服饰上的附加物，若底布朽烂，蹙金必然难存。杨贵妃死时埋葬简略，只是草草用紫褥包裹下葬，经过一年半的时间，织物早已与尸身共朽。布制香囊上即使有蹙金绣，也会因为蹙金绣缝隙处的织物腐烂而不再完整，内中所藏冰麝也随之散落，使者取破烂不堪的残片回复并无意义。所以笔者认为这应是金属香囊。

金属香囊在唐代使用广泛，而从文献中看，早在汉代就作为寝具而出现了。《古文苑·司马相如〈美人赋〉》中有云："于是寝具既设，服玩珍奇，金鉔熏香。"章樵注曰：

---

[1] 尚刚：《隋唐五代工艺美术史》，人民美术出版社，2005，第171页。

"鉔音匜，香毬，衽席间可旋转者。"晋代葛洪在《西京杂记》中亦记载一种称为"被中香炉"的熏香器："长安巧工丁缓者，作卧褥香炉，一名被中香炉。本出防风，其法后绝。至缓始更为之。为机环转连，而炉体常平，可置之被褥，故以为名。"❶其中"被中香炉"就是司马相如赋中所言之金鉔，即一种金属制的香囊，内有机关，无论如何滚动，里面的炉体始终处于水平状态，被用来至于被中熏香暖被。因为它的形态多为球形，所以也被称为"香球"或"熏球"。

1987年在陕西扶风法门寺地宫塔基发现的大量唐代遗物中就有熏香品9件。《法门寺物帐》上提到唐僖宗供养的"香囊二枚，重十五两三分"即为内有机关的金属香球，实物和文件相合，充分说明金属香球为唐代宫廷使用的生活奢侈品，也可以断定，在唐代"香球""被中香炉"的名称在一定程度上与"香囊"等同。此外，唐僖宗将香囊作为佛教供养品进献法门寺，可以从一定程度说明这种生活奢侈品也可以作为供养所用熏香器，世俗生活与宗教供养并没有严格的区别，在日常佩戴香囊时，既是风俗，也是对佛教的虔敬的一种方式。

关于金属香囊结构，元稹的《香毬》诗云："顺俗唯团转，居中莫动摇。爱君心不恻，犹讶火长烧。"说明香囊无论如何转动，内部炭火不熄，香料不动。《一切经音义》"香囊"条的记载更是详细地描述了唐代金属香囊的用途、材质、机关形态和使用人群，与葛洪《西京杂记》中所描述的"被中香炉"非常接近："考声云：香袋也。案香囊者，饶香圆器也。巧智机关，转而不倾，令内常平。集训云：有底袋也。"又载："考声云：斜后香袋也。案香囊者，烧香器物也。以铜、铁、金、银玲珑圆作，内有香囊，机关巧智，虽外纵圆转，而内常平，能使不倾。妃后贵人之所用之也。"❷

金属香球虽然在唐以前的文献里就已经出现，但在相应时代的墓葬中却不见实物，在唐代墓葬和窖藏中倒发现不少。何家村窖藏发现的"葡萄花飞鸟纹"银香囊和法门寺的鎏金银香囊在形制和大小方面都非常接近。随着更多唐代金属香囊的发现，可以确定唐代金属香囊的风貌。

唐代金属香囊外部器身为圆球体，镂空錾刻的图案各不相同，但内在的结构基本一致，设计非常精巧实用。齐东方先生描述得最为贴切："它内外分三层，带链钩。外层为两个饰有镂空花纹的球体，以子母扣扣合。其内设两层双轴相连的同心圆机环，大的机环与外层球壁相连，小的机环安置香盂。使用时，随着最内层半圆形香盂所受的重力和活动机环的作用，无论外层的球体如何转动，最里面的香盂总是保持平衡状态"❸（图4-1）。香盂盛装的香料在点燃时只有香气透过镂空外层逸出，火星不会外落，

❶ 葛洪：《西京杂记》《常满灯被中香炉》条。
❷ 慧琳：《一切经音义》，上海古籍出版社，1986，第230页。
❸ 齐东方：《唐代金银器研究》，中国社会科学出版社，1999，第110页。

图4-1 金属香囊内部结构（唐代）

待烧尽后香灰也不会撒落出，非常安全卫生。据刘宁先生的研究，唐代金属香囊的内部装置与陀螺仪原理相符合❶。值得一提的是，明代田艺蘅《留青日札》卷二十二"香毬"条中记载："今镀金香毬，如浑天仪然，其中三层关，轻重适均，圆转不已，置之被中，而火不复灭，其外花卉玲珑，而篆烟四出。"这与唐代出土的金属香囊形态一致，说明金属香囊一直流传到明代。

从目前公开的展示的唐代金属香囊资料来看，以表4-15中几枚为典型。

表4-15　唐代金银香囊

①沙坡村鎏金银香囊	②葡萄花飞鸟纹银香囊
1963年陕西省西安市东南郊沙坡村窖藏出土 局部鎏金 器高5cm，宽4.8cm 年代下限：8世纪中叶 通体镂空，局部錾刻。以口沿为中心有上下对称四组鎏金花鸟纹，其余部位为银折枝花纹 顶部有环钮、链条、挂钩，上下半球之间子母扣扣合	1970年陕西省西安市何家村窖藏出土 银 器高4.5cm，宽4.5cm 年代下限：8世纪中叶 通体镂空，局部錾刻。上半球均匀分布四只鸟雀，周围围绕缠枝葡萄纹和石榴花图案；下半球无鸟雀，通体葡萄蔓草纹，缀以石榴花图案。上下半球中心处皆为团花纹 顶部有环钮、链条、挂钩，上下半球之间子母扣扣合

❶ 刘宁：《法门寺地宫出土的香囊》，《文博》2003年1月，第57~58页。

③法门寺鎏金双蛾纹鎏金银香囊

④法门寺鎏金银香囊

1987年陕西省西安市法门寺地宫塔基出土 局部鎏金 直径12.8cm 年代下限：9世纪下半叶 通体镂空，錾刻叶状纹饰，上下半球各有鎏金团花6朵，折枝花相对而设，分别配有四蜂和双蜂，口沿亦鎏金，饰蔓草纹。顶部有环钮、链条、挂钩，上下半球之间子母扣扣合。尺寸较大，可能为室内悬挂之用	1987年陕西省西安市法门寺地宫塔基出土 通体鎏金 直径5.8cm 年代下限：9世纪下半叶 通体镂空，局部錾刻。无口沿。上下半球以开合处为中心，各有三组由对称两个弧形带所组成圆圈状图案带，上刻有鸟衔花枝图案；图案带内外都有卷叶组成的单独纹样和二方连续纹样，剩余的三角形部位为鎏金银片錾刻的花枝图案 顶部和底部中央为花型，上有环钮、链条、挂钩，上下半球之间子母扣扣合

⑤成都博物馆藏唐代金香囊

⑥大都会银香囊

⑦正仓院藏银香炉

金 直径6.6cm，链长15cm 年代下限：9世纪 通体镂空，局部錾刻。上下半球图案对称，为卷草花鸟纹，之间以子母扣扣合	美国大都会博物馆藏 银 尺寸不明 年代：中晚唐 通体镂空，局部錾刻。阔叶卷草纹，口沿宽，上下半球以子母扣扣合，上部有环钮，无链条挂钩等	银 器高18cm，器宽18.8cm 年代：唐 此为室内摆设香炉，内部结构与悬挂的银香囊相同，口沿錾刻有均匀的装饰线条，上下半球之间可开合，上部无环钮 通体镂空，局部錾刻。雕刻花草和雄狮、凤凰，在图案上用錾刀刻出阴文线条，细腻华美

如表4-15所示，不少球状香囊的直径多为5cm左右，顶部安装有环钮、链条、挂钩，显然不仅可以随意摆放，四处悬挂，也可以随身携带。沙坡村和何家村出土银香囊由于是窖藏，无法得出确切的年代，只能根据窖藏的年代，设定年代下限为8世纪中下叶，从镂雕的葡萄蔓草纹图案来看，很可能是盛唐早期（7世纪末）的作品。法门寺地宫关闭时间为9世纪后半叶，从银香囊器体上的阔叶图案来看，是中晚唐的作品，与白居易诗中所述当时女子手持金属香囊的情况符合。可见终唐一世，金属香囊都是世人所爱的熏香器。唐人喜着胡服，束腰多用革带，称为"蹀躞

带"，上有附环或穿孔供佩物之用，可以悬挂弓箭、纷帨、鞶囊、刀砺、香囊之类小物件。唐代女性常参与打球、狩猎等活动，平时也以穿着男装为时尚，在腰间革带上佩戴的金属香囊中燃烧西域香料，与伊朗风格的胡服男装非常协调，运动时也不易损坏。金属香囊形体小巧，可以握在手中赏玩，也可以藏在衣中不为人知。香囊随人走动，周围散发美妙的香气，随时随地都可以传递美好的感受，愉悦自己的身心。

唐人日常生活中喜用金银器皿。在唐人观念中，金银制品不仅价格昂贵，装饰华美，作为食器还有益寿延年的功效。李唐王室对于金银器有种近乎狂热的追求，拥有金银器是财富和身份地位的象征。西域诸国和北方游牧民族的日常用品和首饰多为金银，上面还镶嵌宝石，既可以作为日常用具，也可以作为便于携带的个人财产。在中西交流频繁的隋唐，使用金银器的习俗和大量的西域金银器皿流入中国，为出身关陇、有鲜卑血统的李唐王室所接受和喜爱，从而影响整个唐代社会。金属香囊这种熏香器虽然早在汉代就已经出现，但在唐代普及和盛行，就是受西域生活习俗的影响和外来金银器款式工艺的促进所产生的现象。金属香囊的作用不亚于布制香囊，香料被焚烧所产生的香气比布制香囊更为浓烈，形式也非常美观。在金银器皿为世人所看重的社会风尚下，金银香囊显得更为时髦和富贵，且有暖手熏衣的功能，为上流社会和富贵人家的女性所青睐。

唐代之后，金属香囊以其优越的性能和玲珑的外观成为后世宫廷和富贵人家的奢侈品，使用者多为女性，它所象征的社会等级意义和使用频率不亚于唐代。宋时的贵妇出行时，不仅在自己的袖中拢有两枚香球，还令左右侍女捧香球侍奉，使所到之处尘土染香，彰显身份和财力。陆游《老学庵笔记》卷一载："京师承平时，宗室戚里岁时入禁中，妇女上犊车，皆用二小鬟持香球在旁，而袖中自持二小香球，车驰过，香烟如云，数量不绝，尘土皆香。"在《金瓶梅》第二十九回《吴神仙贵贱相人，潘金莲兰汤午战》中仍提到李瓶儿使用"薰被的银香球"，说的也是宋代的这种生活习俗。李瓶儿本是花太监的情人，花子虚之妻，嫁入西门家时，携带有大量花太监留下的宫廷奢侈品和金银细软。书中特别提到金属香囊，有暗指李瓶儿嫁妆富裕、在西门庆诸妻妾中有一定的地位的意思。

此外，唐代之后的金属香囊在形制上更为多样化，其渊源还是来自唐代的金属香球。如安徽省博物馆藏的"双龙金香囊"为宋代作品，1958年出土于安徽宣城窑场，纯金制作，重30克，长7.8cm、宽6.5cm，以两片金箔片捶揲成鼓出的弧状面，以子母扣接合，器面上用捶揲工艺打造出立体的龙纹，再以钑镂工艺镂空和雕饰龙鳞等细节，上端有圆形扣供穿系悬挂，整体造型非常精美，是唐代金属香囊工艺和传统的布制香囊形态的结合体（图4-2）。在香囊的边缘处还镌刻有草叶纹饰和联珠

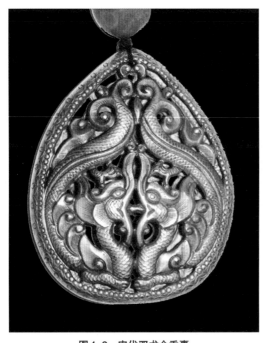

图4-2　宋代双龙金香囊　　　　　　　　　图4-3　辽陈国公主镂花金香囊

纹样，显然是唐代金银器制造风格的延续和唐代崇尚金银的风尚遗留。这种香囊在辽金墓葬中也有发现，辽陈国公主墓就出土了一枚形似荷包的镂花金香囊：遍体镂空卷草图案，翻盖式开合，边沿用长条金箔片包饰，佩戴时用细金链系于腰带上，非常精美（图4-3）。

二、焚香

　　唐人室内焚香之风盛行，所焚之物多为西域香料参与的合香方，室内焚香与唐人熏衣被的风尚亦是紧密相连的。焚香不仅限于用香炉烧灼香料，在蜡烛和烧炭中亦加入香方，在使用时散发香气。唐代焚香的内容、方式、形式的长足发展，与丝绸之路香药贸易所带来的中西文明交流息息相关。

　　香炉是最基础的焚香器。通过与汉魏、两晋南北朝时香炉的比对可以发现，唐代的香炉虽然浸染了西域文明的内容，但在中国焚香器物发展中起到了承上启下的作用。通过与文献材料的互证可以发现，唐代香炉的内涵远远超过历史文物展现的情形。此外，富有西域特色的唐代手持香炉在壁画石刻中常见，也是目前存世较多的唐代香炉。这种香炉于魏晋南北朝时期随佛教进入中国，在唐人宗教生活中应用广泛。追溯丝绸之路的历史渊源，我们甚至发现，唐代手持香炉的形式和作用与古埃及宗教熏香器物有异曲同工之妙。唐代焚香习俗和香炉形式的变迁，不仅是香文化史中的一段现象集合，更承载了中西文化在历史长河中的微妙传承关系。

（一）唐代女性焚香

早在先秦时期，上层社会就流行焚香熏染居室，祛除秽气的习俗。汉代古雅的博山炉就是具有代表性的焚香器皿，焚烧兰、蕙、桂、椒等本土香料时烟气氤氲，视觉和嗅觉都能获得极佳的享受，静坐期间，心灵也能在香烟缭绕中随之升华。魏晋时期，焚香之俗更盛。除了美仪容外，人们以焚香作为读书时端正态度、整肃心灵的仪式："（南陈岑之敬）年五岁，读孝经，每烧香正坐，亲戚咸加叹异"❶；南梁孝元帝萧绎《香炉铭》文曰："苏合氤氲，非烟若云，时浓更薄，乍聚还分。火微难尽，风长易闻，孰云道力，慈悲所薰。"❷寄托了对宗教的虔敬，并具有"鼻观参道"的意味。

在唐代社会，日常焚香已然普及，上至王公贵族，下至寻常百姓，生活中都有香相伴，蓬勃的香料贸易更是推动了唐代社会的用香风俗。上文所述用熏笼熏衣，也属于焚香的范畴。

唐代达官贵人家日夜焚香。如长安富商王元宝就在床前设木雕矮童二座，捧七宝博山炉，日夜熏香❸。咸通年间（公元860～874年），崔安潜至宰相杨收家，闻到一股香气，"非烟炉及珠翠所有者"，客厅台盘前有一个香炉正在焚香，烟出如台阁之状，他仔细辨认，发现香气从厅东金案上的漆毯子中散出，内焚罽宾香，香气盖过台盘上的焚香，浓烈非常❹。

唐代女性闺房中亦常焚香，尤其喜在床帐之中焚香或悬挂香囊。唐诗中就不乏闺房帐中焚香的记载，意象美艳。韩偓《有忆》诗"何时斗帐浓香里，分付东风与玉儿"；毛文锡诗《赞浦子》"锦帐添香睡，金炉换夕薰"；虞世南《怨歌行》诗"香销翠羽帐，弦断凤凰琴"；五代顾敻《甘州子》词"一炉龙麝锦帷傍……山枕上，私语口脂香"。在帐中焚香器具主要有香炉和被称为"被中香炉"的金属香囊。如王琚《美女篇》诗"屈曲屏风绕象床，萎蕤翠帐缀香囊。玉台龙镜洞彻光，金炉沉烟酷烈芳"，可能是悬挂布香囊或金属香囊，与熏炉并用。

唐代社会重奢侈享受，常有宴饮乐舞，宴会之时必然焚烧名贵的香料。如王建《田侍中宴席》诗："香熏罗幕暖成烟，火照中庭烛满筵。整顿舞衣呈玉腕，动摇歌扇露金钿。青蛾侧座调双管，彩凤斜飞入五弦。虽是沂公门下客，争将肉眼看云天。"又如曹松《夜饮》诗："良宵公子宴兰堂，浓麝薰人兽吐香。云带金龙衔画烛，星罗银凤泻琼浆。满屏珠树开春景，一曲歌声绕翠梁。席上未知帘幕晓，青娥低语指东方。"美

---

❶ 姚思廉：《陈书·岑之敬传》，中华书局，1972。
❷ 欧阳询：《艺文类聚》卷七〇《服饰部下·香炉》，上海古籍出版社，1999，第1223页。
❸ 王仁裕：《开元天宝遗事》卷下《床畔香童》，中华书局，2006。
❹ 李昉 等：《太平广记》卷二三七《杨收》，中华书局，1961。

人歌舞，浓香扑鼻，宴饮通宵达旦。美人侍宴，靓妆香身，室内焚香和美人衣香应是难分彼此了吧。

唐人焚香的香品是用炭火来燃烧催发的，这种焚香方式会产生较大的烟雾。李白《连理枝》中描绘了女子夜半醒来思念故人的闺中情景，其中"喷宝猊香烬、麝烟浓，馥红绡翠被"之句就是指炭烧香料后烟雾缭绕的现象。为了避免焚香烟重，唐人还有隔火焚香之法，即在炭火和香品之间隔一层传热的介质——"银钱云母片、玉片、砂片"❶——这样炭火慢慢加热香品，能减少烟气，让时间更为持久，香味也较为含蓄悠远。关于这点，明代耀仙在《焚香七要》中有具体的解释："烧香取味不在取烟，香烟若烈，则香味漫然，顷刻而灭。取味则味幽，香馥可久不散，须用隔火。"❷隔火熏香法这种更为含蓄的焚香方式在唐代不甚流行，到了宋代则成为家庭焚香的主要手段，这显然与社会文化有关。

唐代焚香所用炭，有普通炭块，也有做成动物形的"香兽"，除了实用外，更多了一层奢侈和情趣的意味。西晋羊琇始做香兽，引起豪门贵族的效仿❸。唐人更是将炭屑和香料混合制成香兽，使焚香燃料本身就带有香气。孙棨诗《题妓王福娘墙》"寒绣衣裳饷阿娇，新团香兽不禁烧"，就是指炭制香兽，在妓院等享乐场所中不乏这样的奢侈品。

除了炭合香料外，唐人还将香料与蜡烛结合在一起，燃烛时即有香气逸出。南朝庾肩吾《奉和春夜应令》诗句"烧香知夜漏，刻烛验更筹"说的是一种有刻度的香烛，供夜里计时之用。带有香料的特制香烛也是宫中之物，唐懿宗宫中香烛长仅二寸，但可以燃烧一夜，香气四溢，沁人心脾。

值得一提的是，唐人还用焚香来计时。有一种生活用品名为"香钟"，又称"香篆""印香"。宋代洪刍在《香谱·香篆》中云："近世尚奇者作香篆，其文准十二辰，分一百刻，凡燃一昼夜已。"❹具体做法是在木范或石范上刻上梵文或篆文的字样以区分时间单位，然后用香末将范上的时间标志连接起来。随着香末的燃烧，可以根据燃烧的痕迹读取时间。在宫廷内，这种"香钟"是消磨孤寂长夜的一种计时用具，民间的文人雅士也普遍用香印计时。王建《香印》诗"闲坐烧印香，满户松柏气。火尽转分明，青苔碑上字"；白居易《酬梦得以予五月长斋延僧徒绝宾友见戏十韵》诗"香印朝烟细，纱灯夕焰明"其中所说都是这种奇特的焚香计时法。用香料计时在唐代非常流行，一般在礼佛时或是卧房内使用，身处香室之内，久而久之，身染香气，可以说是种间接的香身方式。

---

❶ 陈梦雷：《古今图书集成·草木典》卷三一五《香部·香部汇考一》，中华书局，1986，第67823页。
❷ 同❶，第67821页。
❸ 房玄龄：《晋书·外戚传》，中华书局，1974。
❹ 洪刍：《香谱》卷下《香之事·香篆》，中华书局，1985，第22页。

（二）唐代女性焚香器物

中国古人有在室内熏香的习惯。一方面，由于室内空间较大，燃香可以使香气扩散持久，且有些进口的香料需要用高温熏炙才能香气酷烈，营造出温馨安逸的室内氛围。另一方面，熏香在一定程度上能代替燃料，提高室内温度，随着香气弥漫，既养神又暖身。宋代陈元靓《岁时广记》引《述异记》曰："汉武帝时外国贡辟寒香，室中焚之，虽大寒，必减衣。"又引《云林异景志》云："宝云溪有僧舍，盛冬若客至不燃薪火，暖香一炷，满堂如春。"

室内燃香习俗到东汉大盛，这与汉武帝时击匈奴、通西域、平南越后，打通陆上丝绸之路，开辟海上之路，与西方建立广泛联系和贸易关系有关。汉代的墓葬中，香炉是常见的随葬品，西汉的香炉出土仅占墓葬数量的十分之一，而东汉墓葬大半都有香炉随葬[1]。东汉时，西域香料从丝绸之路输入中国，带动了中国的香料消费，促进了中原香文化和医药的发展，熏香成为中国人不可或缺的生活方式，熏炉的作用也随之日益显著。

汉代的香炉的代表是博山炉。博山炉，炉盖既高且尖，雕镂呈山形，上雕刻有山峦群峰，云气缭绕，仙禽异兽，似海上仙山，描绘出秦汉时期流行的海上有仙山，中有不死药的道教神话。炉盖上有孔，香烟从孔中逸出，缭绕炉体四周，炉下有承盘，炉置于承盘中，盘内盛"兰汤"。盘中兰汤煮沸后能帮助香气扩散，形成雾水烟氲的意境，象征东海。汉代博山炉多为青铜和陶瓷质地，造型优美，古朴典雅，为宫廷和达官贵人家日常器物。南宋赵希鹄在《洞天清录集·古钟鼎彝器辨》中说："（博山炉）乃汉太子宫所用者，香炉之制始于此。"

魏晋南北朝熏香之俗更烈，博山炉为贵人名士所爱，它的质地和形态在宫廷中有等级区分，以金银为质。曹操《上杂物疏》中云："御物三十种，有纯金香炉一枚，下盘自副，贵人公主有纯银香炉四枚，皇太子有纯银香炉四枚。"[2]

贵族名士常相约清谈，说玄道古，香炉相伴，香烟缭绕，似是瑶池海会。梁昭明太子曾作《铜博山香炉赋》赞云："禀至精之纯质，产灵岳之幽深，有薰带而岩隐，亦霓裳而升仙，炎荧内曜，苾芬外扬，似庆云之程色，若景星之舒光。"

隋唐时期，博山炉依旧被使用。如温庭筠《咏博山炉》诗云："博山香重欲成云，锦段机丝妒鄂君。"又如戴叔伦《早春曲》诗云："青楼昨夜东风转，锦帐凝寒觉春浅……博山吹云龙脑香，铜壶滴愁更漏长。"《开元天宝遗事》载，唐人王元宝是京师巨富，他"常于寝帐床前雕矮童二人，捧七宝博山炉，自暝焚香彻晓，其骄贵如此。"

---

❶ 赵超：《〈香谱〉与古代焚香之风》，《中国典籍与文化》1996年第4期。
❷ 中华书局编辑部：《曹操集》中华书局，1974，第40~43页。

可见唐代富贵人家依然使用博山炉，唐代的博山炉较前代更为华丽，镶嵌各种宝石的装饰手法是唐代工艺美术的特色。嵌宝石的香炉也曾是西域诸国贡献唐朝的贡品之一，如《册府元龟》记载，开元二十八年，康国"遣使献宝香炉及白玉玛瑙水精眼药瓶子"❶。西域器物嵌宝的装饰手法深得唐人喜爱，经中国工匠加工设计后，也妆点在古雅的博山炉上。

唐代是西域文化与中国文化碰撞的时代，香炉在博山炉外还有新的发展。汉末魏晋时期，香炉多为导热快速的金属材料，从南北朝到初唐，香炉从鼎形器逐渐向炉形器过渡，同时陶瓷类导热慢的材质也开始在香具上逐渐取得优势❷。香炉的形态经历了魏晋南北朝的变革，也发生了很大变化。试制表4-16，展示唐代香炉与汉代香炉的传承关系。

表4-16　香炉的演变（汉至唐）

汉代香炉	
　　①错金博山炉	　②鎏金金银竹节铜熏炉（局部）
1968年中山靖王刘胜墓出土 西汉 高26cm，足径9.7cm，无承盘 　通体错金丝。全器由炉盖、炉盘、炉座组成。炉盖雕镂呈山川状，上有云气缭绕，人兽穿插山形中。炉盘错金卷云纹图案，与炉盖图案相接，炉座为透雕蟠龙纹 　河北省博物馆藏	1981年陕西省兴平市茂陵1号无名冢1号丛葬坑出土 西汉 高58cm，口径9cm，底座径13.3cm，无承盘 　通体鎏金鎏银，精雕细镂。器体由炉体、长柄、底座分铸铆合而成，炉盖雕镂为海上仙山，炉体捶撵出龙纹，炉体底部有四条蛟龙托举，与竹节衔接，底部圈足上雕镂云龙纹 　炉口和圈足外侧刻有铭文，分别为"内者未央尚卧金黄涂竹节熏炉一具并重十斤十二两四年内官造五年十月输第初三"，和"内者未央尚卧金黄涂竹节熏炉一具并重十一斤四年寺工造五年十月输第初四"。说明是未央宫中之物，后来被汉武帝赐予阳信长公主和卫青夫妇 　陕西历史博物馆藏

---

❶ 王若钦 等：《册府元龟》卷九七一《外臣部·朝贡四》，中华书局，1982。
❷ 刘良佑：《唐代香文化概述》，《上海文博论丛》2005年第6期。

唐代女性妆饰文化中的西域文明

194

魏晋香炉		
 ③青瓷香熏	 ④青釉镂空熏炉	 ⑤褐彩云纹镂孔熏炉
1953年江苏省宜兴市周处墓墩一号墓出土 西晋 高19.5cm，盘径17.7cm 贵族家用熏香器具。香熏分为上下两部分，上部为球形熏笼，下部为三足圆形承盘。球形熏笼底部有三只熊形支足，顶部有一鸟形钮。笼身上部有三层三角形镂孔，下部有椭圆形进香口 中国国家博物馆藏	西晋 小型香炉，尺寸不明 陶瓷香炉。由熏笼和承盘组成。熏笼顶部有圆柱体把手，笼身中部有梯形锯齿边进香孔。熏笼上半部有三角形排列的锯齿状镂孔，下部素面，有三足支撑 上海博物馆藏	唐 尺寸不明 香熏分上下两部分，上部为五足熏笼，下部为环形承盘。上有盖，盖顶为镂空塔状圆钮。盖身上部有彩云纹镂孔，下部分两层，刻有阴线如意云头纹样， 浙江省临安县文物管理委员会藏
 ⑥鎏金莲花卧龟纹银熏炉	 ⑦绿釉瓷熏笼	 ⑧石香熏
晚唐（咸通十年） 1987年陕西省西安市法门寺地宫塔基出土 高30.5cm，最大径21.5cm，盖径16.6cm，重4100克 此熏炉为浇铸成型，下层为直壁圆盘状炉身，5蹄足，周置链条5根；中层以子母扣与下层相接，束颈，鼓腹；上层为炉盖，盖面高隆，中部平坦，雕有仰莲宝珠形盖钮，铆于正中。炉盖镂刻有三重忍冬纹桃状纹饰，腹部有5朵桃花状镂空纹饰，中层与下层结合部焊有4朵如意卧云，起着子母扣作用。下层圆盘内底墨书"三层五斤半" 陕西历史博物馆藏	唐 尺寸不明 整体为钟形，上部有圆形进香孔，器身有一对花形镂孔 陕西历史博物馆藏	唐 尺寸不明 整体为钟形，上半部有忍冬纹镂孔。顶部有圆形进香孔 上海博物馆藏

如表4-16所示，汉代的博山炉造型多样，材质各异，但基本特征一致，装饰豪华，

为宫廷之物。从魏晋开始，就已出现瓷器材质的香炉，以青瓷最为多见。博山炉熏笼和承盘的组合形式依然被保持，但形状更为简略，在保持博山炉身梨状的前提下，炉盖被取消，熏笼上仅设进香孔和供香烟散逸的镂孔。由此可见，高贵奢侈的博山熏炉渐渐变得更亲近与寻常人的生活。从另一个角度来说，魏晋南北朝的熏香风俗已经在社会上普及，与西域香料大量进口、香文化进一步发展的背景相符合。

从唐代的实物看，金属香炉与陶瓷香炉并存，简约风格与华贵的款式兼具，社会各个阶层都能根据自己的身份和喜好选择熏香工具。唐代香炉使用者的阶级符号已经不再以魏晋时的材质和数量来区分，钟形香炉的出现使香炉的社会等级属性被削弱，取而代之的是一种世俗生活品位和文化审美取向。

唐代的香炉款式是魏晋陶瓷香炉风格和传统鼎状香炉的集合体。生活中使用的香炉材质随意朴素，为简化了的鼎状香炉与承盘所组成的香熏套装，或是继承了魏晋简约造型的钟形香炉。在达官贵人的随葬品中，作为明器的三彩香炉层次丰富，规模略大，装饰有兽形和花纹，并且有意将炉身和炉盖上的钮做成类似印度式窣堵波（佛塔）的形态，其中寄寓了对彼岸的向往和祈望，式样与达官贵人在生活中所使用的香炉相同。

作为佛具的香炉最为考究，多为金属质地，融合了中国传统的龙图腾和佛教典型的莲花图案，精工雕镂，华丽精美，是唐代金银器的精品，显示了对佛法的虔诚恭敬的态度，这与唐代从宫廷到民间的崇佛现象相符合。佛具香炉和宫廷香炉继承了传统的鼎状炉体式样与博山炉炉盖散烟、下有承盘、焚煮兰汤的焚香模式，图案和工艺采用具有唐代特色的蔓草纹、莲花纹、葡萄纹、折枝纹等图像符号，以及唐代成熟的瓷器工艺和金银器制作工艺，显得雍容端庄，为后世之垂范。

佛教在唐代备受尊崇，女性崇佛者不在少数，她们不仅去寺院布施供养，在家中也供有佛像。大乘佛教"以香光庄严"形容佛法与信众的关系，熏炉是必不可少的供佛器具。除了博山炉和上述熏炉外，还有一种小熏炉，呈鼎状，下有托盘，内里焚香，可以托在手中。在敦煌壁画和传世绢画中，常见有女供养人手托小香炉立于佛像下方，恭敬供养的图像，反映了唐代的社会现实（表4-17）。

除了图像和出土实物外，在文献中也有很多关于奢侈豪华的唐代香炉的描写。《朝野金载》记载，唐安乐公主召集天下巧匠造百宝香炉进献昭成寺，其炉高三尺，开有四门，分别架四座小桥，上雕镂有飞天伎乐、花草禽鸟、麒麟鸾凤等吉祥图案。炉身镶嵌珍珠、玛瑙、宝石、珊瑚、砗磲等，共用钱三万，穷奢极侈❶。这等豪华的唐代香炉无出土实物，只能通过文献描述了解那时盛况。

在文献中亦有很多关于动物形态香炉的描述。据《香谱》记载："香兽以涂金为狻

❶ 张鷟：《朝野金载》卷三，中华书局，1979，第70页。

表4-17　手持小香熏炉的唐代女性

①敦煌108窟东壁南侧女供养人（五代）

②敦煌莫高窟231窟东壁女供养人（中唐）

猊、麒麟、凫鸭之状，空中以燃香，使烟自口出，以为玩好，复有雕木埏土为之者。"
这是符合唐代器皿的写实风格的，并且更有生活意趣。李贺《宫娃歌》诗云："象口吹
香毻觬暖，七星挂城闻漏板。"以及《答赠》诗云："沉香熏小像，杨柳伴啼鸦。"其中
描写的日常熏香炉为象形。象在唐朝是西域和南海国家输入中国的珍稀动物，在佛教
中也是佛和佛法的象征，相传佛陀出世之前，其母摩耶夫人就梦见六牙白象入怀，有
感而孕，象的形象被作为仿生香炉的造型具有吉祥的寓意和宗教的含义。此外，韩愈
《奉和库部庐四兄曹长元日朝回》诗云："金炉香动螭头暗，玉佩声来雉尾高。"其中
描写的香炉为金质（或鎏金）的蛟螭形。蛟螭，中国古代神话中的水族神，常作为器
物上的吉祥图案。和凝《宫词百首》诗"红兽慢然天色暖，凤炉时复爇沉香""金盆初
晓洗纤纤，银鸭香焦特地添""香鸭烟轻爇水沈，云鬟闲坠凤犀簪""莺锦蝉罗撒麝脐，
狻猊轻喷瑞烟迷""炉爇香檀兽炭痴，真珠帘外雪花飞"等句，提到瑞兽形、银质鸭
形、狻猊形等香炉，可见在日常生活中，仿生形香炉十分常见。李商隐《烧香曲》诗
云"八蚕茧绵小分炷，兽焰微红隔云母"，似乎兽形香炉上还装了云母窗。

　　还有一种长柄手持香炉，常用于供佛，称为手炉、提炉、香斗等。柄上常雕刻有
花朵和瑞兽，炉内焚烧香丸或香粉。长沙赤峰山2号唐墓中，就出土一件手持长柄香
斗。这柄香炉炉体上端已残，下部有花型圈足底座，长柄末端坐有狮子❶，与正仓院所
藏形制类似。在敦煌第409窟西夏壁画《回鹘王出行图》中，回鹘王手中似乎也持此长

❶ 周世荣：《长沙赤峰山2号唐墓简介》，《文物》1960年第3期。

第四章｜唐代女性香身研究

柄香炉供奉❶。这种香斗在唐代出土物中十分常见，与西域大乘佛教的传入有关。《金光明经·四天王品第六》中就两次提到人王手持香炉的功德，云："佛告四天王，是香盖光明，非但至汝四王宫殿，何以故，是诸人王手擎香炉，供养经时其香遍布，于一念顷遍至三千大千世界……是诸人王手擎香炉供养经时，种种香气，不但遍此三千大千世界……于诸佛上虚空之中亦成香盖，金光普照，亦复如是。"

长柄香炉最早出现在敦煌第285窟北魏女供养人手中，云冈石窟第二期和第三期雕刻中不乏手持香炉的北魏供养人形象❷。持香供养的风俗流传至佛法昌盛的唐代，变成生活中常用的供养物品，因此在遗物中常有发现。日本正仓院藏有5件唐代长柄熏炉，为供佛之用，都是金属质地，与中国出土的香炉基本等同，可以确定是唐朝输入品，如表4-18①～表4-18④所示。

表4-18 唐代手持长柄香炉

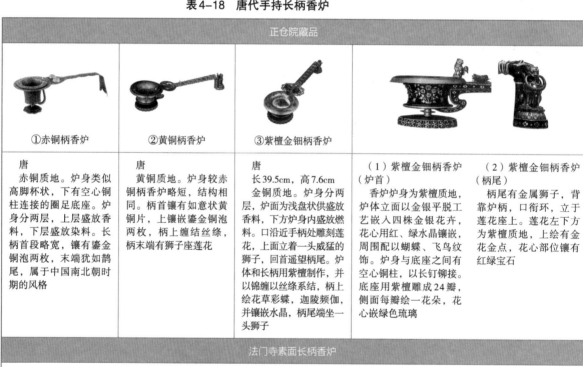

正仓院藏品				
①赤铜柄香炉	②黄铜柄香炉	③紫檀金钿柄香炉	（1）紫檀金钿柄香炉（炉首）	（2）紫檀金钿柄香炉（柄尾）
唐 赤铜质地。炉身类似高脚杯状，下有空心铜柱连接的圈足底座。炉身分两层，上层盛放香料，下层盛放染料。长柄柄首段略宽，镶有鎏金铜泡两枚，末端犹如鹊尾，属于中国南北朝时期的风格	唐 黄铜质地。炉身较赤铜柄香炉略短，结构相同。柄首镶有如意状黄铜片，上镶嵌鎏金铜泡两枚，柄上缠结丝绦，柄末端有狮子座莲花	唐 长39.5cm，高7.6cm 金属质地。炉身分两层，炉面为浅盘状供盛放香料，下方炉身内盛放燃料。口沿近手柄处雕刻莲花，上面立着一头威猛的狮子，回首遥望柄尾。炉体和长柄用紫檀制作，并以锦绶以丝绦系结，柄上绘花草彩蝶，迦陵频伽，并镶嵌水晶，柄尾端坐一头狮子	香炉炉身为紫檀质地，炉体立面以金银平脱工艺嵌入四株金银花卉，花心用红、绿水晶镶嵌，周围配以蝴蝶、飞鸟纹饰。炉身与底座之间有空心铜柱，以长钉铆接。底座用紫檀雕成24瓣，侧面每瓣绘一花朵，花心嵌绿色琉璃	柄尾有金属狮子，背靠炉柄，口衔环，立于莲花座上。莲花左下方为紫檀质地，上绘有金花金点，花心部位镶有红绿宝石
法门寺素面长柄香炉				

④法门寺素面长柄香炉

唐
1987年陕西省西安市法门寺地宫塔基出土
素面银。呈高圈足杯状，香炉与长柄连结处有心形或花瓣形金属饰片，以两颗圆形银泡固定装饰，柄尾呈如意云头曲折状，炉身把手接在手柄上作为受力支柱

---

❶ 这幅壁画中，香炉炉体部位的画面剥落，从王手持长柄和剥落部分上方逸出的香烟看，应是供养佛的手持香炉。
❷ 李雪芹：《云冈石窟雕刻中的长柄香炉小议》，《敦煌研究》2012年第6期。

唐代女性妆饰文化中的西域文明

古埃及香炉和香料瓶

⑤古埃及

现存于开罗博物馆
（1）古埃及香炉
纯金，人手形。手心里有熏香钵，内层脱落，口沿已残；手臂中部有马蹄形无盖香料盒，前端有手镯状装饰；尾部为鹰隼头的荷鲁斯神，眼睛镶有绿宝石
（2）古埃及雪花石膏香料瓶盒

图片来源：图①～图④源自韩昇：《正仓院》，上海人民出版社，2007。

　　从表4-18可见，长柄香炉制作精巧华丽，设计合理。图案多为花草瑞兽，线条为弧形，有显著的女性化风格。长柄香炉在汉代遗物和记载中并无发现，随着佛教传入中国后开始出现在北魏的石窟壁画之中，到唐代大盛，显然与佛教在华的运势有着必然联系。长柄香炉的形态和功能可以与大乘佛经彼此印证，很有可能是从印度、中亚传来的物品，再经过文化和工艺的磨合，形成今天能见到的形象。

　　佛教曾在北印度和中亚广泛传播，一度成为巴克特里亚希腊王国后期的弥兰王国的国教，再经过大月氏人所建立的贵霜帝国的发扬，它的形象艺术集北方游牧民族、伊朗、希腊罗马风格于一身，成为东西方文化交流的典型代表。早在伊朗高原文明发展之前，在遥远的非洲就有灿烂的古埃及文明。古埃及医学发达，由于宗教信仰的缘故和木乃伊制作的需要，尤其善于调配香料。埃及的香文化是西亚北非香文化的起源，后来通过香料贸易传到了印度，与印度的用香体系融合。在漫长的历史过程中，古埃及的香具和香文化经过长期演变，在各地区有了特定的发展。在开罗博物馆中藏有纯金制作的女性手臂状香炉，首部为托着容器的手形，尾部有鸟兽形的神祇符号雕塑，中间有盛放香料的马蹄形钵，很可能是宗教祭祀用品。这与供佛的唐代长柄香炉首部为容器、尾部有瑞兽的形式在一定程度上有类似性，并且这二者都是金属质地。古埃及人珍爱精心提取的香料，将它们分门别类贮藏在考究的雪花石膏瓶中，装在特制的木盒里，图坦卡门的墓中就有藏有装着"西腓"香膏的盒子。

　　唐人对珍贵西域香料的珍视程度并不亚于古埃及人，珍贵的香料常被贮藏在小巧精致的贵金属圆盒中，死后也作为生活中的贵重物品被放在尸身周围，这种做法与西亚北非的用香习俗如出一辙。这隔着遥远时空的香具似乎有着一定的传承关系，唐代长柄香炉的源头可能不止印度和中亚地区，而是来自遥远的非洲，消逝的古埃及文明

在经过漫长的旅程后，在中世纪的中国有着另一种形式的发展。

结论

唐代女性的香身充满生活的各个方面，香身方剂中有大量的西域香药存在，人们对西域香药的用量和西域香药的认知水平空前高涨，对后世的香文化影响深远。虽然仅凭西域香药成分在唐代香方中的存在不能充分证明西域医学对唐代女性香身有直接影响，但可以推断的是，西域香药的大量入华，为社会所接受必然伴随着大量的西域医学、植物学知识的入华。唐代女性日常美容、香身、化妆方剂在唐代医典中的大量出现并非偶然，这些医方是中西医学家共同研究实践的结果。中国医学家经过大量的实践，使新的美容保健香方符合中国女性体质，再正式纳入中国医典之中流传后世。

通过对香具种类及其传承发展的梳理分析可以发现，传统的布制香囊和博山炉只占唐代香具的一小部分，金属香囊在唐代盛行与唐人崇尚奇物、喜爱金银器的世俗文化有关。唐代的香炉风格由汉代流行的博山炉的古雅造型趋于富丽或简洁，形式和材质更为多样，造型也变得写实起来，是中国香具史上最具特色、承上启下的时代。此外，唐朝流行的长柄香炉则具有明显的印度和中亚文明色彩，香炉的形式甚至可以追溯到古埃及时代，是唐人模仿西域器物的典型案例。

文化的传播和发展是个漫长的过程，丝绸之路贸易促进了中西各民族在物质文化和精神文化层面的交流与融合。伊朗高原处于丝绸之路的枢纽位置，得天独厚的地理条件使东欧、小亚细亚、北非的文化在那里汇聚。政权交迭和战争带来的迁徙，都导致了文明和文化的演变，体现在中古时代中国人生活的各个层面，女性妆饰正是其中最为显著的部分。

中亚地区处于文明的十字路口，更是结合了希腊、北印、粟特、北方草原文明的特征。自魏晋起，北方少数民族入主中原，与西域民族交流频繁，中亚文明随着佛教和贸易进入中国，带来了席卷华夏的"胡风"。北周王朝与中亚粟特诸国保持着密切的联系，以粟特人为主的西域商人与中原有频繁的贸易往来，甚至建立了聚落和强大的地方势力，在李唐王室创业时给予了有力的帮助。到了唐朝，唐太宗击溃突厥在中亚的势力使陆上丝绸之路空前通畅，粟特人继续扮演着陆上丝绸之路霸主的角色，与占据海路的波斯人和大食人一起，将西域文明源源不断地输入中原，渗入唐朝社会的各个阶层和社会生活的各个侧面，与中原传统文化风俗擦出了炫目的火花，引起唐人的关注、追逐、效仿、内化。唐代独特的物质文化由此而生，唐代女性的妆饰文化就是在这样的历史背景下呈现出生动辉煌的气象。

通过对唐代女性冶容、妆具、香身等方面的研究，我们可以发现，唐代女性妆饰中具有鲜明时代特色的部分皆受西域文明的影响。无论是西域输入的化妆颜料、香料、图像，还是金银工艺、艺术形式等，均得到了唐人的本土化改造。如"森木鹿"的图像形式在妆盒和铜镜上的体现和变异，保留了萨珊波斯"徽章式"纹样的基本装饰格局，舍弃了其原本含有的神圣意义；又如妆具上被大量运用的葡萄、狩猎等与世俗生活密切相关的写实纹样具有明显的西方装饰审美取向，与中原传统纹样的体现方式截然不同，但在工艺和纹样风格上进行了中国化改良，使之符合中国工艺美术审美需求，这点在中晚唐时的器物上体现得尤其明显。此外，唐代医书中大量出现的女性美容、化妆、香身的内容，其中蕴含了大量的西域香药成分，西域香药在大量进入中国的同时，西域医典中关于香药使用的知识和医方也随之而至，西域商人中精通药学者不乏其人，中国医学家也借由国门大开得到了更多的香药知识，进而丰富了中国医药体系，惠泽了女性妆饰生活。

物质文化是时代文化特征的缩影和载体，对唐代女性妆饰文化的研究除了研究其本身外，放入时代大背景下考量则能更深入理解妆饰文化的发展必然和真实状况，从而体会中华文化兼容并蓄的深刻内涵。

参考文献

古籍类

[1] 班固.汉书[M].太原:山西古籍出版社,2004.

[2] 戴德,戴圣.礼记[M].北京:中华书局,2001.

[3] 孔安国,孔颖达.尚书正义[M].北京:北京大学出版社,1999.

[4] 刘向.山海经[M].刘歆,编校.上海:上海古籍出版社,1983.

[5] 司马迁.史记[M].北京:中华书局,1975.

[6] 王逸,洪兴祖.楚辞补注[M].北京:中华书局,2006.

[7] 许慎撰,段玉裁.说文解字注[M].上海:上海古籍出版社,1998.

[8] 崔豹.中华古今注[M].沈阳:辽宁教育出版社,1998.

[9] 葛洪.抱朴子内篇[M].王明,校释.北京:中华书局,1985.

[10] 葛洪.西京杂记[M].北京:中华书局,1985.

[11] 葛洪.肘后备急方[M].北京:人民卫生出版社,1982.

[12] 郭璞,邢昺.尔雅注疏[M].北京:北京大学出版社,1999.

[13] 贾思勰.齐民要术[M].上海:上海古籍出版社,2006.

[14] 慧觉,等.贤愚经[M].北京:大众文艺出版社,2009.

[15] 萧子显.南齐书[M].长沙:岳麓书社,1998.

[16] 释慧皎.高僧传[M].西安:陕西人民出版社,2013.

[17] 颜之推,王利器.颜氏家训集解[M].上海:上海古籍出版社,1980.

[18] 杨炫之,吴若准.洛阳伽蓝记[M].北京:中华书局,1933.

[19] 魏收.魏书[M].北京:中华书局,1974.

[20] 杜环.经行记[M].北京:中华书局,1963.

[21] 杜佑.通典[M].北京:中华书局,1988.

[22] 段公路.北户录[M].北京:中华书局,1985.

[23] 段成式.酉阳杂俎[M].上海:上海古籍出版社,2000.

[24] 段成式,崔令钦,李德裕,等.唐五代笔记小说大观[M].上海:上海古籍出版社,2000.

[25] 封演.封氏见闻记[M].北京:学苑出版社,2001.

[26] 房玄龄.晋书[M].北京:中华书局,1974.

[27] 蒋防.幻戏志[M].北京:中华书局,1985.

[28] 慧超.往五天竺国传[M].北京:中华书局,2000.

[29] 慧琳.一切经音义[M].上海:上海古籍出版社,1986.

[30] 慧立,彦悰,道宣.大慈恩寺大唐三藏法师传·释迦方志[M].北京:中华书局,2000.

[31] 李林甫.唐六典[M].北京:中华书局,2008.

[32] 李肇.唐国史补[M].上海:上海古籍出版社,1957.

[33] 李石.续博物志:第10卷[M].北京:商务印书馆,1987.

[34] 李吉甫.元和郡县图志[M].贺次君,点校.北京:中华书局,1995.

[35] 李昉,李穆,徐铉,等.太平御览[M].北京:中华书局,1960.

[36] 李昉,扈蒙,李穆,等.太平广记[M].北京:中华书局,1961.

[37] 李贽.云仙杂记[M].北京:商务印书馆,1959.

[38] 刘昫,等.旧唐书[M].北京:中华书局,1975.

[39] 欧阳询.艺文类聚[M].上海:上海古籍出版社,1999.

[40] 裴廷裕.东观奏记[M].田廷柱,点校.北京:中华书局,1994.

[41] 孙思邈.备急千金要方[M].北京:人民卫生出版社,1982.

[42] 孙思邈.千金翼方[M].上海:上海古籍出版社,1999.

[43] 苏敬,等.新修本草[M].尚志钧,辑校.合肥:安徽科学技术出版社,1981.

[44] 魏征,等.隋书[M].北京:中华书局,1973.

[45] 吴兢.贞观政要[M].北京:中华书局,1975.

[46] 王焘.外台秘要[M].北京:北京图书馆出版社,2006.

[47] 姚思廉.陈书[M].北京:中华书局,1972.

[48] 圆仁.入唐求法巡礼行记[M].白化文,校注.石家庄:花山文艺出版社,2007.

[49] 张鷟.朝野佥载[M].北京:中华书局,1979.

[50] 张文成.游仙窟[M].上海:中国古典文学出版社,1955.

[51] 紫式部.源氏物语[M].殷志俊,译.呼和浩特:远方出版社,1996.

[52] 真人元开.唐大和上东征传[M].汪向荣,校注.北京:中华书局,1979.

[53] 王仁裕.开元天宝遗事[M].曾贻芬,点校.北京:中华书局,2006.

[54] 王定保.唐摭言[M].西安:三秦出版社,2011.

[55] 高承.事物纪原[M].北京:中华书局,1989.

[56] 洪刍.香谱[M].北京:中华书局,1985.

[57] 寇宗奭.本草衍义[M].北京:北京图书馆出版社,2003.

[58] 孟元老.东京梦华录[M].北京:中华书局,2006.

[59] 马端临.文献通考[M].南京:江苏古籍出版社,1988.

[60] 李诫.营造法式[M].北京:中国建筑工业出版社,2006.

[61] 欧阳修,宋祁,吕夏卿,等.新唐书[M].北京:中华书局,1975.

[62] 钱易.南部新书[M].北京:中华书局,2002.

[63] 司马光,等.资治通鉴[M].北京:中华书局,2009.

[64] 陶谷.清异录[M].北京:人民文学出版社,1982.

[65] 王溥.唐会要[M].北京:中华书局,1955.

[66] 王钦若,等.册府元龟[M].北京:中华书局,1960.

[67] 王说.唐宋史料笔记丛刊唐语林校证[M].北京:中华书局,1987.

[68] 吴淑.江淮异人录[M].北京:中华书局,1991.

[69] 朱熹.诗集传[M].北京:中华书局,1958.

[70] 陈元龙.格致镜原[M].上海:上海古籍出版社,1992.

[71] 陈梦雷.古今图书集成·草木典[M].北京:中华书局,1986.

[72] 段玉裁.诗经小学[M].北京:中华书局,2013.

[73] 董诰,阮元,徐松,等.全唐文[M].北京:中华书局,1993.

[74] 方以智.物理小识[M].台北:台湾商务印书馆,1978.

[75] 顾炎武.原抄本日知录[M].台北:明伦出版社,1970.

[76] 黄成.髹饰录[M].杨明,注.北京:中国人民大学出版社,2004.

[77] 李时珍.本草纲目[M].北京:人民卫生出版社,1982.

[78] 彭大翼.山堂肆考[M].上海:上海古籍出版社,1992.

[79] 钱咏.履园丛话[M].北京:中华书局,2006.

[80] 阮元.皇清经解[M].济南:齐鲁书社,2016.

[81] 上海古籍出版社.汉魏六朝笔记小说大观[M].上海:上海古籍出版社,1999.

[82] 向新阳,刘克任.西京杂记校注[M].上海:上海古籍出版社,1991.

[83] 江苏广陵古籍刻印社.笔记小说大观丛刊[M].扬州:江苏广陵古籍刻印社,1984.

[84] 逯钦立.先秦汉魏晋南北朝诗[M].北京:中华书局,1998.

[85] 张璋,等.全唐五代词[M].上海:上海古籍出版社,1986.

专著类

[1] 李方,王素.吐鲁番出土文书·人名地名索引[M].北京:文物出版社,1996.

[2] 毕波.中古中国的粟特胡人[M].北京:中国人民大学出版社,2011.

[3] 北京大学国学研究院.国学研究[M].北京:北京大学出版社,1999.

[4] 北京大学中国古史研究中心.敦煌吐鲁番文献研究论集:第5辑[M].北京:北京大学出版社,1988.

[5] 崔瑞德.剑桥中国隋唐史[M].中国社会科学院历史研究所西方汉学研究课题组,译.北京:中国社会科学出版社,1990.

[6] 慈怡.佛光大词典[M].北京:北京图书馆出版社,1989.

[7] 常任侠.丝绸之路与西域文化艺术[M].上海:上海文艺出版社,1981.

[8] 岑仲勉.西突厥史料补阙及考证[M].北京:中华书局,1958.

[9] 陈学军.古代广州的外国商人[M].广州:广东人民出版社,2002.

[10] 陈寅恪.唐代政治史述论稿[M].上海:上海古籍出版社,1982.

[11] 陈寅恪.金明馆丛稿[M].北京:生活·读书·新知三联书店,2001.

[12] 陈寅恪.隋唐制度渊源略论稿[M].北京:中华书局,1963.

[13] 陈寅恪.元白诗笺证稿[M].上海:上海古籍出版社,1982.

[14] 陈粟裕.绮罗人物:唐代仕女画与女性生活[M].上海:上海锦绣文章出版社,2012.

[15] 陈海涛,刘惠琴.来自文明十字路口的民族——唐代入华粟特人研究[M].北京:商务
     印书馆,2006.

[16] 邓小南.唐宋女性与社会[M].上海:上海辞书出版社,2003.

[17] 段文杰.敦煌石窟研究国际讨论会文集:石窟考古编[M].沈阳:辽宁美术出版
     社,1990.

[18] 傅芸子.正仓院考古记[M].东京:东京文求堂,1941.

[19] 费琅编.阿拉伯波斯突厥人东方文献辑注[M].耿昇,穆根来,译.北京:中华书
     局,1989.

[20] 冯先铭,等.中国陶瓷史[M].北京:文物出版社,1982.

[21] 关卫.西方美术东渐史[M].上海:上海书店出版社,2002.

[22] 广州市文物管理委员会,等.广州汉墓[M].北京:文物出版社,1981.

[23] 龚方震,晏可佳.祆教史[M].北京:中国社会科学出版社,1998.

[24] 国家文物局古文献研究室,等.吐鲁番出土文书[M].北京:文物出版社,1981.

[25] 湖南省博物馆,中国科学院考古研究所.长沙马王堆一号汉墓[M].北京:文物出版
     社,1973.

[26] 湖南省博物馆,湖南省文物考古研究所.长沙马王堆二、三号汉墓（第一卷）:田野
     考古发掘报告[M].北京:文物出版社,2004.

[27] 郝更生.中国体育概论[M].北京:商务印书馆,1926.

[28] 姜伯勤.敦煌吐鲁番文书与丝绸之路[M].北京:文物出版社,1994.

[29] 李泽厚.美学三书[M].合肥:安徽文艺出版社,1999.

[30] 李斌城.唐代文化:中卷[M].北京:中国社会科学出版社,2002.

[31] 李芽.中国历代妆饰[M].北京:中国纺织出版社,2008.

[32] 李芽.耳畔流光:中国历代耳饰[M].北京:中国纺织出版社,2015.

[33] 李芽.中国古代首饰史[M].南京:江苏凤凰文艺出版社,2020.

[34] 李铁匠.伊朗古代历史与文化[M].南昌:江西人民出版社,1993.

唐代女性妆饰文化中的西域文明

[35] 劳费尔.中国伊朗编[M].林筠因,译.北京:商务印书馆,2001.

[36] 罗香林.唐代文化史研究[M].上海:上海书店出版社,1992.

[37] 罗振玉.古镜图录[M].北京:朝华出版社,2018.

[38] 罗世平.波斯和伊斯兰美术[M].北京:中国人民大学出版社,2010.

[39] 林梅村.汉唐西域与中国文明[M].北京:文物出版社,1998.

[40] 吕思勉.吕思勉读史札记[M].上海:上海古籍出版社,1982.

[41] 吕思勉.隋唐五代史[M].北京:中华书局,1957.

[42] 布努瓦尔.丝绸之路[M].耿升,译.济南:山东画报出版社,2001.

[43] 马之骕.中国的婚俗[M].台北:台北经世书局,1985.

[44] 米·谢·伊凡诺夫.伊朗史纲[M].李希泌,孙伟,汪德全,译.北京:生活·读书·新知三联书店,1973.

[45] 佚名.中国印度见闻录[M].穆根来,汶江,黄倬汉,译.北京:中华书局,1983.

[46] 乾陵博物馆.丝路胡人外来风:唐代胡俑展[M].北京:文物出版社,2008.

[47] 齐东方.隋唐考古[M].北京:文物出版社,2002.

[48] 齐东方.唐代金银器研究[M].北京:中国社会科学出版社,1999.

[49] 荣新江.唐代宗教信仰与社会[M].上海:上海辞书出版社,2003.

[50] 荣新江.唐研究:第6卷[M].北京:北京大学出版社,2000.

[51] 孙机.中国圣火[M].沈阳:辽宁教育出版社,1996.

[52] 沈从文.中国古代服饰研究[M].上海:上海世纪出版集团,2005.

[53] 尚刚.隋唐五代工艺美术史[M].北京:人民美术出版社,2005.

[54] 沙畹.西突厥史料[M].冯承钧,译.北京:商务印书馆,1933.

[55] 三上次男.陶瓷之路[M].李锡经,高直美,译.北京:文物出版社,1984.

[56] 田艺蘅.留青日札摘抄[M].北京:中华书局,1985.

[57] 原田淑人.中国服装史研究[M].常任侠,郭淑芬,苏兆祥,译.合肥:黄山书社,1988.

[58] 雅诺什·哈马尔塔.中亚文明史第2卷:定居文明与游牧文明的发展:前700年至250年[M].徐文堪,芮传明,译.北京:中国对外翻译出版公司,2002.

[59] 段文杰.敦煌石窟艺术论集[M].兰州:甘肃人民出版社,1988.

[60] 敦煌文物研究所.敦煌研究文集[M].兰州:甘肃人民出版社,1982.

[61] 王克芬.中国舞蹈史:隋唐五代部分[M].北京:文化艺术出版社,1984.

[62] 王世襄.髹饰录解说[M].北京:文物出版社,1983.

[63] 王治来.中亚史纲[M].长沙:湖南教育出版社,1986.

[64] 王海利.尼罗河畔的古埃及妇女[M].北京:中国青年出版社,2007.

[65] 向达.唐代长安与西域文明[M].北京:生活·读书·新知三联书店,1979.

[66] 夏鼐.考古学与科技史[M].北京:科学出版社,1979.

[67] 谢弗.唐代的外来文明[M].吴玉贵,译.西安:陕西师范大学出版社,2005.

[68] 希提.阿拉伯通史[M].马坚,译.北京:商务印书馆,1979.

[69] 张星烺.中西交通史料汇编[M].北京:中华书局,2003.

[70] 中国社会科学院考古研究所.偃师杏园唐墓[M].北京:科学出版社,2001.

[71] 中国考古学会.中国考古学会第一次年会论文集[M].北京:文物出版社,1979.

[72] 中国社会科学院考古研究所.唐长安城郊隋唐墓[M].北京:文物出版社,1980.

[73] 周绍良.唐代墓志汇编[M].上海:上海古籍出版社,1992.

[74] 扎比胡拉·萨法.伊朗文化及其对世界的影响[M].张鸿年,译.北京:商务印书馆,2011.

画册文献

[1] 常沙娜.中国敦煌历代装饰图案[M].北京:清华大学出版社,2004.

[2] 董理.魅力独具的唐墓壁画[M].西安:陕西人民出版社,2006.

[3] 敦煌文物研究所.中国石窟:敦煌莫高窟[M].北京:文物出版社,1987.

[4] 高春明.中国服饰名物考[M].上海:上海文化出版社,2001.

[5] 韩昇.正仓院[M].上海:上海人民出版社,2007.

[6] 黄能馥,陈娟娟.中国服装史[M].北京:中国旅游出版社,1995.

[7] 黄能馥,苏婷婷.珠翠光华:中国首饰图史[M].北京:中华书局,2010.

[8] 后藤守一.古镜聚英[M].东京:大塚巧艺社,1977.

[9] 后藤四郎.正仓院[M].东京:学习研究社,1978.

[10] 河北省文物研究所.历代铜镜纹饰[M].石家庄:河北美术出版社,1996.

[11] 孔祥星,刘一曼.中国古代铜镜[M].北京:文物出版社,1984.

[12] 冀东山.神韵与辉煌:唐墓壁画·陕西历史博物馆国宝鉴赏[M].西安:三秦出版社,2006.

[13] 梁上椿.岩窟藏镜[M].京都:株式会社同朋舍,1989.

[14] 雷圭元,李骐.中外图案装饰风格[M].北京:人民美术出版社,1985.

[15] 洛阳博物馆.洛阳出土铜镜[M].北京:文物出版社,1980.

[16] 李肖冰.中国西域民族服饰研究[M].乌鲁木齐:新疆人民出版社,1995.

[17] 李国珍.大唐壁画[M].西安:陕西旅游出版社,1996.

[18] 李希凡,邢煦寰.中国艺术通史:隋唐卷[M].北京:北京师范大学出版社,2006.

[19] 穆舜英.中国新疆古代艺术[M].乌鲁木齐:新疆美术摄影出版社,1994.

[20] 赵丰,齐东方.锦上胡风:丝绸之路纺织品上的西方影响·4—8世纪[M].上海:上海古

唐代女性妆饰文化中的西域文明

籍出版社,2011.

[21] 齐东方.中国美术全集·金银器玻璃器[M].合肥:黄山书社,2010.

[22] 阮荣春,黄宗贤.佛陀世界[M].南京:江苏美术出版社,1995.

[23] 陕西省文物管理委员会.陕西出土铜镜[M].北京:文物出版社,1959.

[24] 陕西省博物馆.隋唐文化[M].北京:学林出版社,1997.

[25] 陕西省博物馆.陕西省博物馆藏宝录[M].上海:上海文艺出版社,1995.

[26] 沈连生.神农本草经中草药彩色图谱[M].北京:中国中医药出版社,1996.

[27] 石渡美江.楽園の图像:海獣葡萄镜の诞生[M].东京:吉川弘文馆,2000.

[28] 日本讲谈社.世界博物馆3:印度国立博物馆[M].台北:台湾出版家文化事业有限公司,1984.

[29] 日本讲谈社.世界博物馆6:大英博物馆[M].台北:台湾出版家文化事业有限公司,1984.

[30] 日本讲谈社.世界博物馆13:列宁格国立博物馆[M].台北:台湾出版家文化事业有限公司,1984.

[31] 日本讲谈社.世界博物馆16:西班牙、葡萄牙博物馆[M].台北:台湾出版家文化事业有限公司,1984.

[32] 日本讲谈社.世界博物馆18:叙利亚国立博物馆[M].台北:台湾出版家文化事业有限公司,1984.

[33] 王纲怀,孙克让.唐代铜镜与唐诗[M].上海:上海古籍出版社,2007.

[34] 王朝闻,邓福星.中国美术史[M].北京:北京师范大学出版社,2001.

[35] 吴玉贵.中国风俗通史·隋唐五代卷[M].上海:上海文艺出版社,2006.

[36] 许成,董宏征.宁夏历史文物[M].银川:宁夏人民出版社,2006.

[37] 杨东苗.敦煌历代精品边饰·圆光合集[M].杭州:浙江古籍出版社,2010.

[38] 袁春荣.中国历代艺术·绘画篇[M].北京:人民美术出版社,1994.

[39] 中国青铜器全集编辑委员会.中国青铜器全集·铜镜[M].北京:文物出版社,1998.

[40] 中国漆器全集编辑委员会.中国漆器全集·三国——元[M].福州:福建美术出版社,1998.

[41] 中国文物交流中心.出土文物三百品[M].北京:新世界出版社,1993.

[42] 昭明,洪海.古代铜镜[M].北京:中国书店,1997.

[43] 周汛,高春明.中国历代妇女妆饰[M].上海:学林出版社,1997.

[44] 周锡保.中国古代服饰史[M].北京:中国戏剧出版社,1984.

[45] 周恒.山西工艺美术史[M].太原:山西人民出版社,2013.

[46] 赵力,贺西林.中国美术史[M].北京:人民美术出版社,2011.

学位论文

[1] 陈彦姝.十六国北朝的工艺美术[D].北京:清华大学美术学院,2004.

[2] 段丙文.论唐代金银器中的錾刻与捶揲工艺[D].西安:西安美术学院,2007.

[3] 顾丽华.两汉妇女生活情态研究[D].长春:东北师范大学,2009.

[4] 胡拥军.盛唐诗歌中的"胡风"[D].广州:暨南大学,2009.

[5] 海滨.唐诗与西域文化[D].上海:华东师范大学,2007.

[6] 蒋晓城.流变与审美视域中的唐宋艳情词[D].苏州:苏州大学,2004.

[7] 冉晓丽.李贺诗歌中的香意象研究[D].重庆:西南大学,2013.

[8] 宋斌杰.唐宋高昌服饰研究[D].西安:西北大学,2012.

[9] 宋晓蕾.唐代马球运动之研究[D].桂林:广西师范大学,2013.

[10] 吴思.敦煌盛唐藻井中的宝相花纹研究及其在服装中的应用[D].北京:北京服装学院,2013.

[11] 温翠芳.唐代外来香药研究[D].西安:陕西师范大学,2006.

[12] 姚榕华.《长恨歌》与唐代宫廷文化生活研究[D].济南:山东大学,2012.

[13] 姚君.海兽葡萄镜的纹饰研究[D].上海:上海大学,2008.

[14] 尹泓.飞天意象研究[D].扬州:扬州大学,2012.

[15] 杨惜康.海兽葡萄镜的初步研究[D].西安:西北大学,2010.

[16] 杨孝容.佛教女性观源流源流辨析[D].程度:四川大学,2004.

[17] 邹婧.佛教对唐代服饰文化的影响[D].株洲:湖南工业大学,2009.

[18] 赵喜惠.唐代中外艺术交流研究[D].西安:陕西师范大学,2012.

中文期刊

[1] 宋焕文,吴泽鸣,余从新.安陆王子山唐吴王妃杨氏墓[J].文物,1985(2):83-93.

[2] 安新英.新疆伊犁昭苏县古墓葬出土金银器等珍贵文物[J].文物,1999(9):1,2,4-15,97-100.

[3] 安尼瓦尔·哈斯木.古代新疆的打马球运动[J].新疆地方志,2014(1):44-47.

[4] 阿布力克木·阿布都热西提.与青金石有关的突厥语宝石名称考[J].西域研究,2008(3):107-114.

[5] 白曙璋.北魏平城的玻璃器和金银器[J].赤峰学院学报(汉文哲学社会科学版),2013(8):17-18.

[6] 陈东杰,李芽.从马王堆一号汉墓出土香料与香具探析汉代用香习俗[J].南都学坛,2009(1):6-12.

[7] 陈艺鸣.珠棹时敲瑟瑟山——从唐诗玉石语词看外来文明（再续）[J].语文学刊(高等教育版),2011(2):33-34.

[8] 陈灿平.唐千秋镜考[J].中国历史文物,2011(5):40-49.

[9] 程旭.唐武惠妃石椁纹饰初探[J].考古与文物,2012(3):87-101.

[10] 曹喆.唐代服饰奢靡风气与禁侈令[J].东华大学学报(社会科学版),2007,7(2):81-86.

[11] 常一民.北齐徐显秀墓发掘记[J].文物世界,2006(4):11-20.

[12] 长北.螺钿漆器制作工艺[J].中国生漆,2007,26(2):66-68.

[13] 丁玲辉,平措达吉.吐蕃时期的马球运动与马球传入唐朝初探[J].中国西藏(中文版),2003(4):65-68.

[14] 丁莉.《源氏物语》的"唐物",唐文化与唐意识[J].国外文学,2011(1):33-40.

[15] 段丙文.唐代金银香囊研究[J].中央民族大学学报(哲学社会科学版),2011(4):58-63.

[16] 董亚巍.试论古代铜镜镜面凸起的成因及其相关问题[J].文物保护与考古科学,2000(2):39-42.

[17] 董洁.唐代女性玉首饰[J].文博,2013(1):42-48.

[18] 刘建国,刘兴.江苏丹徒丁卯桥出土唐代银器窖藏[J].文物,1982(11):17-29,99,102-105.

[19] 冯灿明.《全唐诗》视野下的唐代舞蹈服饰[J].浙江艺术职业学院学报,2012,10(1):37-41.

[20] 高桥隆博,韩昇.唐代与日本正仓院的螺钿[J].学术研究,2002(10):84-87.

[21] 高阳.敦煌壁画中吉祥天女的服饰与中国传统服饰审美文化[J].敦煌研究,2005(6):55-59.

[22] 高强.从大唐秦王陵陶俑探析唐代舞女的发式之美[J].西北美术,2009(1):26-27.

[23] 高月.论唐人的纳异心态与唐诗的"胡气"[J].天府新论,2013(1):153-156.

[24] 干福熹.古代丝绸之路和中国古代玻璃[J].自然杂志,2006(5):253-260.

[25] 葛承雍.再论唐武惠妃石椁线刻画中的希腊化艺术[J].中国历史文物,2011(4):90-105,4.

[26] 何姝,胡建君.敦煌艺术中的"忍冬纹"[J].检察风云,2013(8):86-89.

[27] 贺忠.唐代宫廷游戏中女性的男性气质——以王建宫词为中心[J].兰州学刊,2005(3):274-279.

[28] 黄雪寅.匈奴和鲜卑族金银器的动物纹比较[J].内蒙古文物考古,2002(2):55-66.

[29] 黄聪.对中原马球是从波斯传入的质疑[J].成都体育学院学报,2009(2):4-8.

[30] 黄胜,王晓娜.论香薰的人文价值[J].艺术百家,2009(7):45-46.

[31] 黄江杰.古埃及玻璃工艺特征研究[J].梧州学院学报,2010,20(1):82-86.

[32] 黄慧,刘均建.传统金银器中外来文化的本土化研究[J].大众文艺,2013(13):145-146.

[33] 韩保全,张达宏,王自力,等.西安唐金乡县主墓清理简报[J].文物,1997(1):4-19.

[34] 韩建武.西安何家村唐代窖藏宝石玉器[J].收藏家,2001(3):6-13.

[35] 韩建武.外来文化对唐代玉石器琉璃器的影响[J].收藏家,2006(10):41-45.

[36] 韩丹.马球运动起源于波斯考[J].山东体育学院学报,2010(5):1-7.

[37] 罗张.长沙五里牌古墓葬清理简报[J].文物,1960(3):38-50.

[38] 林星儿.湖州飞英塔发现一批壁藏五代文物[J].文物,1994(2):52-57.

[39] 胡可先,武晓红.金银饰品与唐五代诗词[J].浙江大学学报（人文社会科学版）,
     2014(1):44-65.

[40] 刘来成.河北定县40号汉墓发掘简报[J].文物,1981(8):1-10.

[41] 洪震颐.唐代佛教造像的女性化与世俗化[J].中国陶瓷,2006,42(6):72-73.

[42] 姜伯勤.敦煌与波斯[J].敦煌研究,1990(3):7-21,117.

[43] 江帆.唐代铜镜的社会观察[J].华章,2013(30):10-11.

[44] 景兆玺.唐朝与阿拉伯帝国海路香料贸易初探[J].北方民族大学学报,2007(5):54-59.

[45] 蒋晓城.论敦煌曲子词中的婚恋词[J].石河子大学学报,2011,25(1):95-99.

[46] 暨远志.论唐代打马球——张议潮出行图研究之三[J].敦煌研究,1993(2):31-41.

[47] 金芷君.香熏史考[J].医古文知识,2005(4):18-23.

[48] 康马泰,毛民.萨珊艺术之最新考古发现与丝路胡风[J].内蒙古大学艺术学院学报,
     2007(1):45-49.

[49] 康马泰,毛民.鲜卑粟特墓葬中的波斯神兽解读[J].内蒙古大学艺术学院学报,
     2007,4(3):52-59,中插1.

[50] 孔艳菊.金银器的錾刻与花丝——以故宫文物修复为例[J].紫禁城,2009(9):86-98.

[51] 李德芳.北朝民歌的社会风俗史研究[J].北京师范大学学报,1984(5):52-62.

[52] 李志倩.扬州镶嵌漆器[J].中国生漆,1992,11(2):43-46.

[53] 李秀兰,卢桂兰.唐裴氏小娘子墓出土文物[J].文博,1993(1):50-51.

[54] 李宏.古埃及化妆品揭秘[J].中国化妆品,2001(3):52-52.

[55] 李晖.催妆·催妆诗·催妆词——婚仪民俗文化研究之三[J].民俗研究,2007(1):157-
     168.

[56] 李清临.中国古代玻璃与琉璃名实问题刍议[J].武汉大学学报(人文科学版),
     2010,63(5):626-630.

[57] 李金娟.医礼情福:古代香包功能小考[J].敦煌学辑刊,2011(1):174-180.

[58] 李永平,王天觉.李贺诗歌与唐代外来文明[J].陕西师范大学学报（哲学社会科学
     版）,2011,40(2):64-70.

[59] 李华锋.中国古代胭脂的种类和制作工艺探析[J].宁夏农林科技,2012,53(7):84-86.

[60] 李雪芹.云冈石窟雕刻中的长柄香炉小议[J].敦煌研究,2012(6):41-46.

[61] 李波.唐敦煌莫高窟130窟《都督夫人礼佛图》头饰美的现代阐释[C]//科学发展惠

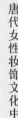

及民生——天津市社会科学界学术年会.

[62] 李青.汉唐美术与丝绸之路漫谈[J].西北美术,1991(3):32–33.

[63] 徐治亚.洛阳关林唐墓[J].考古,1980(4):382–383.

[64] 刘向群.唐金银平脱天马鸾凤镜[J].文物,1966(1):50–51.

[65] 刘宁.法门寺地宫出土的香囊[J].文博,2003(1):57–58.

[66] 刘良佑.唐代香文化概述[J].上海文博论丛,2005(2):24–27.

[67] 刘丽文.奢华的大唐风韵(上)镇江丁卯桥出土的唐代银器窖藏[J].收藏,2013(3):106–110.

[68] 林梅村.粟特文买婢契与丝绸之路上的女奴贸易[J].文物,1992(9):51–56.

[69] 卢秀文.中国古代妇女眉妆与敦煌妇女眉妆——妆饰文化研究之一[J].敦煌研究,2000(3):90–96.

[70] 卢秀文.敦煌壁画中的古代妇女饰唇——妆饰文化研究之二[J].敦煌研究,2004(6):37–41.

[71] 卢秀文,于倩.敦煌壁画中的妇女红粉妆——妆饰文化研究之三[J].敦煌研究,2005(6):49–54.

[72] 卢秀文.敦煌壁画中的妇女首饰簪花——妆饰文化研究之六[J].敦煌研究,2007(6):48–58.

[73] 卢秀文.敦煌壁画中的妇女饰黄妆——妆饰文化研究之七[C]//"古都长安与隋唐文明"国际学术研讨会,中国唐史学会第十届年会暨"唐代国家与地域社会研究"国际学术研讨会,2009.

[74] 卢秀文.敦煌石窟中的女供养人首饰——发簪[J].敦煌研究,2009(2):23–30.

[75] 雷闻.割耳劓面与刺心剖腹——从敦煌158窟北壁涅槃变王子举哀图说起[J].中国典籍与文化,2003,4(4):97–106.

[76] 陆九皋,刘建国.丹徒丁卯桥出土唐代银器试析[J].文物,1982(11):28–33.

[77] 陆思贤,陈棠栋.达茂旗出土的古代北方民族金饰件[J].文物,1984(1):81–83.

[78] 陆锡兴.宋代以来的琉璃簪和琉璃钗[J].上海文博论丛,2009(1):32–36.

[79] 赖筱倩.飘金堕翠堪惆怅——小议《花间集》中的花钿意象[J].语文学刊,2009(11):14–23.

[80] 梁子,谢莉.伊川齐国太夫人墓出土金银器用途考[J].文博,1997(4):51–52.

[81] 马得志.唐长安城发掘新收获[J].考古,1987(4):329–336.

[82] 马建春,夏灿.古代西域玻璃器物及工艺的输入与影响[J].回族研究,2011,21(1):45–52.

[83] 梁霞.佛妆对中国古代女性面部妆饰的浸染[J].青海师范大学学报,2011,33(1):48–50.

[84] 孟宪华.《西厢记》中"钿"作为女子面饰的考辨[J].兰台世界,2012(34):137.

[85] 缪良云.唐代舞服的意义[J].苏州大学学报(工科版),1989(2):85–93.

[86] 纪仲庆.江苏邗江甘泉二号汉墓[J].文物,1981(11):3-13,100-102.

[87] 华国荣,谷建祥.南京九华山古铜矿遗址调查报告[J].文物,1991(5):66-77.

[88] 刘海旺,王炬,郭木森,等.洛阳孟津西山头唐墓[J].文物,1992(3):1-8,3.

[89] 卜晓镭.闻香识人——有关《源氏物语》熏香的分析研究[J].淮阴工学院学报,2010,19(2):35-38.

[90] 庞永红.唐代金银器装饰图案论析[J].西北大学学报(哲学社会科学版),1996(2):79-81.

[91] 濮仲远.唐五代丝绸之路上的瑟瑟与水精[J].陇东学院学报,2004(2):59-61.

[92] 齐东方.丁卯桥和长辛桥唐代金银器窖藏刍议[J].文博,1998(2):54-58.

[93] 齐东方.唐代的蛤形银盒[J].故宫博物院院刊,1998(4):31-35.

[94] 齐东方.贝壳与贝壳形盒[J].华夏考古,2007(3):83-91.

[95] 邱忠鸣.时尚梅花妆——中古中国女性面妆研究札记一则[J].艺术设计研究,2012(3):38-40.

[96] 钱伯泉.沙州回鹘研究[J].甘肃社会科学,1989(6):101-105.

[97] 瞿明刚.李贺鼻观下的唐代香文化[J].求索,2009(2):182-184.

[98] 秦红.从香薰器皿看古代香薰文化[J].上海工艺美术,2009(1):112-114.

[99] 芮传明.汉唐时期诸"胡"考辨[J].铁道师院学报,1992(4):53-60.

[100] 芮传明.唐代酒家胡述考[J].上海社会科学院学术季刊,1993(2):159-166.

[101] 冉万里.唐代金属香炉研究[J].文博,2000(2):13-23.

[102] 孙机.唐李寿石椁线刻《侍女图》、《乐舞图》散记(上)[J].文物,1996(5):33-49.

[103] 孙机.唐李寿石椁线刻《侍女图》、《乐舞图》散记(下)[J].文物,1996(6):56-68.

[104] 孙机.缠臂金[J].中国文物报,2001(7):18.

[105] 孙机.唐代胡俑[J].中国文物报,2008(8):106-109.

[106] 孙机.建国以来西方古器物在我国的发现与研究[J].文物,1999(10):69-80.

[107] 孙机.唐代之女子着男装与胡服[J].艺术设计研究,2013(4):26-27.

[108] 孙丹.古埃及黄金饰品的艺术特征[J].艺术教育,2014(1):200-201.

[109] 佘太山.两汉魏晋南北朝正史西域传所见西域诸国的社会生活[J].西域研究,2002(1):56-65.

[110] 尚衍斌.吐鲁番古代衣饰习尚谈薮[J].喀什大学学报,1992(2):23-33.

[111] 尚刚.唐代的特种工艺镜[J].南方文物,2008(1):74-80,86,封2,封3.

[112] 沈令昕.上海市文物保管委员会所藏的几面古镜介绍[J].文物,1957(8):35-36.

[113] 沈芯屿.粉黛香盒——女性文物之唐宋瓷粉盒研究[J].美育学刊,2014,5(1):96-104.

[114] 邵凤芝.两件馆藏唐代海兽葡萄镜[J].四川文物,2010(2):79-80.

[115] 苏保华,王椰林.从《太平广记》看唐代扬州的胡人活动[J].武汉大学学报（人文科学版）,2012,65(4):69-73.

[116] 陕西省博物馆,乾县文教局.唐章怀太子墓发掘简报[J].文物,1972(7):13-25.

[117] 陕西省博物馆革委会.西安南郊何家村发现唐代窖藏文物[J].文物,1972(1):34-46.

[118] 陕西省考古研究所.唐节愍太子墓发掘简报[J].考古与文物,2004(4):13-25.

[119] 韩伟,王占奎,金宪镛,等.扶风法门寺塔唐代地宫发掘简报[J].文物,1988(10):1-28.

[120] 谭前学.唐代的焚香之俗与熏香器[J].华夏文化,1997(2):34-35.

[121] 谭前学.鹦鹉纹提梁银罐与盛唐气象[J].收藏界,2006(10):99-100.

[122] 谭前学,尹夏清.大唐奇珍——陕西出土的唐代金银器[J].收藏,2010(6):144-149.

[123] 谭前学.唐代金银器中的外来影响[J].荣宝斋,2006(4):26-35.

[124] 谭前学.大唐气象盛世遗珍唐代金银器的社会意义及其艺术特点[J].文博,2004(1):4-13.

[125] 田华.敦煌莫高窟唐代壁画中的花钿首饰研究[J].装饰,2009(6):114-115.

[126] 王海文.鎏金工艺考[J].故宫博物院院刊,1984(2):1,3,53-61,87,105-106.

[127] 王定璋.谈《津阳门诗》及其他[J].文史杂志,1990(3):11-12.

[128] 王棣.唐代海外药物的传入与李珣《海药本草》[J].成都大学学报（社会科学版）,1991(4):32-37.

[129] 王九刚.西安东郊红旗电机厂唐墓[J].文物,1992(9).

[130] 王一丹.波斯、和田与中国的麝香[J].北京大学学报（哲学社会科学版）,1993(2):80-90.

[131] 王至堂.秦汉时期匈奴族提取植物色素技术考略[J].自然科学史研究,1993,12(4):355-359.

[132] 王仲殊.试论鄂城五里墩西晋墓出土的波斯萨珊朝玻璃碗为吴时由海路传入[J].考古,1995(1).

[133] 王薇.唐诗中的柘枝舞描写[J].文教资料,2012(12):3-4.

[134] 王敏.胡姬形象与西域文化的传播[J].新闻界,2012(19):3-6.

[135] 王冬松.唐代艺术中的青金石[J].艺术与设计（理论）,2013(3):143-145.

[136] 王冬松."红花""胭脂"考——兼论唐代敦煌艺术中的植物染料[J].艺术探索,2013,27(3):20-26.

[137] 王贵民.敦煌图案研究[J].西北美术:西安美术学院学报,1989(1):103-116.

[138] 吴玉贵.高昌供食文书中的突厥[J].西北民族研究,1991(1):46-66.

[139] 吴少华.光泽奇艳织螺钿[J].上海工艺美术,2005(1):76-77.

[140] 吴既.从中国的金珠工艺制品看东西方文化交流[J].大众文艺,2013(6):273-274.

[141] 吴雪平.古西亚装饰风格研究初探[J].宁波大学学报（人文版）,2010,23(4):118–120.

[142] 吴艳荣.汉唐凤文化的演变[J].江汉学术,2014,33(1):95–101.

[143] 万方."胭脂"名实考[J].湘潭师范学院学报：社会科学版,1994(4):47–51.

[144] 温翠芳.唐代长安西市中的胡姬与丝绸之路上的女奴贸易[J].西域研究,2006(2):19–22.

[145] 温翠芳.波斯珠宝商在唐土贸易试探[J].云南社会科学,2009(1):140–144.

[146] 温翠芳.中古时代丝绸之路上的香药贸易中介商研究[J].唐史论丛,2010(1):320–330.

[147] 温翠芳.汉唐时代南海诸国香药入华史研究[J].贵州社会科学,2013(3):139–144.

[148] 谢静.敦煌石窟中回鹘天公主服饰研究[J].西北民族研究,2007(3):12–17.

[149] 谢南燕.唐代簪钗的文化意蕴[J].华夏文化,2002(1):60–62.

[150] 谢勇,史国生.中国古代女子马球运动兴起概况及其原因[J].南京体育学院学报,2010,9(4):129–131.

[151] 徐良玉,李久海,张容生.扬州发现一批唐代金首饰[J].文物,1986(5):68–69.

[152] 徐殿魁.唐镜分期的考古学探讨[J].考古学报,1994(3):299–342.

[153] 徐殿魁.河南偃师市杏园村唐墓的发掘[J].考古,1996(12):1–24.

[154] 许文巨.浙江义乌发现唐代窖藏铜镜[J].文物,1990(2):94–95.

[155] 西安市文物管理处.西安热电厂基建工地隋唐墓葬清理简报[J].考古与文物,1991(4).

[156] 杨小林.花丝工艺中的编织技术[J].中国文物科学研究,2006(4):87–90.

[157] 杨小林,范立夫.金银器制作中的传统细金工艺[J].收藏家,2006(10):77–79.

[158] 杨瑾.考古资料所见的唐代胡人女性[J].文博,2010(3):26–31.

[159] 杨笑冰.中国古代额头装饰的类型及演变特点[J].丝绸,2011,48(4):52–56.

[160] 扬之水.说香盒[J].文史知识,2003(10):50–57.

[161] 扬之水.曾有西风半点香——对波纹源流考[J].敦煌研究,2010(4):1–8.

[162] 扬之水.兰汤与香水[J].紫禁城,2011(4):92–98.

[163] 扬之水.两宋香炉源流[J].中国典籍与文化,2004(1):46–68.

[164] 扬之水.隋唐五代金银首饰的名称与样式（上）[M].艺术设计研究,2014(1):29–38.

[165] 扬之水.隋唐五代金银首饰的名称与样式（下）[J].艺术设计研究,2014(2):24–31.

[166] 于佳立.忍冬纹——南北朝时期外来纹研究[J].作家杂志,2013(2):241–242.

[167] 余欣,翟旻昊.中古中国的郁金香与郁金[J].复旦学报（社会科学版）,2014(3):46–56.

[168] 阎艳.古代香囊的形制及其文化意义[J].内蒙古师范大学学报（哲学社会科学版）,2006.3(2):119–122.

[169] 严辉,杨海钦.伊川鸦岭唐齐国太夫人墓[J].文物,1995(11):24-44.

[170] 严小青,张涛.香料与中国古代饮食[J].江苏商论,2006(10):157-160.

[171] 赵丰.红花在古代中国的传播、栽培和应用——中国古代染料植物研究之一[J].中国农史,1987(3):61-71.

[172] 赵超.《香谱》与古代焚香之风[J].中国典籍与文化,1996(4):47-54.

[173] 赵瑞廷.唐代金银器对中国传统金属工艺的承接[J].内蒙古师范大学学报(自然科学版),2006,35(4):513-513.

[174] 赵永.琉璃名称考辨[J].中国国家博物馆馆刊,2013(5):63-72.

[175] 赵丽云.唐代西方宝主说[J].兰台世界旬刊,2013(9):1,4.

[176] 章海英.扬州漆器工艺史探述[J].中国生漆,1983,2(4):18-21.

[177] 张勋燎.敦煌石室奴婢马匹价目残纸的初步研究[J].四川大学学报(哲学社会科学版),1978(3):85-91.

[178] 张剑.胡商·胡马·胡香——唐文学中的外来文明和唐人精神品格[J].河南教育学院学报(哲学社会科学版),2001(1):75-79.

[179] 张天莉.唐代铜镜中葡萄纹饰的由来[J].中国文物报,2002(10).

[180] 张兆才.唐代马球兴盛与衰落的社会原因[J].成都体育学院学报,2003,29(6):39-40.

[181] 张茵.璎珞小考[J].装饰,2005(8):38-39.

[182] 张安华.菩萨如宫娃——浅谈走向世俗化与女性化的唐代菩萨造像[J].美与时代,2009(5):92-93.

[183] 张旻萌,徐建德.丝路上的艺术交流——波斯萨珊艺术特色及其对唐朝艺术的影响[J].美术大观,2009(12):241.

[184] 张景明.北方草原地区发现的隋唐与西方风格的金银器[J].文物世界,2012(3):7-14.

[185] 张景明.匈奴金银器在草原丝绸之路文化交流中的作用[J].中原文物,2013(4):81-86.

[186] 张绪山.六七世纪拜占庭帝国对中国的丝绸贸易活动及其历史见证[J].北大史学辑刊,2005(11):27-45.

[187] 诸葛铠."忍冬纹"与"生命之树"[J].民族艺术,2007(2):92-101.

[188] 周世荣.长沙赤峰山2号唐墓简介[J].文物,1960(3):56-58.

[189] 周军,刘彦锋.珍珠地划花工艺浅析[J].考古,1995(6):564-571.

[190] 邹淑琴.唐诗中的胡姬之服装考[J].兰台世界,2014(1):16-17.

[191] 朱思虎.佛教造像的中国化——一个逐步世俗化的过程[J].湖北民族学院学报(社会科学版),1998(5):22-25.

[192] 孙景瑞.唐代妇女的化妆法[J].新疆艺术,1995(1):42-45.

[193] 曾玲,唐星明.传统装饰文脉中的女性形象研究[J].成都理工大学学报（社会科学版）,2006,14(1):60-64.

[194] 曾祥辉.试探唐代昆仑奴从事的主要工作[J].今日科苑,2010(10):165-166.

[195] 中国社会科学院考古研究所安阳工作队.安阳隋墓发掘报告[J].考古学报,1981(3):369-406.

[196] 中国社会科学院考古研究所西安唐城工作队.唐长安城西市遗址发掘[J].考古,1961(5):248-250.